U0805987

河南出版基金
HENAN PUBLICATION FOUNDATION

黄河流域生态保护和高质量发展重大国家战略丛书

黄河源区生态保护与水源涵养功能提升研究

田世民 梁 帅 贾 佳 赵高磊 景永才 著

黄河水利出版社
· 郑 州 ·

图书在版编目(CIP)数据

黄河源区生态保护与水源涵养功能提升研究 / 田世民等著. -- 郑州 : 黄河水利出版社, 2025. 4 . -- ISBN 978-7-5509-4179-3

Ⅰ. X321.22 ; TV213.4

中国国家版本馆 CIP 数据核字第 2025S2Z201 号

策划编辑:王志宽　电话:0371-66024331　E-mail:278773941@qq.com

责任编辑　杨雯惠　王志宽　　责任校对　鲁　宁

封面设计　张心怡　　责任监制　常红昕

出版发行　黄河水利出版社

地址:河南省郑州市顺河路 49 号　邮政编码:450003

网址:www.yrcp.com　E-mail:hhslcbs@126.com

发行部电话:0371-66020550

承印单位　河南匠心印刷有限公司

开　　本　787 mm×1 092 mm　1/16

印　　张　11

字　　数　261 千字

版次印次　2025 年 4 月第 1 版　　2025 年 4 月第 1 次印刷

定　　价　66.00 元

前　言

黄河源区是黄河流域重要的产水区和水源涵养区，素有“黄河水塔”之称，同时也是黄河流域重要的生态安全屏障，生态地位极其重要。黄河源区径流变化、生态格局及服务功能演变对整个黄河流域水资源和生态安全具有至关重要的影响。在全球气候变化和日趋频繁的人类活动影响下，黄河源区的区域气候、水文循环特征以及生态系统格局与服务功能在近年来都发生了显著的变化，导致生态系统的稳定性面临严峻挑战，进而可能对中下游地区的水资源安全、生态环境保护与区域可持续发展产生重大而深刻的影响。为保障黄河流域用水安全和生态安全，开展环境变化下黄河源区径流演变特征、生态环境保护与生态系统服务功能提升研究十分必要。

本书主要围绕黄河流域生态保护和高质量发展重大国家战略，聚焦黄河源区径流演变、生态环境保护和生态系统服务功能提升等重大科学问题，以源区实测水文气象资料为基础，研究了黄河源区近60年的水文气象演变特征，量化了气候变化和人类活动对黄河源区天然径流的贡献率；基于作者团队近10余年对源区水生态系统的实际监测数据和遥感影像，揭示了黄河源区典型流域（黑河、白河）河道演变机制、湿地分布与形态特征及河流-湿地系统生态互馈效应；同时，系统评估了黄河源区近40年的生态系统格局和服务功能演变特征，阐明了驱动因素；构建了黄河源区生态水文模型，阐明了黄河源区水源涵养时空分布特征和周期性变化特征，分析了生态格局演变对水源涵养功能的影响，揭示了影响黄河源区水源涵养演变特征的主要驱动因素，并提出了黄河源区生态环境保护与水源涵养等生态系统服务功能提升的对策与建议。本书可为从事青藏高原河流地貌演变的研究者提供参考，也可为黄河源区生态保护修复和水源涵养等生态系统服务功能提升、黄河流域水资源管理与保护工作提供基础参考和决策支撑。

本书作者及所在团队自2015年以来已连续10年开展黄河源区科学考察，对黄河源区干流、黑河和白河等重要支流及扎陵湖、鄂陵湖等重点湖泊全要素生态环境本底进行系统调查和监测，包括水环境、水生态、河流有机碳排放、草地碳排放和河流演变等。本书共分为7章，各章撰写分工如下：第1章由田世民、梁帅撰写；第2章由梁帅、田世民撰写；第3章由贾佳、景永才撰写；第4章由贾佳、梁帅撰写；第5章由贾佳、梁帅、景永才撰写；第6章由赵高磊、田世民撰写；第7章由梁帅、贾佳撰写。全书由田世民、梁帅、贾佳和赵高磊统稿修改。此外，近10年来张杨、陈融旭、赵凌栋、王弯弯、李惠男和李志威等多位同事参与了黄河源区野外科考调研工作，在此对他们的辛苦付出表示感谢。

本书得到国家自然科学基金(U2243214、51979120)的支持,在此表示衷心的感谢。尽管作者几易其稿,但不妥之处在所难免,欢迎广大读者提出宝贵意见,以便作者在后续研究工作中予以补充完善。

作　者

2025 年 2 月

目　录

第 1 章　黄河源区概况

1.1　地形地貌

黄河源区是指黄河流域唐乃亥水文断面以上的区域，位于青藏高原东北部，其地形地貌受青藏高原隆升、冰川作用、冻融侵蚀及河流切割等多重影响，形成了独特的高原山地景观。总体地势由西北向东南倾斜，呈现高亢平缓、山原相间的特征。巴颜喀拉山和阿尼玛卿山地形起伏大，构成黄河源区基本地形骨架，流域内分布有高山、峡谷、盆地、冰川等地貌[1]。黄河源区平均海拔在 4 000 m 以上，其西部、西北部、中部地势较高，山峰耸立，沟壑纵横，主要山脉海拔多在 5 000 m 以上，构成了源头地区复杂多变的地形（见图 1-1）。黄河源区主要由高山、丘陵台地和盆地三大地貌类型组成，以起伏的高原夷平面为主要形态，下垫面主要为季节性多年冻土、高寒草甸、高寒沼泽、高寒湖泊湿地等[2-3]。黄河源区空气稀薄，含氧量仅为海平面的 60%，大部分地区年均气温在 0 ℃以下，属高寒缺氧地区。源区内居住有藏族、汉族、回族、撒拉族、蒙古族等 10 多个民族，相对黄河流域其他地区，人类活动对河流的影响较小。

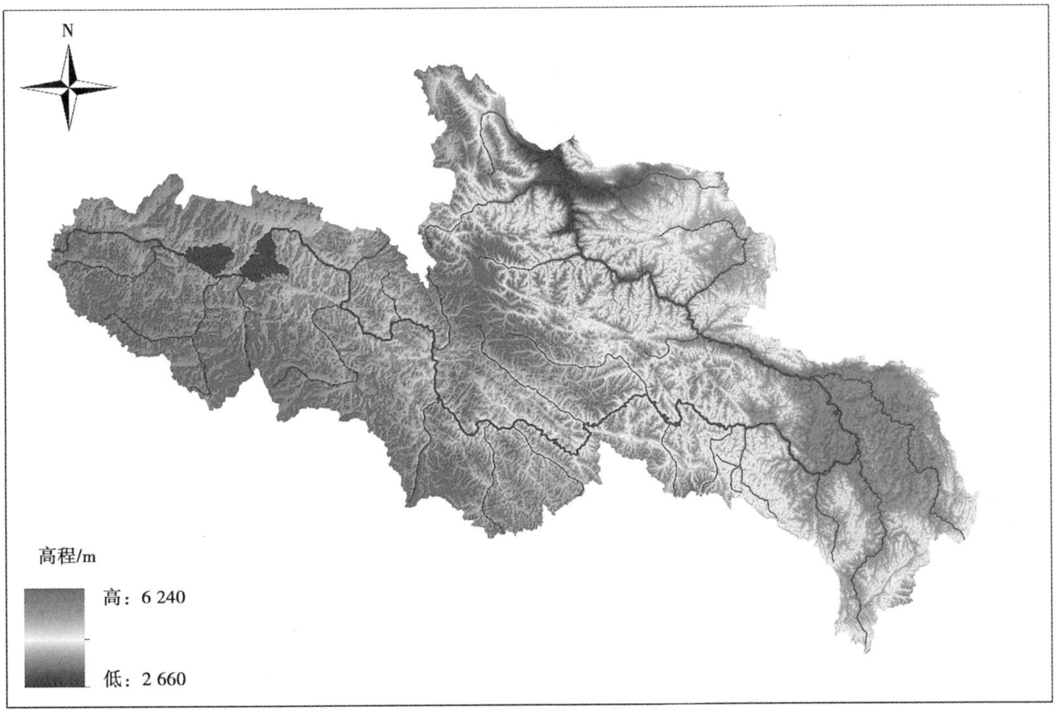

图 1-1　黄河源区地理区位与高程

1.2 河流水系

黄河源区河网水系发达，支流众多，流域面积大于 500 km^2 的支流有 68 条，其中流域面积大于 1 000 km^2 的支流有 23 条。黄河源区水系图如图 1-2 所示。黄河源区湖泊众多，大小湖泊星罗棋布。扎陵湖和鄂陵湖被称为“姊妹湖”，位于青海省玛多县西部，是黄河源区最大的一对淡水湖泊。鄂陵湖，藏语意为“青蓝色长湖”，距玛多县城约 60 km。鄂陵湖形如金钟，东西窄、南北长，湖面海拔 4 268.7 m，湖水面积 610 km^2，容积 107.6 亿 m^3，为黄河上游最大的淡水湖。扎陵湖，藏语意为“灰白色长湖”，距玛多县城约 80 km。扎陵湖形状呈不对称的菱形，东西长、南北窄，东距鄂陵湖约 10 km，湖面海拔 4 292.0 m，湖水面积 526 km^2，容积 46.7 亿 m^3，是源区第二大淡水湖。两湖之间的水位落差约 23.3 m，河道长 28 km，其间有多曲和勒那曲两大支流汇入。鄂陵湖至黄河沿区间河道长约 65 km，左岸有依娘曲等 4 条季节性河流汇入，右岸有星星海与黄河的进出水道相连，对黄河径流具有一定的调节作用。

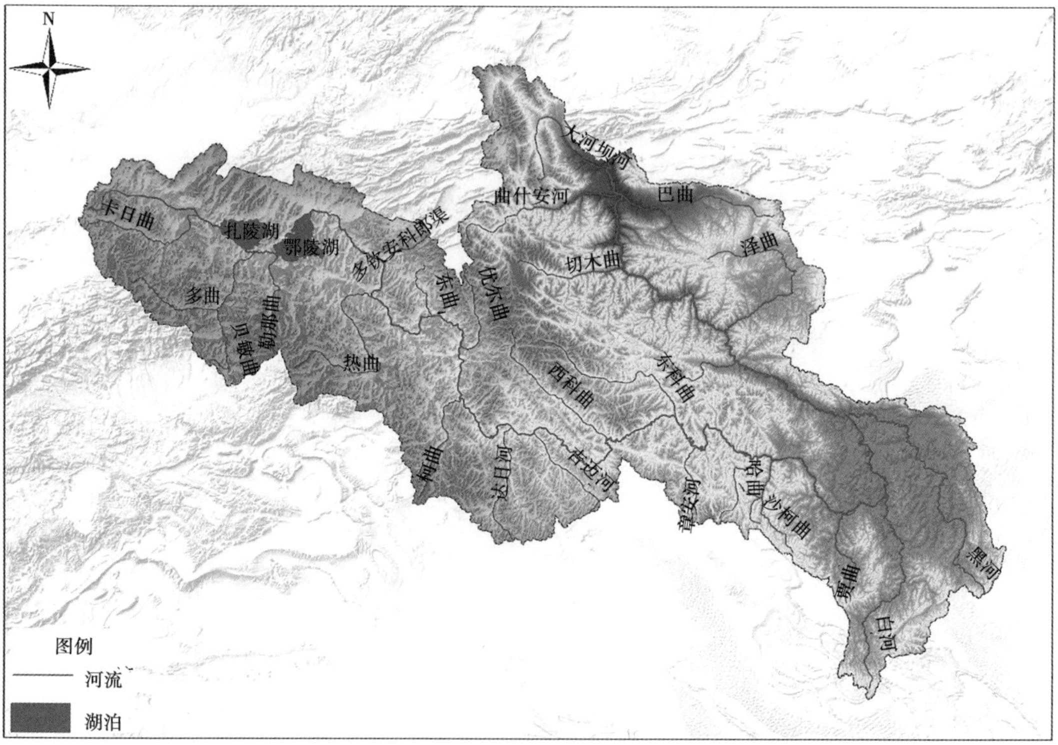

图 1-2 黄河源区水系图

1.3 气象水文

黄河源区在气候区划上属于青藏高原亚寒带半湿润区，年平均气温为 4 ℃，多年平均封冻天数达 157 d,每年仅 5—9 月平均气温高于 0 ℃,日内气温差平均为 16.6 ℃。多风是黄河源区的主要气候特征之一,每年 12 月至次年 3 月黄河源区盛行偏西风。黄河源区由于海拔高、空气干燥、降水少,大气透明度良好;太阳辐射强烈、日照时间长,大部分地区全年辐射总量高于 5 500 MJ/m^2,年日照时数在 2 200 h 以上[4]。黄河源区距离孟加拉湾较近,受西南季风影响比较明显,同时地形由东南向西北升高,有利于气流的抬升,使得源区东南部降水丰沛,成为黄河流域多雨中心之一[5]。黄河源区多年(1960—2020 年)平均年降水量为 542.19 mm,年内变化较大,降水主要集中在 6—9 月。其中,7 月降水量最大,为 103.0 mm,占年降水量的 20.9%;其次为 8 月和 6 月,降水量接近,占年降水量的 18%左右[6]。在全球气候变化和西北“暖湿化”的影响下,黄河源区年均气温在近 60 年呈现持续攀升的趋势,上升趋势约为 0.35 ℃/10 a[7],实际蒸发量在年、季和月时间尺度上也都表现为显著增加的趋势[8]。

黄河源区径流量和输沙量年内分配极不均匀,季节性较为明显。汛期径流量和输沙量分别占全年总量的 78.32%和 91.08%。径流量和输沙量最大值均出现在 7 月,分别占全年总量的 20.19%和 32.01%。2 月径流量为全年最小径流量,仅占全年总量的 2.28%。整体来看,黄河源区径流量年内分配与降水量分配具有较好的同步性,说明径流量变化过程高度依赖于降水量的变化,同时表明降水量是黄河源区径流的主要补给来源。

黄河源区现有水文站 13 处、水位站 2 处、国家气象站 11 处(见图 1-3)。其中,黄河水利委员会属水文站 10 处、水位站 2 处(扎陵湖水位站和鄂陵湖水位站),四川省属水文站

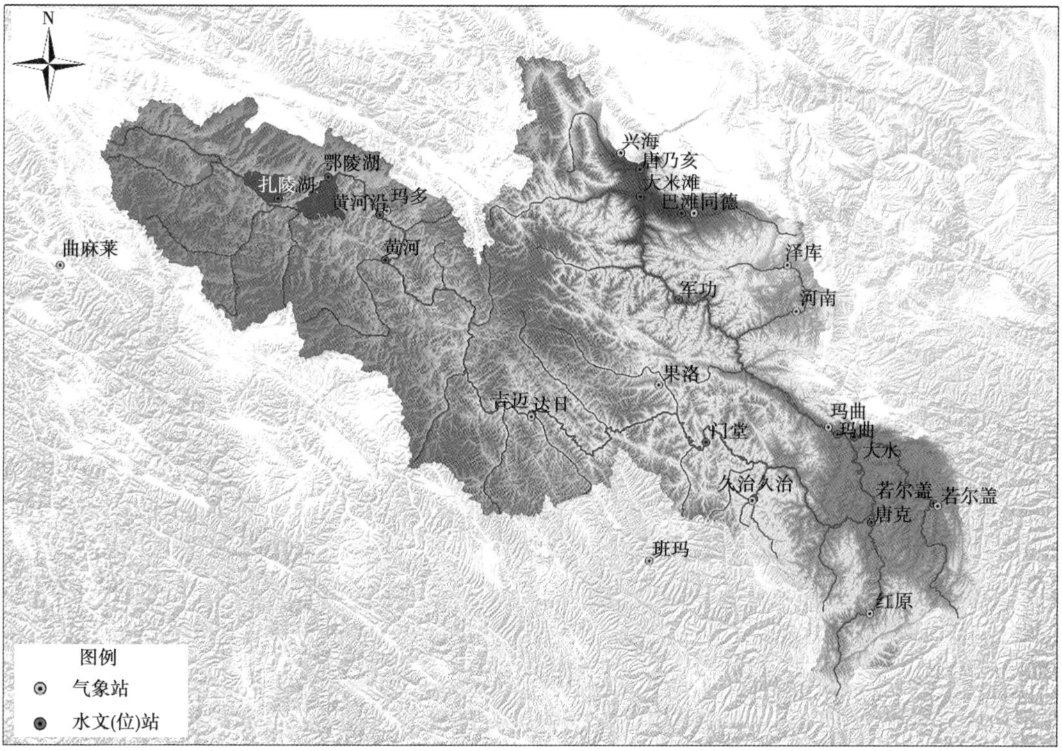

图 1-3 黄河源区主要水文(位)站和气象站分布图

1 处(若尔盖水文站),青海省属水文站 2 处(大米滩水文站和巴滩水文站)。黄河水利委员会属水文站中,干流控制站 6 处,分别是黄河沿、吉迈、门堂、玛曲、军功和唐乃亥水文站;支流控制站 4 处,分别是热曲黄河水文站、沙柯曲久治水文站、白河唐克水文站及黑河大水水文站。各水文站的位置、设立日期及归属单位见表 1-1。

表 1-1 黄河源区水文站点概况

<table>
<tr><th>河流</th><th>站名</th><th>特征</th><th>位置</th><th>设立日期</th><th>归属</th></tr>
<tr><td rowspan="8">黄河干流</td><td>扎陵湖</td><td>水位站</td><td>青海省玛多县扎陵湖乡</td><td>2005 年 12 月</td><td rowspan="8">黄河水利委员会</td></tr>
<tr><td>鄂陵湖</td><td>水位站</td><td>青海省玛多县扎陵湖乡</td><td>1986 年 9 月</td></tr>
<tr><td>黄河沿</td><td>水文站</td><td>青海省玛多县黄河沿</td><td>1955 年 6 月</td></tr>
<tr><td>吉迈</td><td>水文站</td><td>青海省达日县吉迈镇</td><td>1958 年 6 月</td></tr>
<tr><td>门堂</td><td>水文站</td><td>青海省久治县门堂乡</td><td>1987 年 8 月</td></tr>
<tr><td>玛曲</td><td>水文站</td><td>甘肃省玛曲县黄河大桥</td><td>1959 年 1 月</td></tr>
<tr><td>军功</td><td>水文站</td><td>青海省玛沁县军功乡</td><td>1979 年 8 月</td></tr>
<tr><td>唐乃亥</td><td>水文站</td><td>青海省兴海县唐乃亥乡下村</td><td>1955 年 8 月</td></tr>
<tr><td>热曲</td><td>黄河</td><td>水文站</td><td>青海省玛多县黄河乡</td><td>1978 年 8 月</td><td rowspan="3">黄河水利委员会</td></tr>
<tr><td>沙柯曲</td><td>久治</td><td>水文站</td><td>青海省久治县智青松多镇</td><td>1978 年 9 月</td></tr>
<tr><td>白河</td><td>唐克</td><td>水文站</td><td>四川省若尔盖县唐克乡</td><td>1978 年 9 月</td></tr>
<tr><td rowspan="2">黑河</td><td>若尔盖</td><td>水文站</td><td>四川省若尔盖县达扎寺镇</td><td>1980 年 5 月</td><td>四川省水文水资源勘测局(2021 年更名为四川省水文水资源勘测中心)</td></tr>
<tr><td>大水</td><td>水文站</td><td>甘肃省玛曲县大水军牧场</td><td>1984 年 6 月</td><td>黄河水利委员会</td></tr>
<tr><td>巴曲</td><td>巴滩</td><td>水文站</td><td>青海省同德县尕巴松镇</td><td>1958 年 4 月</td><td rowspan="2">青海省水文水资源勘测局(2019 年更名为青海省水文水资源测报中心)</td></tr>
<tr><td>曲什安河</td><td>大米滩</td><td>水文站</td><td>青海省兴海县曲什安镇</td><td>1956 年 4 月</td></tr>
</table>

受气候和地形条件影响,水文测量难度较大,目前黄河源区水文站网密度约为 1.1 万 km^2/站,站点密度与黄河流域水文站网的平均密度(2 330 km^2/站)和全国水文站网的平均密度(3 000 km^2/站)相差较远。而当前欧洲国家水文站网平均密度为 1 750 km^2/站,美国常年观测水文站网的密度为 1 300 km^2/站。黄河源区集水面积大于 500 km^2 的 68 条河流中,仅有 7 条河流设有水文站,其余 61 条河流均未设站。目前,黄河源区水文站只开展水位、流量、泥沙、降水量、水面蒸发等最基本水文要素的观测,除玛曲水文站、唐乃亥水文站实行全年驻测外,其余水文站以巡测为主。

1.4　河道特征

黄河源区黄河沿水文站以上的地区称为黄河源头区。源头区流域面积 20 930 km^2，干流长约 270 km，地形为丘陵和盆地。区域内湖泊、沼泽众多，面积达 2 000 km^2，著名的有鄂陵湖、扎陵湖、星星海和星宿海，成为当地水汽的重要来源[9]。20 世纪 80 年代后，源头区受人类活动的影响增加，对水文情势和生态环境产生了一定干扰。

黄河沿水文站至吉迈水文站区间，流域面积 24 089 km^2，干流长约 325 km，区间干流河谷宽阔，河道呈辫状分汊，沙洲广布，河道形态较为散乱。

吉迈水文站至玛曲水文站之间，流域面积为 41 029 km^2，干流长 585 km。其中，吉迈至门堂河段多为高山峡谷，门堂至玛曲河段水面较宽，水系发育程度较高，河流蜿蜒程度高，河网密度约达 3 km/km^2，右岸有白河、黑河两大支流入汇。黄河沿至玛曲河段植被发育较好，自上而下由高密植物转变为低矮灌木丛，大部分地区是平坦的草滩，多沼泽，牧草生长较好。

玛曲至唐乃亥河段位于积石山的北侧，区间面积 35 924 km^2，干流长 373 km，海拔在 2 700 m 以上。该河段峡谷陡峭，河床深切，为限制性峡谷河段。左岸有切木曲、曲什安、大河坝等支流入汇，汛期雨洪较多，输沙量较大。右岸有泽曲等支流入汇，泽曲上游为沼泽草地，河流水势变化平缓。军功水文站以下多峡谷，河道切割深、落差较大。该河段内阿尼玛卿山的冰雪融化对河流的夏季径流过程具有一定的影响。

1.5　生态环境

黄河源区分布着大片连续、不连续和岛状多年冻土、季节性冻土，是高寒地区重要的固态水源。草地约占黄河源区面积的 71.02%，通过植被与土壤间的相互作用蓄存水分并发挥水源涵养功能[10]。湿地约占黄河源区面积的 12.0%，源区若尔盖湿地被誉为黄河上游的蓄水池。高寒山区的冰川对河川径流有重要的调节作用，同时扮演着水汽源和汇的双重角色，黄河源区冰川面积较小且集中分布于阿尼玛卿山区域，发育现代冰川 50 余条，覆盖面积约为 125 km^2[11]。

黄河源区多年冻土、高寒生态、水文径流等相互作用十分强烈。黄河源区多年冻土主要发育在海拔 4 000 m 以上的区域，黄河沿以上的源头区，多年冻土面积占 85%以上[12]。季节性冻土主要分布在鄂陵湖以下区域，约占整个源区面积的 9.7%。源区冻土变化趋势可分为两个阶段：1972—1992 年部分季节性冻土转变为多年冻土，多年冻土面积增加 323 km^2，1992 年之后，源区多年冻土急剧退化，这与 20 世纪 90 年代气温急剧上升有关[13]；黄河源区冻土发生区域性退化主要表现为冻土深度减小、永久冻土层向季节性冻土转变、冻土层分布逐渐破碎化等，20 世纪 80 年代以来多年冻土面积从 2.4 万 km^2 减少到 2.2 万 km^2[14]。气候是黄河源区多年冻土空间分布的主控因子，冻土温度升高、活动层加深、季节冻深变浅，造成融区扩展乃至贯通，改变了局部地区水文循环[15]。

自 20 世纪 60 年代以来，黄河源区草地整体退化，过度放牧是草场面临的突出问题，导致草地承载力下降,再加上鼠类大量繁殖,加速了草地的退化[16]。研究表明,与20世纪80年代相比,2020年黄河源区高覆盖高寒草地分别有8%和15%演变为中覆盖高寒草地和低覆盖高寒草地,中覆盖高寒草地有29%演变为低覆盖高寒草地,部分天然草地演变为翻耕种植的人工草地[17]。有研究利用1980—2020年30 m Landsat遥感数据,分析黄河源区土地利用类型变化后发现:2000年之前,黄河源区中、高覆盖草地面积持续减少;2000年后,由于三江源、甘南藏族自治州等区域实施了生态保护与修复重大工程,草地面积有所恢复[14]。

黄河源区湿地主要包括湖泊湿地、河流湿地和沼泽湿地,其中沼泽湿地面积和湖泊湿地面积分别占湿地总面积的65.8%和33.6%[18]。若尔盖泥炭湿地面积约占整个若尔盖流域面积的13%,储水量约45亿m^3,1981—2011年平均向黄河补水(67.1±14.9)亿m^3/a。随着放牧需求增加,人们在若尔盖流域进行了大规模的挖沟排水活动,导致若尔盖湿地地下水位下降,大片湿地消失,水源涵养指数持续减小[19]。在三江源生态保护修复背景下,湿地逐步得到有效保护。2018年黄河源区扎陵湖、鄂陵湖湖泊面积较2004年分别增大74.6 km^2和117.4 km^2,源区湿地面积增加104 km^2,“千湖之县”玛多县湖泊数量由原来的4 077个增加到5 849个,重现千湖美景。

黄河源区冰川覆盖面积约为125 km^2,集中分布于阿尼玛卿山区域,哈龙冰川、唯格勒当雄冰川、耶和龙冰川是3座面积较大的冰川,约占冰川面积的41%[11]。自1960年以来,阿尼玛卿山冰川整体处于亏损状态,主体冰川面积退缩幅度在8%~13%,其中最大冰川的长度退缩了900 m[20]。与20世纪80年代相比,黄河源区永久性冰川雪地面积减少52%,冰储量从113亿m^3减少至85亿m^3,减少了24.8%[13],其间有个别冰川存在前进现象,但无法扭转整体的退缩趋势[21]。冰川持续消融退缩,严重降低了冰川融水对径流的调节作用,对黄河流域水资源配置及生态系统产生不利影响[11]。

冻土、草地、湿地、冰川等是黄河源区水源涵养的主体。自20世纪60年代以来,黄河源区水源涵养主体的变化导致源区水源涵养能力下降。研究表明,近30年来,黄河源区水源涵养量以1.15 mm/a的速率减少,尤其是2002年之前,减少速率达4.12 mm/a[22]。2000年以来,国家实施了一系列重大生态保护和建设工程措施,有效遏制了黄河源区生态退化的趋势,使源区生态状况呈现稳定提升,进入了整体好转与局部退化并存的阶段[23]。但受气候条件及人类活动的影响,黄河源区局部地区生态退化状况仍未得到根本改观,冰川、冻土、草地等水源涵养主体分布格局尚不稳定,现状水源涵养能力仍然偏低[21]。

1.6 源区科考

黄河源区科学考察活动是针对黄河源头地区生态环境、水资源、气候变化、生物多样性等关键问题开展的系统性科学研究活动。1952年,中国科学院组织了首次大规模的黄河源流考察,首次利用现代科学仪器测量了玛曲和卡日曲的流量数据。1976年,中国科学院联合水利部和国家测绘总局组成考察队,在卡日曲流域进行了为期2个月的实地勘测,详细记录了该区域的地貌特征。1995年,青海省组织了一次规模空前的综合性考察活动,首次提出了“多源共治”的概念,考察成果成为研究黄河源头问题的重要参考资料。2000 年以后,随着测量技术和交通工具的进步,先后共开展了 10 余次跨机构、跨领域、跨学科的黄河源区大型现代科考活动,系统考察了全球气候变化和人类活动干扰下黄河源区气候、生态、水文、地质和环境的演变特征,为黄河源区的保护管理提供了科学依据和数据支撑。

黄河水利委员会黄河水利科学研究院水生态团队长期致力于黄河源区生态环境保护和生态系统服务功能提升研究。自 2015 年起至今已连续 10 年开展黄河源区综合考察,先后联合清华大学、北京大学、武汉大学、中国水利水电科学研究院和青海省水文水资源测报中心等高校和科研机构,对黄河源区干流、黑河和白河等重要支流及扎陵湖、鄂陵湖等重点湖泊全要素生态环境本底进行系统调查和监测,包括对水环境(常规污染物、微塑料、抗生素)、水生态(底栖动物、浮游植物、浮游动物、鱼类)、河流有机碳、草地碳排放和河流演变等开展监测和研究,监测点位空间分布见图 1-4。2020 年,黄河水利科学研究院协助中国水利学会,组织中国科协生态环境产学联合体的 10 余家单位开展黄河源区综合科考活动,并撰写《黄河源区水源涵养功能调研报告》。2021 年,组织全球水伙伴和黄河研究会开展黄河源区科考活动,撰写《黄河上游水源涵养能力提升及水资源节约集约利用调研报告》。2023—2024 年,通过环境 DNA 技术对黄河源区干支流、扎陵湖和鄂陵湖鱼类进行全面监测,至此全面建成了黄河源区水生态环境数据库,为研究黄河源区生态环境演变机制奠定了良好的数据基础,助力黄河流域生态保护和高质量发展重大国家战略相关研究。

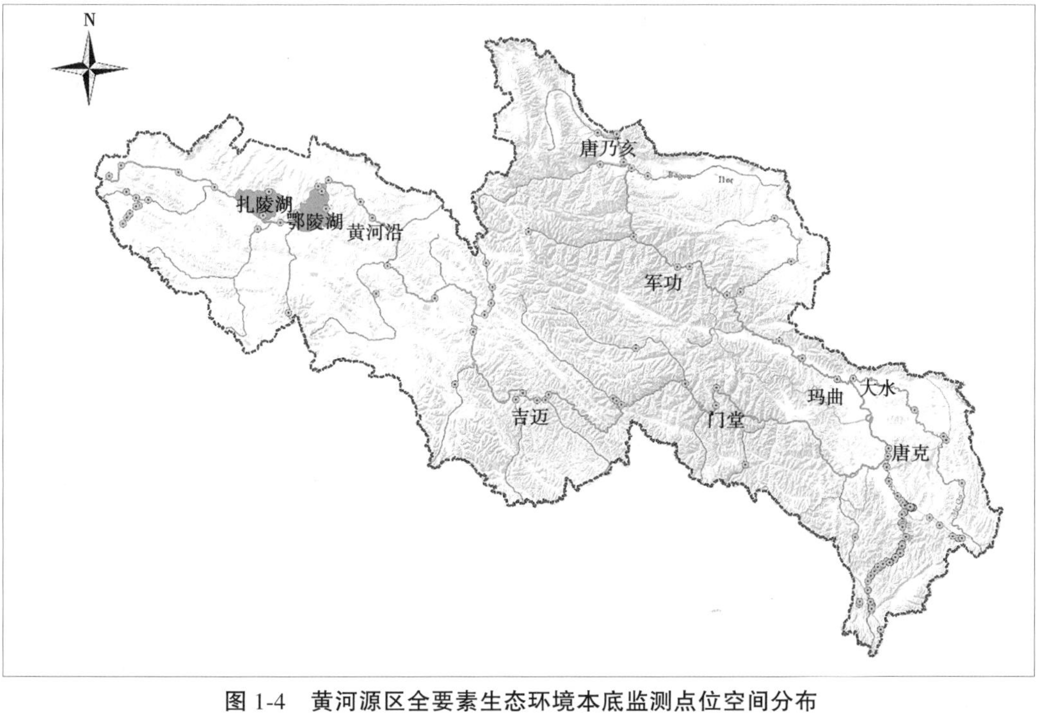

图 1-4　黄河源区全要素生态环境本底监测点位空间分布

第2章　黄河源区水文情势变化及影响因素

气候变化和人类活动是影响流域水文循环的两大驱动力[24-25]。过去几十年,气候变化和人类活动的共同作用加速了全球流域水文循环过程和水资源在时空尺度上的重新分配[26-27]。气候变化直接影响河流的水文过程和水热条件,对流域水文循环产生直接影响[28];人类活动则主要改变流域的下垫面条件,间接影响流域水文循环过程[29]。自20世纪60年代以来,世界寒冷地区主要河流的水文状况均发生了显著变化,严重影响了区域的生态环境和社会经济的发展[30]。

黄河源区位于东亚季风、南亚季风和西风交汇的青藏高原东部,是黄河流域最主要的产水区和水源涵养区。由于其脆弱的生态系统、复杂的地形和大气环流,黄河源区水文循环过程对环境因子的变化响应更为剧烈,对黄河源区的径流演变特征产生了重要的影响[31]。目前,国内外许多研究者对黄河源区的径流变化及其影响因素进行了研究。然而,由于不同研究者在研究过程中选取的水文站点及数量不同、依据的水文数据系列长度不同、采用的分析方法不同,有关黄河源区径流在不同区域(空间尺度)和不同时期(时间尺度)的变化特征的研究成果存在一定差异,在某些方面未形成统一的认识[32]。本章主要基于黄河源区黄河沿、吉迈、玛曲和唐乃亥1956—2020年长系列水文数据和1960—2020年11个国家气象站数据,采用Mann-Kendall检验、滑动T检验、累积距平法、小波分析和Budyko假设的水热耦合概念模型等方法,对黄河源区水文及气象因子时空演变和周期变化特征进行分析,量化气候变化和人类活动对黄河源区天然径流的贡献率。

2.1　数据来源与研究方法

2.1.1　数据来源

黄河源区的各水文站中,除玛曲水文站和唐乃亥水文站实行全年驻测外,其余水文站以巡测为主,部分年份缺测、停测。考虑黄河源区水文数据的完整性和连续性,主要选择黄河沿、吉迈、玛曲和唐乃亥4个站点的系列水文资料来研究黄河源区径流和输沙量的时空变化特征。水文资料主要来源于1956—2020年的《黄河水文年鉴》,11个气象站点1960—2020年的数据主要来源于中国气象数据网。黄河源区水文站及数据系列见表2-1。

表 2-1　黄河源区水文站及数据系列

站名	设站日期	数据系列	
		径流数据	泥沙数据
黄河沿	1955 年 6 月	1956—2020 年	1956—2020 年
吉迈	1958 年 6 月	1958—2020 年	1958—2020 年
玛曲	1959 年 1 月	1959—2020 年	1959—2020 年
唐乃亥	1955 年 8 月	1956—2020 年	1956—2020 年

2.1.2　研究方法

2.1.2.1　趋势性分析

Mann-Kendall 检验法(简称 M-K 检验法)是一种非参数检验方法,是用于趋势分析和突变分析的一种有效工具[33]。采用 M-K 检验法对研究流域的年气象、水文系列的趋势进行显著性检验,根据统计量 Z_{MK} 值的大小来确定序列变化趋势以及趋势是否显著。当 $|Z_{MK}|>1.64$ 时,表示趋势通过了置信度 90%的显著性检验;当 $|Z_{MK}|>1.98$ 时,表示趋势通过了置信度 95%的显著性检验;当 $|Z_{MK}|>2.58$ 时,表示趋势通过了置信度 99%的显著性检验。当 Z_{MK} 值为正值时,表示该序列有增加趋势;当 Z_{MK} 值为负值时,表示该序列有减小趋势。对于某一时间序列 $X=(x_1, x_2, x_3, \cdots, x_n)$,建立标准正态分布统计量 Z:

$$Z=\begin{cases}\dfrac{S-1}{\sqrt{\mathrm{Var}(S)}} & S>0\\ 0 & S=0\\ \dfrac{S+1}{\sqrt{\mathrm{Var}(S)}} & S<0\end{cases} \tag{2-1}$$

其中:

$$\mathrm{Var}(S)=\left[n(n-1)(2n+5)-\sum_{p=1}^{q}t_p(t_p-1)(2t_p+5)\right] \tag{2-2}$$

$$S=\sum_{i=1}^{n-1}\sum_{j=i+1}^{n}\mathrm{sgn}(x_j-x_i) \tag{2-3}$$

$$\mathrm{sgn}(x_j-x_i)=\begin{cases}1 & x_j-x_i>0\\ 0 & x_j-x_i=0\\ -1 & x_j-x_i<0\end{cases} \tag{2-4}$$

式中:$\mathrm{Var}(S)$ 为方差;S 为近似服从正态分布;q 为数据相同的组数;t_p 为与第 p 组的数据相同的个数。

在趋势检验中,原假设 H_0 表示数据集样本独立同分布,没有趋势存在。给定显著性水平,如果 $|Z| \geq Z_{1-\alpha/2}$,那么原假设 H_0 将不成立,说明序列具有显著的变化趋势;如果 $Z>0$,说明序列具有显著的上升趋势;如果 $Z<0$,说明序列具有显著的下降趋势。反之,H_0 原假设被接受。

Sen′s 斜率估计法是一种非参数的统计方法,用于估计数据的趋势斜率。该方法能够有效地减少时间序列中噪声的干扰,处理含有异常值或不符合正态分布的数据[34]。通过计算所有可能的点对之间的斜率来估计数据的趋势。对于某一时间序列 $X=(x_1, x_2, x_3, \cdots, x_n)$,其计算公式如下:

$$\beta = \mathrm{Median}\left(\frac{x_j - x_i}{j - i}\right) \tag{2-5}$$

式中:Median 表示取中值;β 为 Sen′s 斜率;x_j 和 x_i 分别为 j 个和 i 个样本时间序列值($j>i$)。

2.1.2.2 突变点诊断

突变点诊断主要采用 M-K 突变检验和累积距平法确定可能突变点,再用滑动 T 检验确定突变点是否显著。距平是离散数据与其均值的偏差,累积距平是距平值的叠加。累积距平法是通过绘制变量与均值的累积偏差曲线,进而根据曲线的极值点来判断突变发生的时间[34]。

M-K 突变检验是根据时间序列数据构造秩序列,根据秩序列计算统计量 UF 和 UB。给定显著性水平,统计量 UF 和 UB 在临界值内的交点即为序列突变点。若 UF 值大于 0,则表明序列呈上升趋势;反之,则为下降趋势。当它们超过临界直线时,表明上升或下降趋势显著[33]。

滑动 T 检验是通过检验两组数据样本的平均值差异是否显著来判断是否有突变点的存在[35]。如果两段子序列的均值差异超过一定的显著性水平,则可认为均值发生了质变,有突变发生。

2.1.2.3 周期性检验

Morlet 小波分析在时域和频域方面都有很好的局部化特性,广泛应用于水文、气象等时间序列的周期性分析[36]。使用 Morlet 小波分析法,绘制小波系数实部等值线图和小波方差图,峰值对应的点即为周期,最大峰值所对应的周期即为主周期,以此确定水沙序列的周期变化。其原理和步骤[37-38]如下:

连续小波变换(CWT)中采用复 Morlet 小波:

$$\psi(t) = \pi^{-\frac{1}{4}} e^{i\omega_0 t} e^{-\frac{t^2}{2}} \tag{2-6}$$

式中:ψ 为 Morlet 小波函数;t 为时间变量;ω_0 为中心频率。

小波能量谱定义为

$$W_X(a,\tau) = C_X(a,\tau) C_X^*(a,\tau) = |C_X(a,\tau)|^2 \tag{2-7}$$

式中:$C_X(a, \tau)$ 为 $x(t)$ 的小波变换系数;* 为复共轭。

2.1.2.4　潜在蒸散发量计算

采用 FOA Penman-Monteith 法计算黄河源区各气象站潜在蒸散发量，见式(2-8)。

$$E_0 = \frac{0.408\Delta(R_n - G) + \gamma \frac{900}{T_{mean} + 273} u_2(e_s - e_a)}{\Delta + \gamma(1 + 0.34u_2)} \tag{2-8}$$

式中：E_0 为潜在蒸散发量；T_{mean} 为日均气温；R_n 为净辐射；G 为土壤热通量；γ 为干湿表常数；u_2 为 2 m 高处的风速；e_s、e_a 分别为饱和水汽压和实际水汽压；Δ 为饱和水汽压曲线斜率。

2.1.2.5　径流弹性系数

在一定气候和植被条件下，流域长期水文和气候特征服从水文和能量平衡原理。基于 Budyko 假设，Yang 等将水热平衡方程演变为年际尺度[39]，即 Choudhury-Yang 公式，公式表达如下：

$$E = \frac{PE_0}{(P^n + E_0^n)^{\frac{1}{n}}} \tag{2-9}$$

式中：E 为长期平均的年实际蒸散发量；P 为长期平均的年降水量；E_0 为长期平均的年潜在蒸散发量；n 为反映流域下垫面特征的参数，包括地形、土壤和植被等。

式(2-9)中的 P、E_0 和 n 可认为是相互独立的变量，结合区域长期平均水量平衡方程，即 $P=E+R$(R 为径流)，年径流量的变化可表示为以下全微分方程形式：

$$\mathrm{d}R = \frac{\partial f}{\partial P}\mathrm{d}P + \frac{\partial f}{\partial E_0}\mathrm{d}E_0 + \frac{\partial f}{\partial n}\mathrm{d}n \tag{2-10}$$

Schaake[40]将径流的降水量弹性系数定义为 $\varepsilon_P = (\mathrm{d}R/R)/(\mathrm{d}P/P)$，用于评价径流对降雨变化的敏感性。类似地，杨大文等[41]将径流的潜在蒸散发弹性系数定义为 $\varepsilon_{E_0} = (\mathrm{d}R/R)/(\mathrm{d}E_0/E_0)$，下垫面弹性系数定义为 $\varepsilon_n = (\mathrm{d}R/R)/(\mathrm{d}n/n)$。根据以上定义，将式(2-10)除以多年平均径流 R 可得：

$$\frac{\mathrm{d}R}{R} = \varepsilon_P \frac{\mathrm{d}P}{P} + \varepsilon_{E_0} \frac{\mathrm{d}E_0}{E_0} + \varepsilon_n \frac{\mathrm{d}n}{n} \tag{2-11}$$

根据水热平衡方程，由弹性系数定义，可求出径流的降水量弹性系数(ε_P)、径流的潜在蒸散发弹性系数(ε_{E_0})和径流的下垫面弹性系数(ε_n)。若令 $\phi = \frac{E_0}{P}$，则表达式分别如下：

$$\varepsilon_P = \frac{(1+\phi^n)^{1/n+1} - \phi^{n+1}}{(1+\phi^n)[(1+\phi^n)^{1/n} - \phi]} \tag{2-12}$$

$$\varepsilon_{E_0} = \frac{1}{(1+\phi^n)[1-(1+\phi^{-n})^{1/n}]} \tag{2-13}$$

$$\varepsilon_n = \frac{\ln(1+\phi^n) + \phi^n\ln(1+\phi^{-n})}{n[(1+\phi^n) - (1+\phi^n)^{1/n+1}]} \tag{2-14}$$

由式(2-12)~式(2-14)可知,流域(区域)年径流的3个弹性系数可根据流域多年平均降水量(P)、多年平均潜在蒸散发量(E_0)和多年平均流域下垫面参数(n)来推求,这3个参数反映了流域多年平均的水文气候特征,其中n值可由式(2-9)求得。

2.1.2.6　径流变化贡献率分析

根据突变点分析可将研究时段划分为两个子时段,时段1和时段2的多年平均径流深分别记为R_1和R_2,时段1至时段2的径流深变化可表示为

$$\Delta R = R_2 - R_1 \tag{2-15}$$

径流深的变化(ΔR)主要驱动因素为气象要素变化及流域下垫面变化,则可以将径流的变化表示为

$$\Delta R = \Delta R_c + \Delta R_l \tag{2-16}$$

式中:ΔR_c为气候变化引起的径流变化;ΔR_l为流域下垫面变化引起的径流变化。

为进一步分离气象要素对径流变化的影响,将气象要素变化的影响进一步细化为降水变化引起的径流变化(ΔR_P)和潜在蒸散发变化引起的径流变化(ΔR_{E_0})两部分。

根据降水量、潜在蒸散发和下垫面弹性系数,可分别估算出其引起的径流变化和贡献率,计算公式如下:

$$\Delta R_X = \varepsilon_X \frac{R}{X} \Delta X \tag{2-17}$$

$$\eta_X = \frac{\Delta R_X}{\sum |\Delta R|} \Delta X \tag{2-18}$$

2.2　水沙年际年内变化

2.2.1　年际变化

黄河沿水文站1956—2020年实测多年平均径流量为7.54亿m^3,年径流量极值比为151.43,极值差为39.48亿m^3,变差系数C_v为0.87;实测多年平均输沙量为7.09万t,年输沙量极值比为410.80,极值差为40.50万t,变差系数C_v为1.21。吉迈水文站1958—2020年实测多年平均径流量为42.19亿m^3,年径流量极值比为4.26,极值差为63.68亿m^3,变差系数C_v为0.38;实测多年平均输沙量为88.95万t,年输沙量极值比为24.70,极值差为374.30万t,变差系数C_v为0.81。玛曲水文站1959—2020年实测多年平均径流量为145.98亿m^3,年径流量极值比为3.42,极值差为173.82亿m^3,变差系数C_v为0.23;实测多年平均输沙量为460.09万t,年输沙量极值比为22.72,极值差为1 227.68万t,变差系数C_v为0.56。唐乃亥水文站为黄河源区干流把口站,其1956—2020年实测多年平均径流量为203.35亿m^3,年径流量极值比为3.09,极值差为221.10亿m^3,变差系数C_v为0.27;实测多年平均输沙量为1 181.27万t,年输沙量极值比为13.57,极值差

为 3 793.21 万 t,变差系数 C_v 为 0.61。从变差系数来看,各水文站年均输沙量均大于年均径流量,表明年尺度上输沙量变化幅度大于径流量,尤其是黄河沿水文站输沙量变化幅度最为显著(见表 2-2)。

表 2-2　黄河源区水沙特征值统计

特征值		黄河沿	吉迈	玛曲	唐乃亥
年径流量	多年平均径流量/亿 m^3	7.54	42.19	145.98	203.35
	极值比	151.43	4.26	3.42	3.09
	极值差/亿 m^3	39.48	63.68	173.82	221.10
	变差系数 C_v	0.87	0.38	0.23	0.27
年输沙量	多年平均输沙量/万 t	7.09	88.95	460.09	1 181.27
	极值比	410.80	24.70	22.72	13.57
	极值差/万 t	40.50	374.30	1 227.68	3 793.21
	变差系数 C_v	1.21	0.81	0.56	0.61

图 2-1 和图 2-2 分别为黄河源区水文站径流量和输沙量的年际变化特征,由图可知,各站年径流量和年输沙量有极强的相关性,呈现出同丰同枯的现象。从年径流量来看,20 世纪 60—80 年代年径流量较大,20 世纪 90 年代年径流量逐渐下降,2017 年之后逐渐增加,至 2020 年各站点径流量基本均已恢复至历史最高水平。但由于当前阶段监测数据系列较短,后续变化趋势还需进一步监测分析。从年输沙量来看,年输沙量和年径流量表现出的变化特征较为相似,20 世纪 80 年代年输沙量较大,自 20 世纪 90 年代起逐渐下降,2000 年之后逐渐增加,2012 年至今又有所下降。整体来看,65 年间黄河源区黄河沿、吉

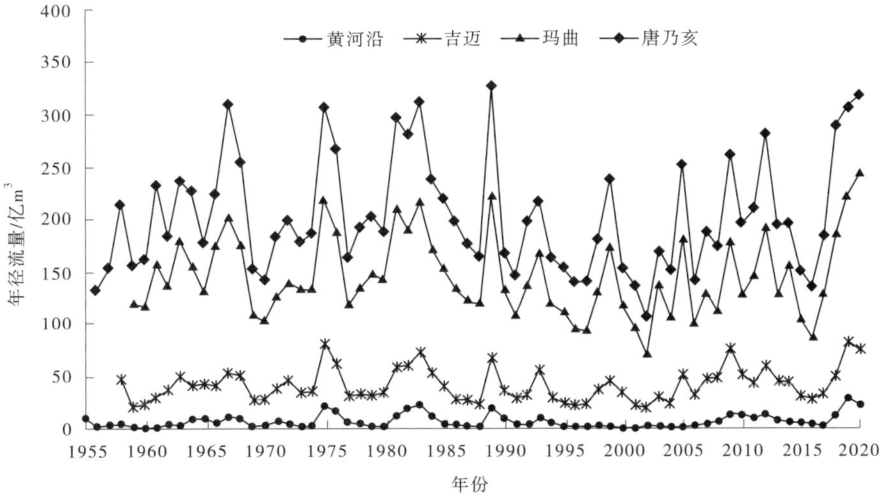

图 2-1　黄河源区水文站径流量年际变化特征

迈和唐乃亥 3 站径流量均呈现波动增加趋势，递增速率分别为 0.052 亿 m^3/a、0.117 亿 m^3/a 和 0.108 亿 m^3/a；玛曲站径流量呈现波动减少趋势，递减速率为 0.089 亿 m^3/a。黄河沿、吉迈、玛曲和唐乃亥 4 站输沙量变化则与径流量变化趋势基本相反，均呈现波动减少趋势，递减速率分别为 0.027 万 t/a、0.846 万 t/a、0.647 万 t/a 和 3.512 万 t/a。应用 M-K 检验法对黄河源区各水文站年径流量和年输沙量变化趋势进行检验（见表 2-3），结果表明黄河沿、玛曲和唐乃亥 3 站年径流量和年输沙量的统计量 Z_{MK} 绝对值均小于 1.64（未通过 90%显著性检验），表明上述各站年径流量和年输沙量变化趋势并不显著；吉迈水文站年输沙量呈显著下降趋势（通过 95%显著性检验）。

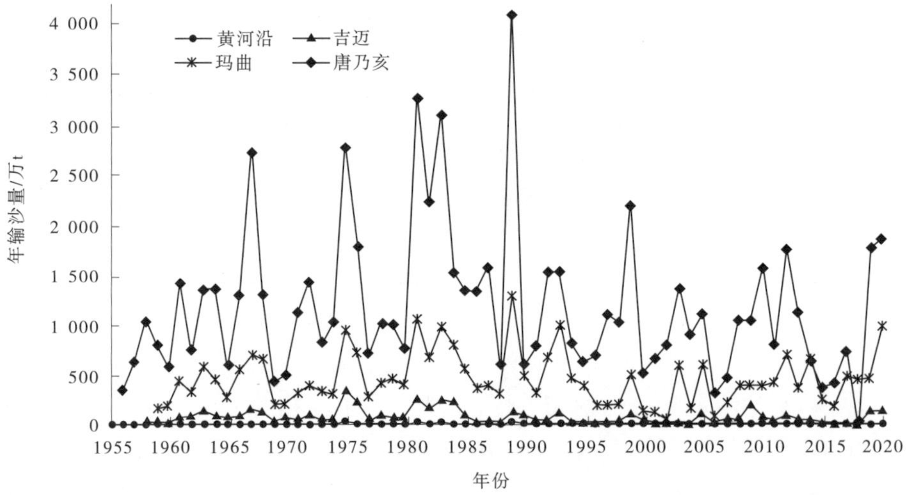

图 2-2 黄河源区水文站输沙量年际变化特征

表 2-3 黄河源区干流水文站年径流量、年输沙量变化特征和变化趋势

类别	水文站	时期	M-K 趋势检验			Sen's 斜率估计
			Z_{MK}	变化趋势	显著性	
年径流量/亿 m^3	黄河沿	1956—2020 年	0.730 5	增加	不显著	0.019 8
	吉迈	1958—2020 年	0.628 7	增加	不显著	0.071 6
	玛曲	1959—2020 年	−0.777 5	减少	不显著	−0.206 0
	唐乃亥	1956—2020 年	0.005 7	增加	不显著	0.004 1
年输沙量/万 t	黄河沿	1956—2020 年	−0.664 1	减少	不显著	−0.014 3
	吉迈	1958—2020 年	−2.123 3	减少	*	−0.964 5
	玛曲	1959—2020 年	−0.157 9	减少	不显著	−0.218 2
	唐乃亥	1956—2020 年	−0.469 9	减少	不显著	−1.496 5

注：“*”表示 0.05 的显著性水平。

表 2-4 和表 2-5 分别为各水文站自 20 世纪 50 年代以来的年径流量和年输沙量特征值统计，由表可知，20 世纪 80 年代为黄河源区的丰水多沙期，各站年径流量和年输沙量均为各年代中的最大值，其次为 20 世纪六七十年代，2010 年后黄河源区年径流量和年输沙量接近 20 世纪 70 年代，而 20 世纪 90 年代至 21 世纪初，黄河源区的年径流量和年输沙量相对较小，均低于多年平均值。年径流量和年输沙量的最小值均出现在 20 世纪 50 年代。但 20 世纪 50 年代年径流量和年输沙量的数据较少，只有 5 年的数据，因此对该时期黄河源区年径流量和年输沙量的代表性还需进一步研究和分析。

表 2-4　黄河源区各水文站年径流量各年代特征值　单位：亿 m^3

时期	黄河沿	吉迈	玛曲	唐乃亥
1956—1959 年	3.82	28.25	101.90	161.60
1960—1969 年	6.29	40.09	154.45	216.41
1970—1979 年	8.54	43.01	145.18	203.85
1980—1989 年	10.88	47.67	168.50	241.10
1990—1999 年	5.05	34.24	128.01	175.99
2000—2009 年	3.90	39.24	125.46	174.46
2010—2020 年	12.08	49.66	157.37	224.60
1956—2020 年	7.51	42.19	145.98	203.35

表 2-5　黄河源区各水文站年输沙量各年代特征值　单位：万 t

时期	黄河沿	吉迈	玛曲	唐乃亥
1956—1959 年	4.66	35.05	170.00	702.78
1960—1969 年	7.25	97.19	444.50	1 177.73
1970—1979 年	6.45	123.13	448.50	1 224.82
1980—1989 年	14.00	135.26	671.00	1 955.74
1990—1999 年	5.51	56.20	323.80	1 111.67
2000—2009 年	5.69	60.86	250.15	743.37
2010—2020 年	7.62	63.94	483.78	1 000.63
1956—2020 年	7.08	88.95	460.09	1 181.27

2.2.2　年内变化

图 2-3 为黄河源区唐乃亥水文站多年降水量、径流量和输沙量年内分布情况，由图可知，黄河源区降水量、径流量和输沙量年内分布极不均匀，季节性较为明显。汛期降水量、径流量和输沙量分别占全年总量的 73.43%、78.32%和 91.08%。降水量、径流量和输沙量最大值均出现在 7 月，分别占全年总量的 17.76%、20.19%和 32.01%。2 月为全年最小径流量，仅占全年总量的 2.28%。整体来看，黄河源区径流年内分配与降水分配具有较好的同步性，说明径流量变化过程高度依赖于降水量的变化，同时表明降水是黄河源区径流的主要补给来源。径流年内分布为双峰，分别在 7 月和 9 月，这主要是因为黄河源区降水后并没有全部产流，而是将一部分降水转化为冻土层上水储存起来，在 9 月又释放出来补给径流，形成第二峰[42]。

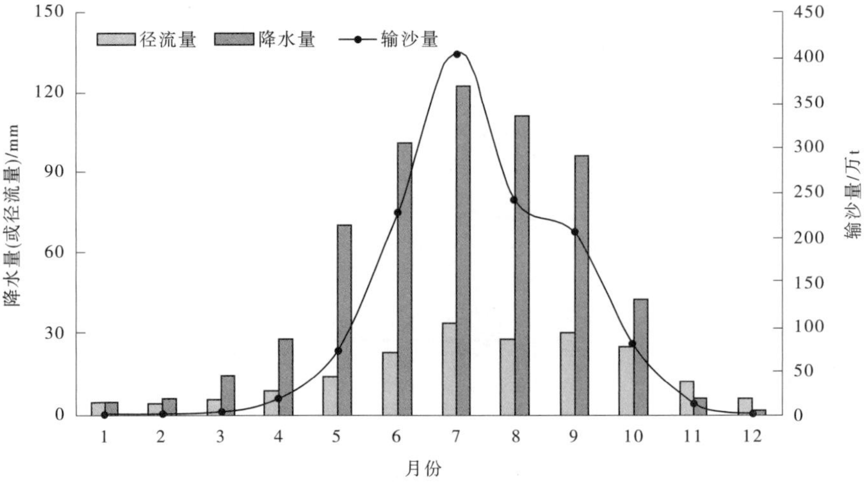

图 2-3　黄河源区唐乃亥水文站多年降水量、径流量和输沙量年内分布情况

根据黄河源区各站逐月径流和输沙数据，得到各站自建站以来年径流量和年输沙量的分布特征(见表 2-6 和表 2-7)。从径流量的年内分布来看，吉迈、玛曲和唐乃亥 3 站汛期径流量均占全年径流量的 50%以上，是年径流量的主要组成部分；黄河沿水文站进入 21 世纪后汛期流量占比减小幅度较大(13.63%)，主要是由于黄河源水电站的建设改变了该河段的水文特征。从输沙量的年内分布来看，黄河沿、吉迈、玛曲和唐乃亥 4 站汛期输沙量大多占全年输沙量的 60%以上，说明黄河源区输沙主要集中在汛期。整体来看，玛曲以下各站的年径流量和年输沙量年内分布变化相似，均表现为同增同减趋势。

表 2-6 黄河源区各水文站汛期径流量占年径流量比例 %

时期	黄河沿	吉迈	玛曲	唐乃亥
1956—1959 年	53.74	55.76	59.63	57.19
1960—1969 年	53.18	62.94	63.88	62.17
1970—1979 年	—	60.73	57.89	59.11
1980—1989 年	59.71	63.04	63.26	62.04
1990—1999 年	55.88	57.07	56.59	55.60
2000—2009 年	42.25	59.79	58.09	58.34
2010—2020 年	48.84	56.79	60.60	59.32

表 2-7 黄河源区各水文站汛期输沙量占年输沙量比例 %

时期	黄河沿	吉迈	玛曲	唐乃亥
1956—1959 年	79.36	66.96	54.72	69.97
1960—1969 年	68.39	72.04	80.64	80.01
1970—1979 年	—	63.55	69.37	76.12
1980—1989 年	64.63	57.65	74.28	67.17
1990—1999 年	74.55	44.86	63.02	68.87
2000—2009 年	38.87	59.88	63.12	74.55
2010—2020 年	54.18	60.62	78.06	75.72

2.3 突变与周期特征

2.3.1 水沙突变特征

图 2-4 为唐乃亥水文站径流量和输沙量累积距平曲线,由图可知,黄河源区唐乃亥水文站径流量和输沙量极大值均出现在 1989 年,极小值分别为 2007 年和 2017 年。从趋势来判断,黄河源区径流量和输沙量均经历了 3 个阶段,分别为 1956—1989 年的波动上升阶段、1990—2017 年的波动下降阶段和 2018—2020 年的二次波动上升阶段。采用 M-K 检验法来验证黄河源区唐乃亥水文站径流量和输沙量的变化趋势和突变情况(见

图 2-5),可知径流量统计量 UF 曲线和 UB 曲线相交于 1988 年和 1990 年,且交点位于 0. 05 显著性水平临界值内,则表明黄河源区径流可能在 1988—1990 年发生了突变。同样地,输沙统计量曲线表明源区输沙量可能在 2007 年和 2013 年发生突变。结合径流量、输沙量累积距平曲线和 M-K 突变检验结果,唐乃亥水文站径流量可能的突变年份为 1989 年、

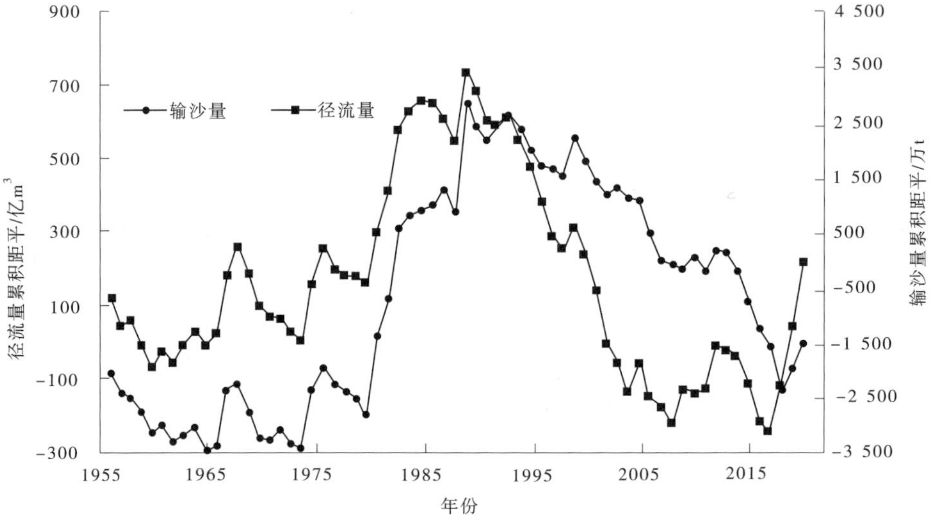

图 2-4　唐乃亥水文站径流量和输沙量累积距平曲线

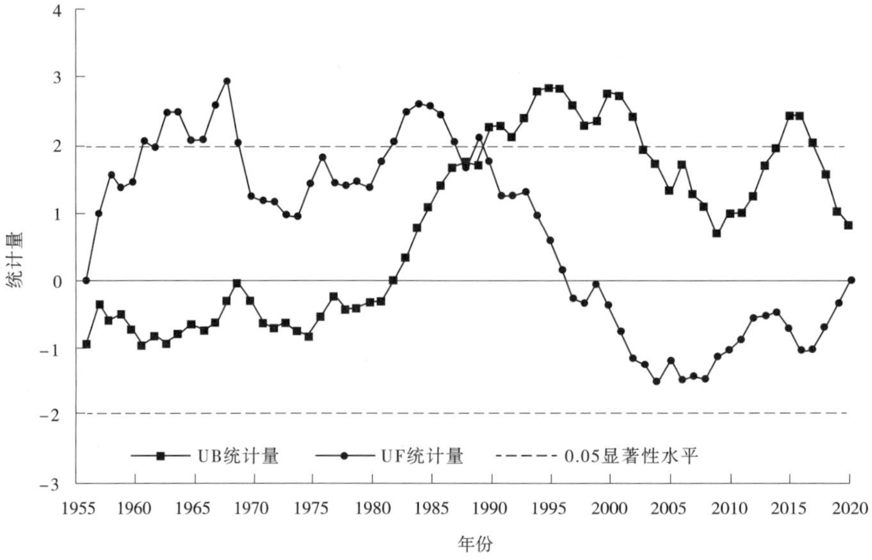

(a)径流量

图 2-5　唐乃亥水文站径流量和输沙量 M-K 突变检验

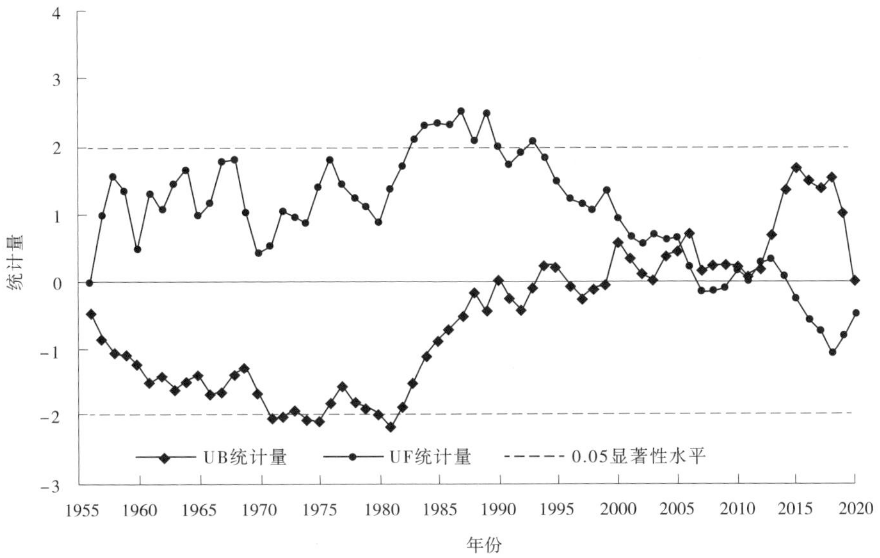

(b)输沙量

续图 2-5

2007 年和 2017 年,输沙量可能的突变年份为 1989 年、2007 年和 2013 年。为了去除无效突变点,采用滑动 T 检验来进一步分析,通过 t 统计量来判定其显著性(见表 2-8),结果表明黄河源区径流量突变年份为 1989 年和 2017 年,输沙量突变年份为 1989 年和 2013 年(通过 0.05 显著性水平检验),此结论和现有研究结果一致[43]。但考虑到 2013 年和 2017 年距系列数据终止不足 10 年,不具有典型性,故认为黄河源区径流量和输沙量的突变年份均为 1989 年。

表 2-8　唐乃亥水文站径流量、输沙量突变点显著性滑动 T 检验结果

项目	可能突变年份	t 统计量	显著性
径流量	1989 年	3.52	* *
	2007 年	−2.07	不显著
	2017 年	−5.22	*
输沙量	1989 年	2.89	*
	2007 年	−1.93	不显著
	2013 年	3.32	*

注:“ * ”表示 0.05 的显著性水平,“ * * ”表示 0.01 的显著性水平。

将黄河源区分为黄河沿以上区域(A_1)、黄河沿—吉迈(A_2)、吉迈—玛曲(A_3)、玛曲—唐乃亥(A_4)4 个区间,并以相邻两个水文站点的实测水文数据差值作为区间的水文数据来分析各个区间的水沙突变特征(见表 2-9)。通过绘制各区间径流量和输沙量累积距平曲线和 M-K 突变检验结果,得出各区间可能的突变点,用滑动 T 检验来进一步判定其显著性。综合各区间线性变化趋势和突变年份检验结果,确定 1989 年和 2007 年为各区间径流量和输沙量的"突变点"。

表 2-9 各区间径流量、输沙量突变点显著性滑动 T 检验结果

区间	方法	径流量			输沙量		
		突变年份	t 统计量	显著性	突变年份	t 统计量	显著性
A_1	累积距平	1989 年	2.57	*	1989 年	2.48	*
		2007 年	-4.88	* *	2017 年	-2.74	不显著
	M-K 检验	1989 年	2.57	*	1989 年	2.48	*
		2017 年	-3.52	*	2017 年	-2.74	不显著
A_2	累积距平	1989 年	2.07	*	1993 年	2.74	*
		2007 年	-2.23	*	2017 年	-6.59	*
	M-K 检验	1983 年	-2.14	*	1993 年	2.74	*
		2007 年	-2.23	*	2007 年	-1.29	不显著
A_3	累积距平	1989 年	3.60	*	1993 年	2.26	*
		2017 年	-4.72	* *	2010 年	-2.25	*
	M-K 检验	1989 年	3.60	*	1993 年	2.26	*
					2013 年	-1.08	不显著
A_4	累积距平	1989 年	4.10	* *	1989 年	3.02	*
		2007 年	-3.20	* *	2017 年	-5.74	* *
	M-K 检验	1989 年	4.10	* *	2005 年	1.89	不显著
		2007 年	-3.20	* *	2017 年	-5.74	* *

注:" * "表示 0.05 的显著性水平," * * "表示 0.01 的显著性水平。

2.3.2 周期性分析

采用小波分析法分析黄河源区唐乃亥水文站径流量和输沙量的变化周期。图 2-6 为唐乃亥水文站径流量和输沙量的小波方差图,由图可知,黄河源区径流量和输沙量均存在 4 个主周期,对应着 4 个不同时间尺度的"丰—枯"演变周期。分别绘制年均径流量和年均输沙量第一、第二、第三和第四主周期对应的小波实部过程曲线图和小波实部等值线图(见图 2-7),确定 1960—2020 年黄河源区年均径流量存在 7 a、12 a、28 a 和 45 a 的变化周期,其中第一主周期为 45 a,第二主周期为 12 a,第三主周期为 28 a,第四主周期为 7 a。在整个研究尺度上黄河源区径流量存在 2 次丰枯交替变化,即枯(1956—1965 年)—长丰(1966—1989 年)—长枯(1990—2005 年)—丰(2006—2020 年)。输沙量周期变化和径流量基本保持一致,存在 7 a、12 a、28 a 和 42 a 的变化周期,其中第一主周期为 12 a,第二主周期为 42 a,第三主周期为 28 a,第四主周期为 7 a。上述 4 个周期波动控制着黄河源区径流量和输沙量在整个研究时间尺度上的变化特征。

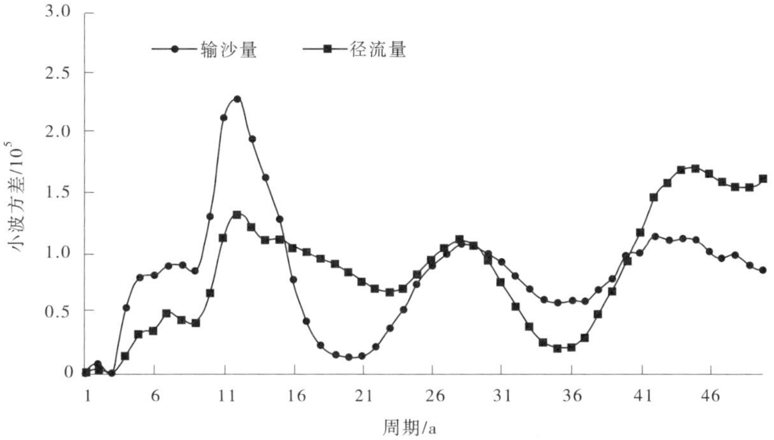

图 2-6　唐乃亥水文站径流量和输沙量的小波方差

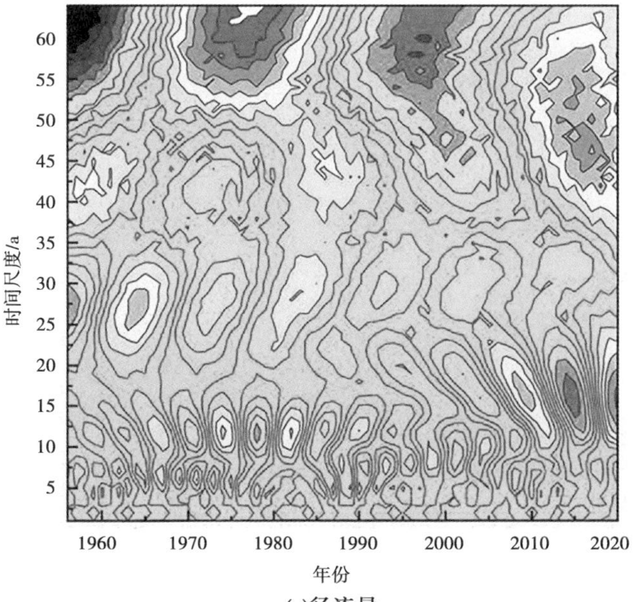

(a)径流量

图 2-7　小波实部等值线图

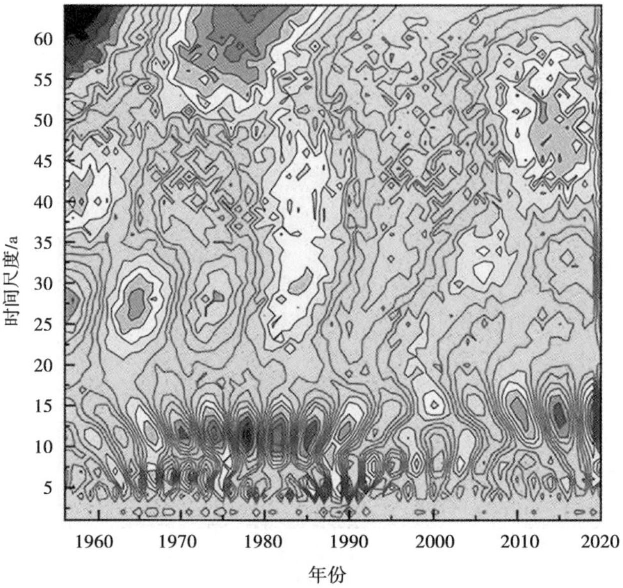

(b)输沙量

续图 2-7

2.4　水沙空间变化特征

2.4.1　沿程变化

统计黄河源区各水文站自建站以来的年径流量和年输沙量,得到黄河源区各水文站多年平均径流量和输沙量的沿程分布(见图 2-8)。自黄河沿站至唐乃亥站,径流量和输沙

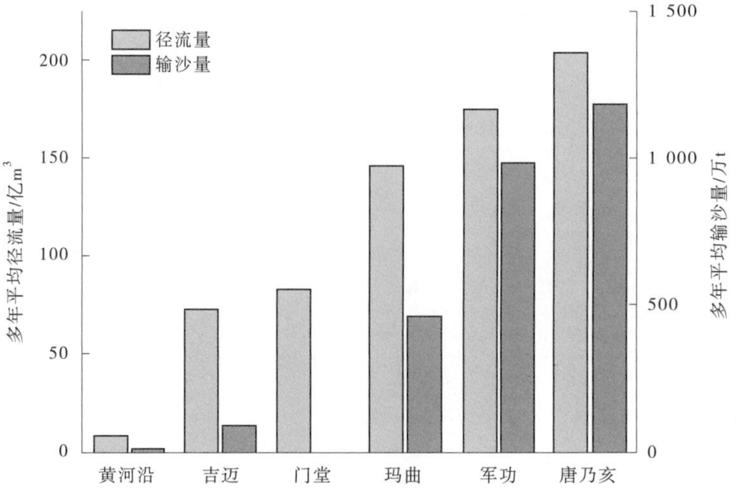

图 2-8　黄河源区各站多年平均径流量和输沙量

量均逐渐增加，其中区间水量增加较多的为吉迈—玛曲段，水量增加约 103.79 亿 m^3，主要是由于吉迈—玛曲段有多条支流汇入，水量较大的有沙柯曲、白河和黑河等支流，其上有久治、唐克、若尔盖和大水等 4 个水文站。其中，久治水文站为沙柯曲入汇黄河的把口站，多年(1988—2020 年)平均径流量为 5.48 亿 m^3；唐克水文站为白河入汇黄河的把口站，多年(1981—2020 年)平均径流量为 20.27 亿 m^3；大水水文站为黑河入汇黄河的把口站，多年(1987—2020 年)平均径流量为 10.36 亿 m^3。支流白河多年平均径流量和输沙量分别占玛曲水文站的 13.89%和 11.7%，黑河多年平均径流量和输沙量分别占玛曲水文站的 7.10%和 11.8%，黑河的含沙量高于白河。

2.4.2　区间变化

通过各区间线性变化趋势和突变年份分析结果，选择 1989 年和 2007 年为各区间的“突变点”，将 A_1、A_2、A_3 和 A_4 4 个区间在时间序列上划分为 3 个时期，分别为 1956—1989 年(P_1)、1990—2007 年(P_2)、2008—2020 年(P_3)。图 2-9 和图 2-10 分别为各区间年径流量和年输沙量变化特征，由图可知，除 A_3 区间年径流量呈下降趋势外，其他区间的年径流量均呈现增加趋势，而各区间年输沙量变化趋势正好与之相反。应用 M-K 检验法对各区间年径流量和年输沙量变化趋势进行检验(见表 2-10)，结果表明各区间年径流量变化趋势均不显著，年输沙量变化趋势亦是如此。从水沙空间分布来看，黄河源区产流区和产沙区呈现空间异质性，其主要产流区为 A_3 区间，其次分别为 A_4、A_2 和 A_1 区间，其年均产流量分别占源区总产流量的 50.8%、28.5%、17.0%和 3.7%。主要产沙区为 A_4 和 A_3 区间，其年均产沙量分别占源区总产沙量的 62.7%和 30.0%，A_2 和 A_1 区间年均产沙量分别占总产沙量的 6.7%和 0.6%。从线性变化趋势来看，各区间径流量和输沙量均经历了“递增—递减—递增”的变化过程，其变化趋势和唐乃亥水文站年径流量和年输沙量的变化趋势基本保持一致，除 A_3 区间外，其他所有区间 P_3 时期的径流量均已恢复并超过 P_1 时期(见表 2-11)。

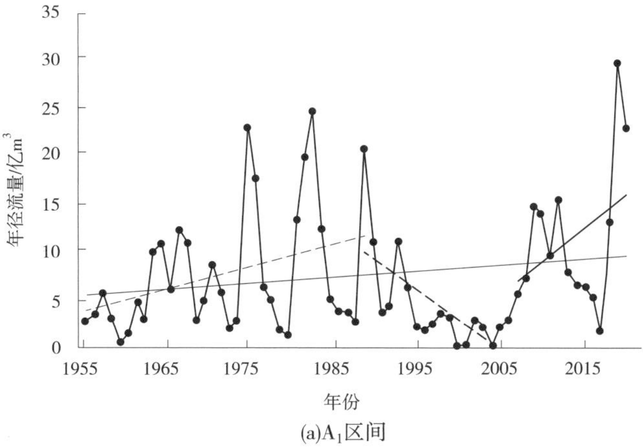

(a)A_1区间

图 2-9　各区间年径流量变化特征

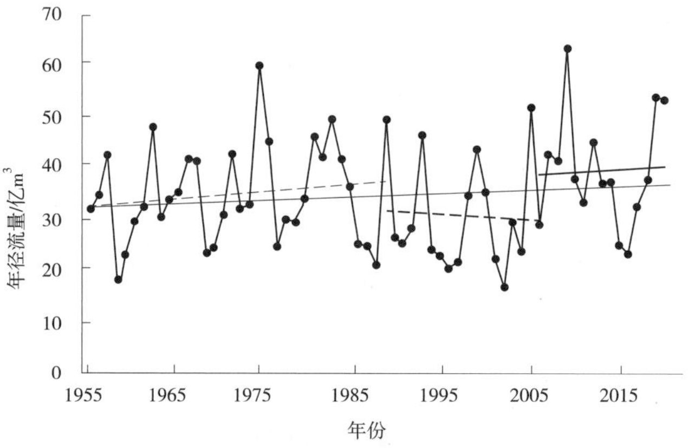

(b)A_2区间

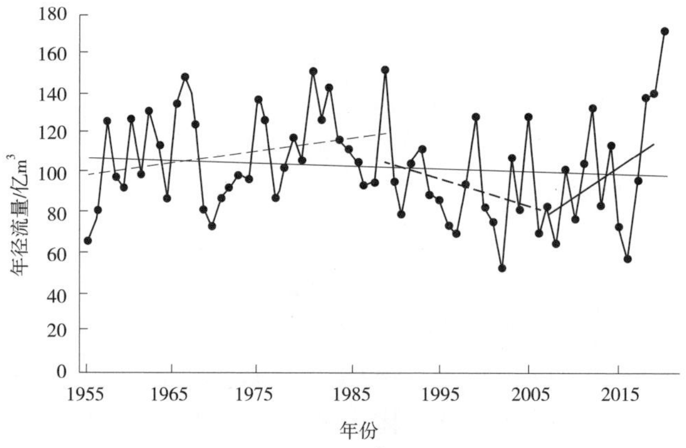

(c)A_3区间

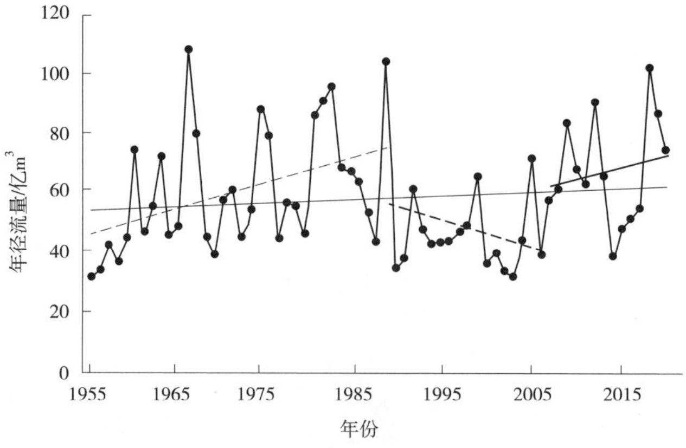

(d)A_4区间

续图 2-9

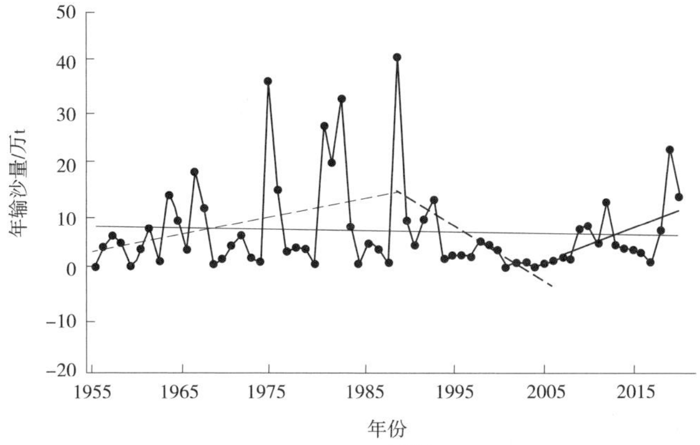

(a)A_1区间

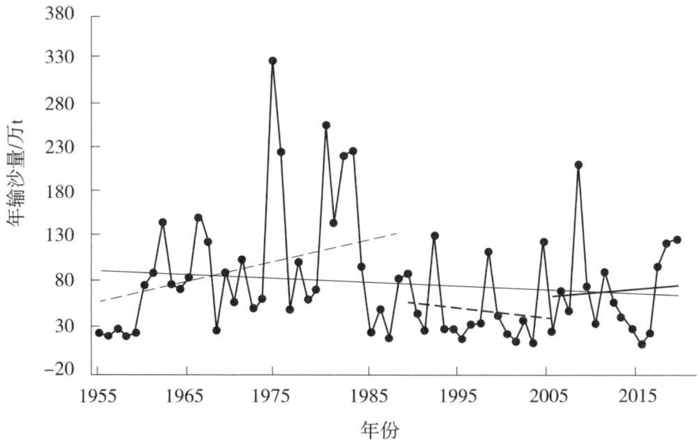

(b)A_2区间

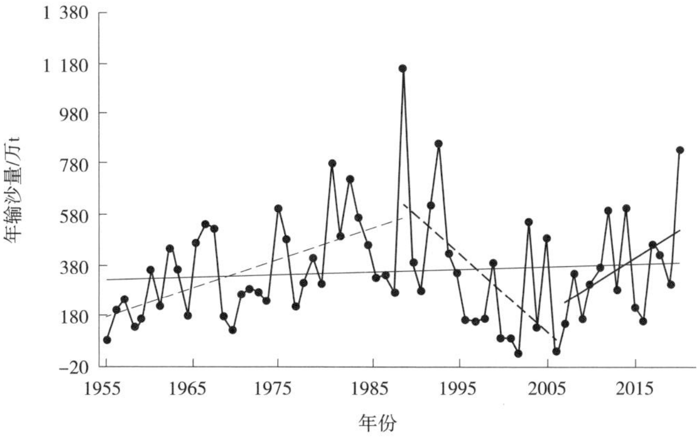

(c)A_3区间

图 2-10　各区间年输沙量变化特征

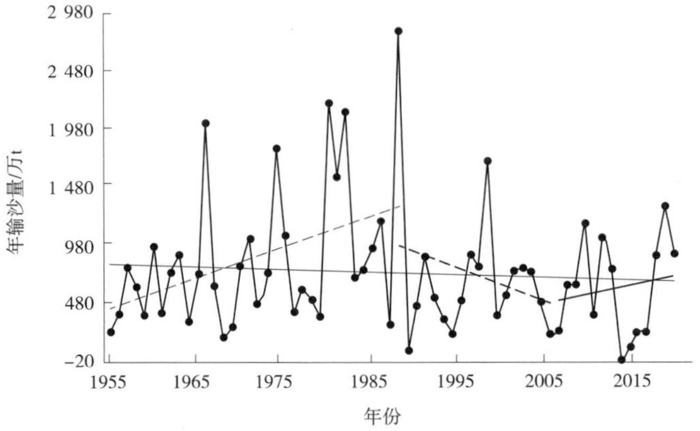

(d)A_4区间

续图 2-10

表 2-10　黄河源区各区间年径流量、年输沙量变化特征和变化趋势

<table>
<tr><th rowspan="2">类别</th><th rowspan="2">区间</th><th colspan="3">M-K 趋势检验</th><th rowspan="2">Sen's 斜率估计</th></tr>
<tr><th>Z_{MK}</th><th>变化趋势</th><th>显著性</th></tr>
<tr><td rowspan="4">年径流量/亿 m³</td><td>A_1</td><td>0.900 2</td><td>增加</td><td>不显著</td><td>0.026 2</td></tr>
<tr><td>A_2</td><td>0.685 0</td><td>增加</td><td>不显著</td><td>0.048 9</td></tr>
<tr><td>A_3</td><td>−1.013 4</td><td>减少</td><td>不显著</td><td>−0.203 5</td></tr>
<tr><td>A_4</td><td>1.047 4</td><td>增加</td><td>不显著</td><td>0.142 7</td></tr>
<tr><td rowspan="4">年输沙量/万 t</td><td>A_1</td><td>−0.503 9</td><td>减少</td><td>不显著</td><td>−0.010 0</td></tr>
<tr><td>A_2</td><td>−0.900 2</td><td>减少</td><td>不显著</td><td>−0.258 2</td></tr>
<tr><td>A_3</td><td>0.775 6</td><td>增加</td><td>不显著</td><td>1.109 5</td></tr>
<tr><td>A_4</td><td>−0.356 7</td><td>减少</td><td>不显著</td><td>−0.740 2</td></tr>
</table>

表 2-11　各区间不同时期径流量和输沙量变化情况

<table>
<tr><th rowspan="2">区间</th><th colspan="4">径流量/亿 m³</th><th colspan="4">输沙量/万 t</th></tr>
<tr><th>P_1</th><th>P_2</th><th>P_3</th><th>$P_1 \sim P_3$</th><th>P_1</th><th>P_2</th><th>P_3</th><th>$P_1 \sim P_3$</th></tr>
<tr><td>A_1</td><td>7.83</td><td>3.71</td><td>11.93</td><td>7.51</td><td>8.93</td><td>3.51</td><td>7.15</td><td>7.07</td></tr>
<tr><td>A_2</td><td>34.82</td><td>30.09</td><td>39.80</td><td>34.50</td><td>99.08</td><td>52.18</td><td>69.15</td><td>80.49</td></tr>
<tr><td>A_3</td><td>110.11</td><td>89.99</td><td>103.95</td><td>103.30</td><td>378.94</td><td>304.66</td><td>394.42</td><td>361.47</td></tr>
<tr><td>A_4</td><td>60.64</td><td>45.90</td><td>67.98</td><td>58.03</td><td>885.42</td><td>586.27</td><td>639.36</td><td>753.36</td></tr>
</table>

2.4.3　水沙极值特征

图2-11和图2-12分别为各区间不同时期径流量极值和输沙量极值的分布频率(P_1~P_3为顺时针方向),由图可知,各区间径流量和输沙量极大值主要分布在6—10月,其中7月和9月分布频率最高。从径流量和输沙量的同步性来看,A_1区间在P_1~P_3时期呈现先升后降的趋势,在P_2时期达到顶峰;A_2、A_3和A_4区间径流量和输沙量的同步性在持续升高,基本都集中在7月。从水文分布类型上来看,在P_2时期黄河源区径流分布逐渐由P_1时期的7月和9月"双峰型"转变为P_3时期的7月"单峰型"。

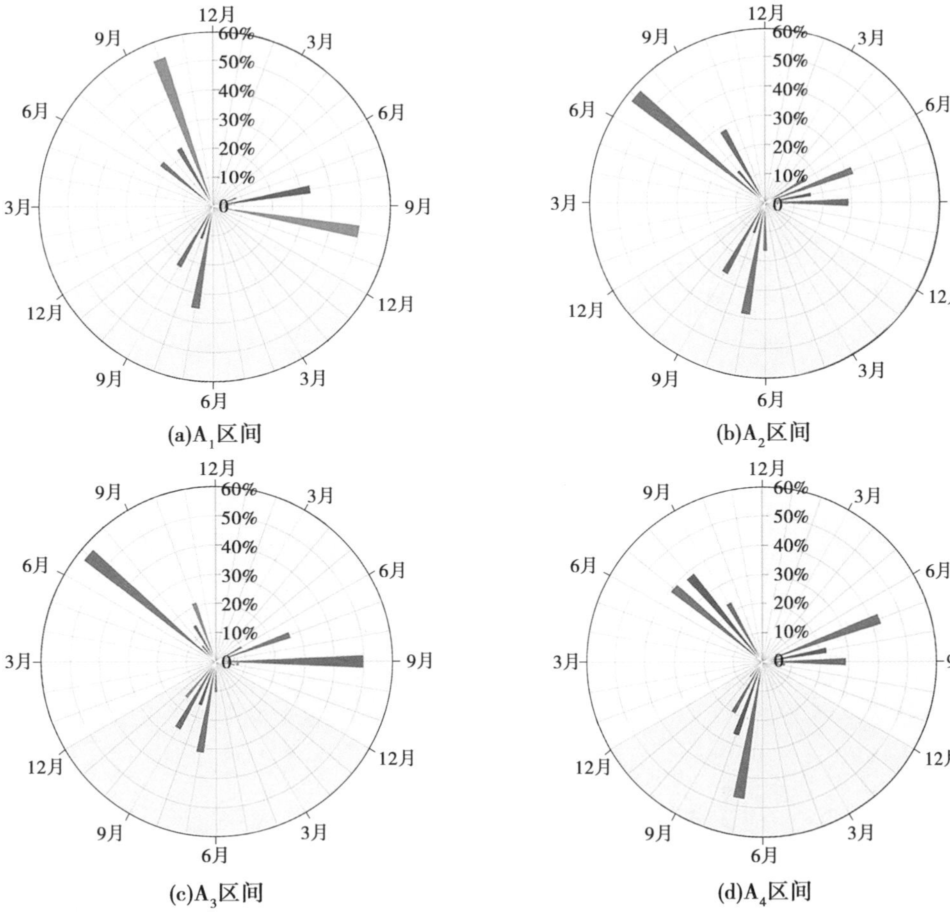

图2-11　径流量极值分布频率同步性检验结果

图2-13为黄河源区不同时期降水量年内分布情况,由图可知,黄河源区各时期降水量和径流量在年内变化趋势上高度一致,均是从P_1时期"双峰型"转变为P_2、P_3时期的"单峰型"。相较于P_2时期,P_3时期降水量有回归"双峰型"的趋势。以上结果说明黄河源区水文情势的变化主要是由降水量变化引起的。

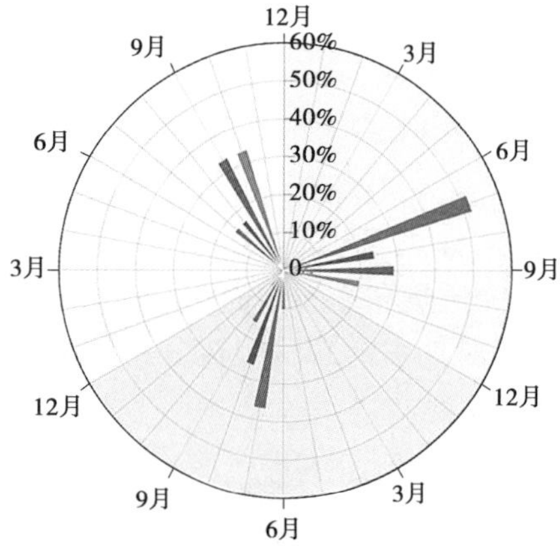

(a)A_1区间

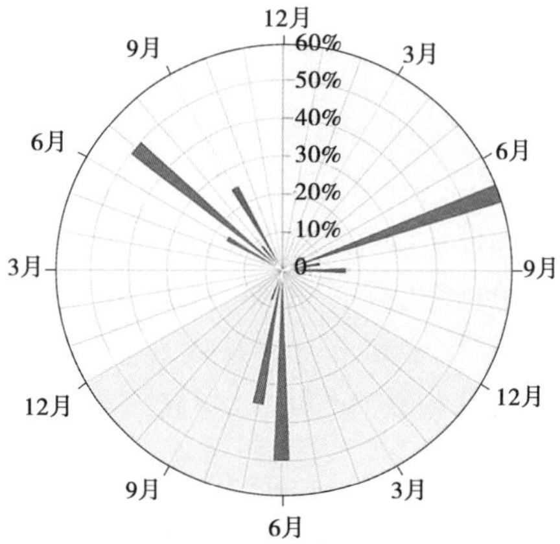

(b)A_2区间

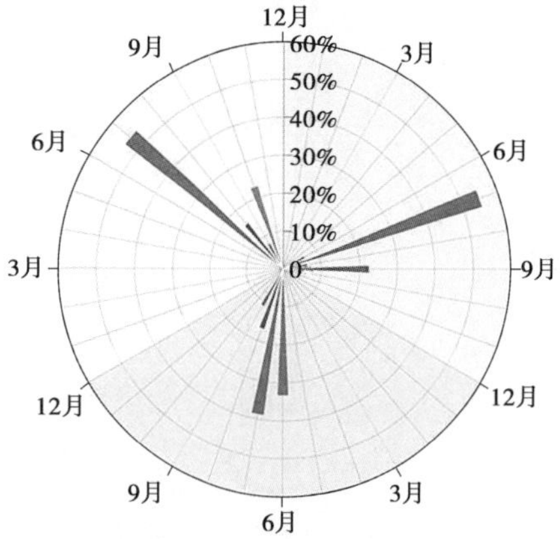

(c)A_3区间

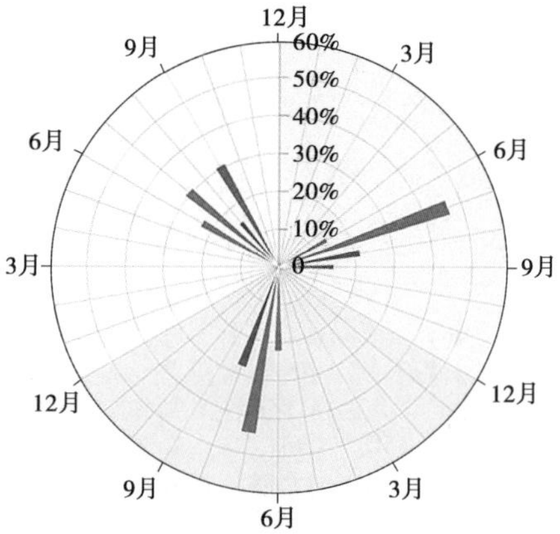

(d)A_4区间

图 2-12　输沙量极值分布频率同步性检验结果

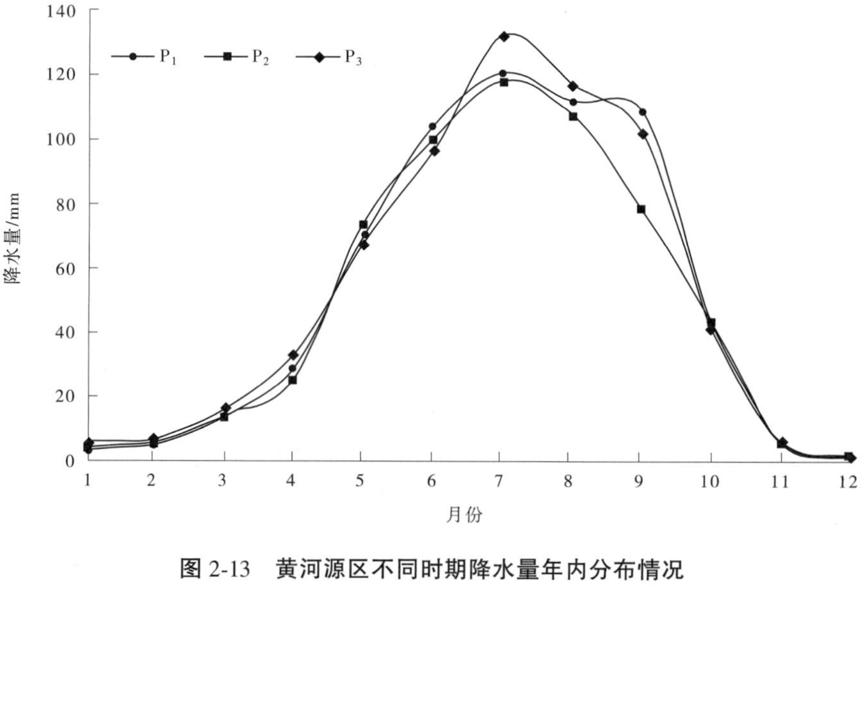

图 2-13　黄河源区不同时期降水量年内分布情况

2.5　水沙变化影响因素

2.5.1　气温变化

为了系统分析黄河源区气候变化对径流的影响，选择玛多、达日等 11 个国家气象站的 1960—2020 年系列气象数据进行分析。黄河源区 1960—2020 年年均气温变化趋势见图 2-14，由图可知，黄河源区多年平均气温为 0.49 ℃，整体呈现显著的单调波动上升趋势，多年气候倾向率为 0.37 ℃/10 a（M-K 检验统计量 Z_{MK} 值为 7.00，即 $Z_{MK}>2.58$，通过 0.01 的显著性水平检验），高于全球的增温均值（0.30 ℃/10 a）和全国的增温均值（0.26 ℃/10 a）。从线性趋势来看，2000 年以后黄河源区气温上升趋势尤其明显，气候倾向率为 0.48 ℃/10 a，远大于 2000 年以前的气候倾向率（0.22 ℃/10 a）。

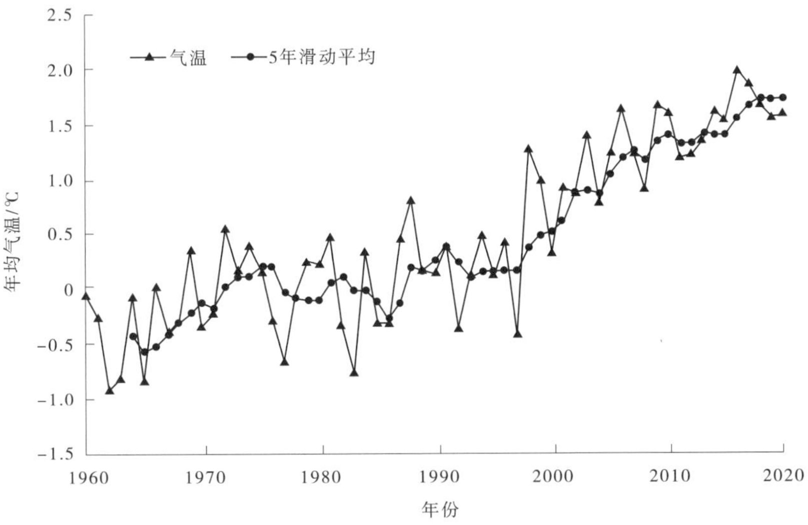

图 2-14　黄河源区 1960—2020 年年均气温变化曲线

2.5.2　潜在蒸散发变化

基于 11 个国家气象站的实测气温、风速、日照和相对湿度数据，利用联合国粮农组织（FOA）首推的 Penman-Monteith 法计算各气象站潜在蒸散发量，采用 Thiessen 多边形法计算出黄河源区年均潜在蒸散发量[44]。图 2-15 为黄河源区年均潜在蒸散发量变化趋势，由图可知，1960—2020 年黄河源区多年平均潜在蒸散发量为 724.40 mm，呈现显著单调波动上升趋势，多年气候倾向率为 71.3 mm/10 a（M-K 检验统计量 Z_{MK} 值为 3.91，即 $Z_{MK}>2.58$，通过 0.01 的显著性水平检验）。

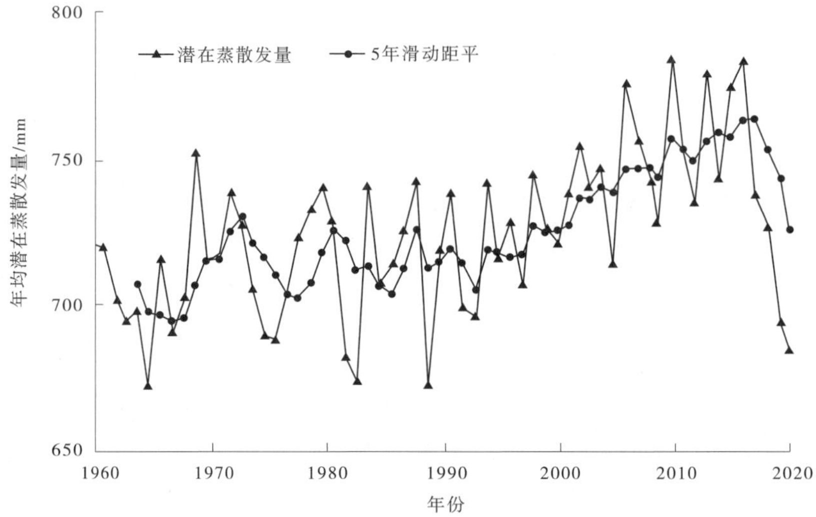

图 2-15　黄河源区年均潜在蒸散发量变化曲线

2.5.3　降水量变化

黄河源区 1960—2020 年年均降水量变化趋势见图 2-16，由图可知，黄河源区多年平均降水量为 542.19 mm，其变化趋势与径流量变化格局相似，整体呈现波动上升趋势，多年气候倾向率为 11.31 mm/10 a（M-K 检验统计量 Z_{MK} 值为 1.93，即 Z_{MK}>1.64，通过 0.1 的显著性水平检验）。分时段来看，1989 年以前降水量整体呈现上升趋势，1989 年以后降

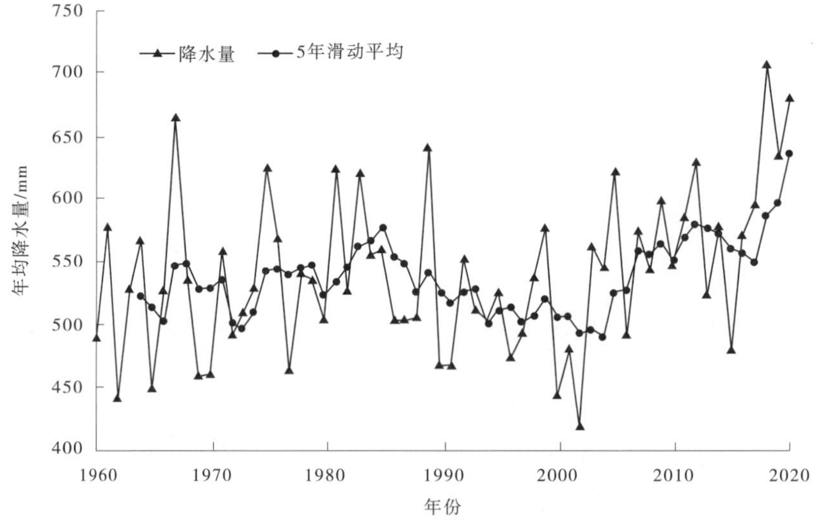

图 2-16　黄河源区 1960—2020 年年均降水量变化曲线

水量急剧减少，直至 2005 年降水量开始增加，2010 年以后黄河源区降水量已恢复甚至超越多年平均水平。从空间分布来看，黄河源区年均降水量变化幅度呈现从西北向东南递减趋势。以阿尼玛卿山为界，西边降水量呈增加趋势，而东边则呈现减少趋势（见图 2-17）。降水量变化幅度最高值位于玛多县界内，多年气候倾向率达到 15.2 mm/10 a，最低值位于河南县界内，多年气候倾向率为-6.8 mm/10 a。

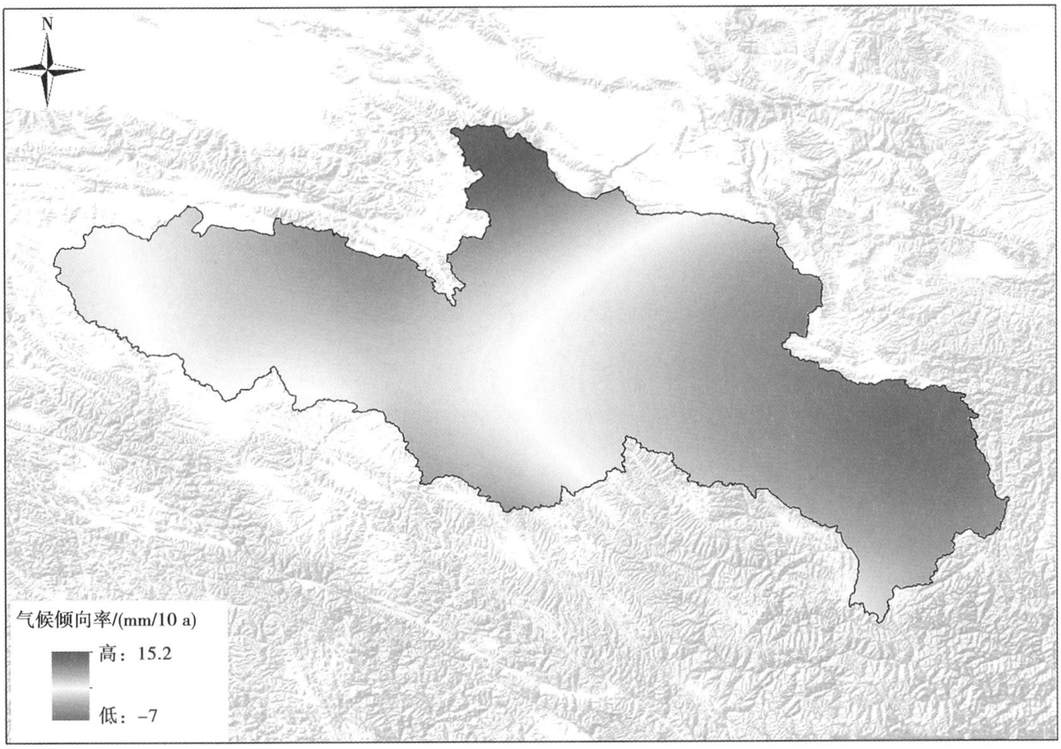

图 2-17　黄河源区 1960—2020 年降水量变化趋势空间分布

图 2-18 为黄河源区年均降水量的累积距平曲线，由图可知，降水量累积距平在 1985—1989 年和 2002 年前后发生较为明显的正负变化，表明降水量在 1985—1989 年和 2002 年前后可能发生了突变。采用 M-K 突变检验来分析黄河源区年均降水量是否发生突变现象。年均降水量突变检验结果见图 2-19，图中 UF 曲线和 UB 曲线在 2017 年产生交叉，表明 2017 年前后黄河源区降水量可能发生了突变，由于交叉点处于置信区间内，表明突变结果通过 0.05 显著性水平检验。结合滑动 T 检验结果，确定黄河源区年均降水量在 2002 年和 2017 年发生了突变（通过 0.05 显著性水平检验）。考虑到 2017 年距离系列数据终止时间不足 5 年，不具有典型性，故认为研究期内黄河源区降水量突变年份为 2002 年。

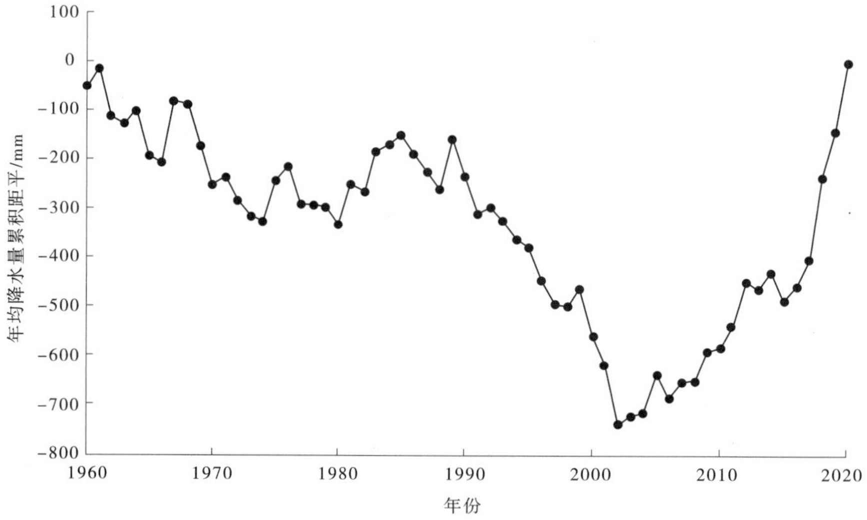

图 2-18　黄河源区年均降水量累积距平曲线

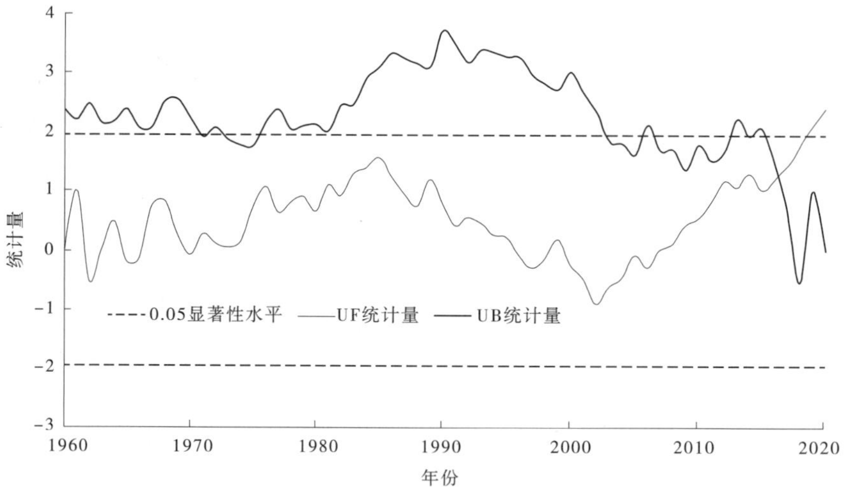

图 2-19　黄河源区年均降水量 M-K 突变检验

对黄河源区 1960—2020 年年均降水量进行小波分析研究其变化周期性，小波方差见图 2-20。由图 2-20 可知，黄河源区年均降水量小波方差图中存在 4 个峰值，说明年均降水量变化存在 4 个不同时间尺度的“丰—枯”演变主周期。分别绘制第一、第二、第三和第四主周期对应的小波实部过程曲线图和小波实部等值线图（分别见图 2-21 和图 2-22），确定 1960—2020 黄河源区年均降水量变化第一主周期为 18 a，第二主周期为 12 a，第三主周期为 7 a，第四主周期为 4 a。上述 4 个周期波动控制着黄河源区年均降水量在整个研究时间尺度上的变化特征。整体来看，年均降水量变化周期与径流变化周期基本相同。

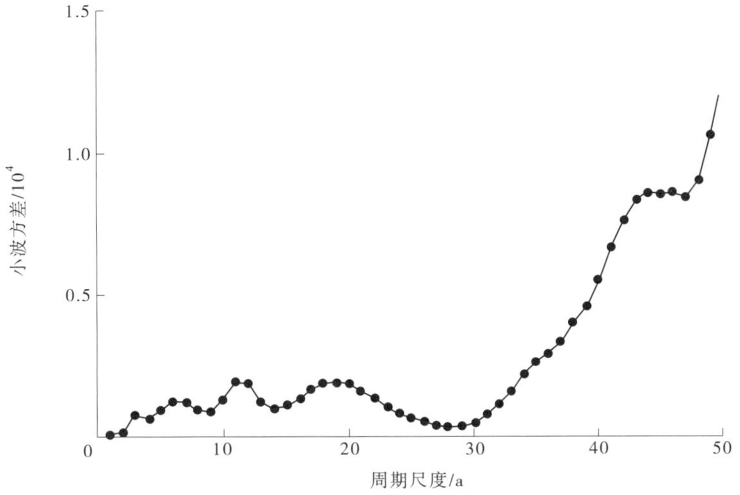

图 2-20　黄河源区年均降水量小波方差

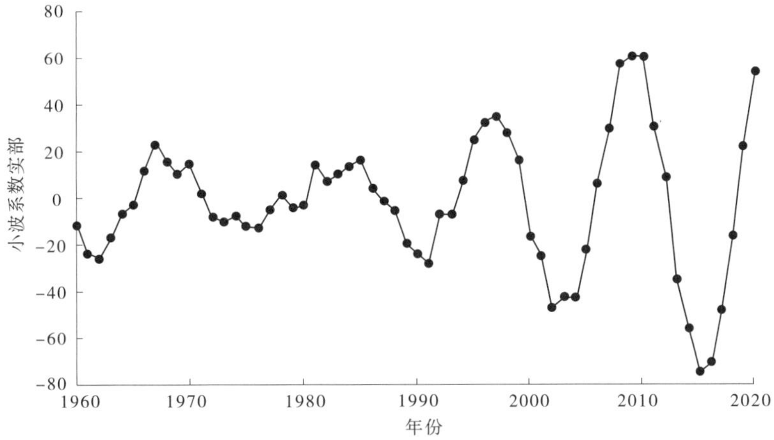

(a)第一主周期

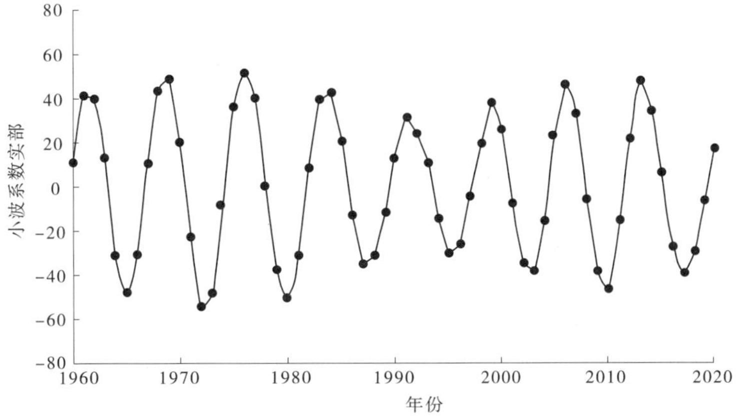

(b)第二主周期

图 2-21　黄河源区年均降水量变化主周期对应的小波实部过程曲线图

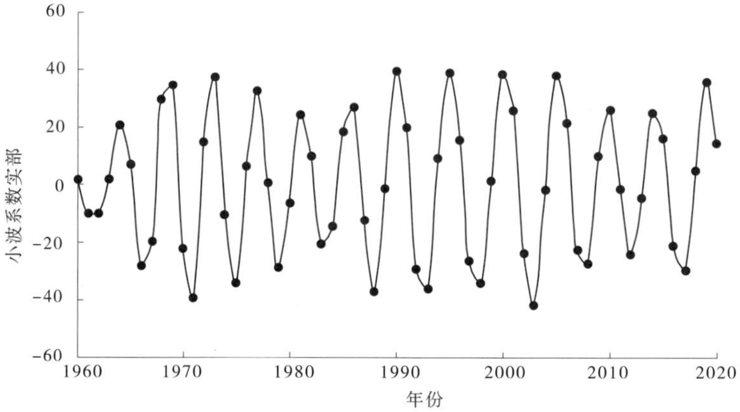

(c)第三主周期

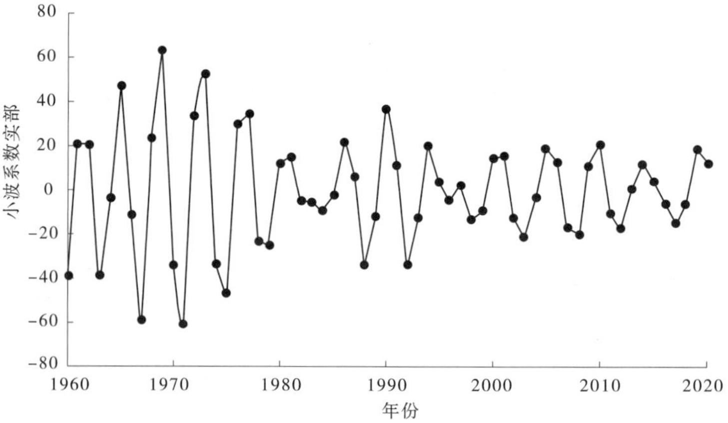

(d)第四主周期

续图 2-21

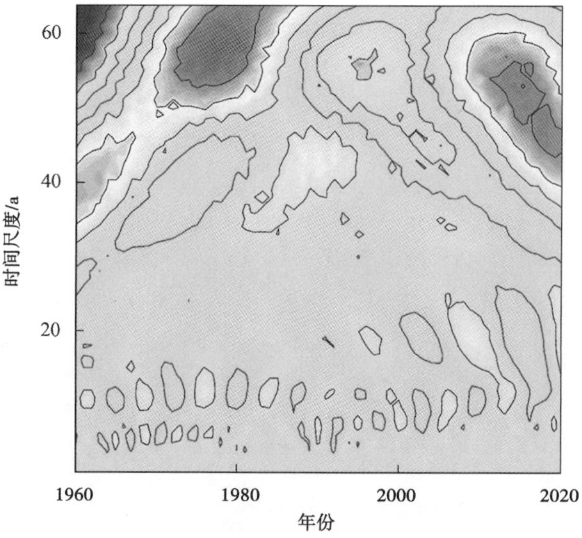

图 2-22　黄河源区年均降水量小波实部等值线图

2.5.4　径流弹性系数

黄河源区下垫面条件在 2005 年前后发生了显著变化，结合各区间径流突变检验结果，以 1989 年和 2007 年为径流突变点将研究期分为两个时期，分别为 S_1 时期（以 1960—1989 年为基准期、1990—2007 年为变化期）和 S_2 时期（以 1990—2007 年为基准期、2008—2020 年为变化期）。为定量分离不同气象因子和下垫面变化对径流的贡献率，基于 Budyko 假设和水量平衡方程，按照式（2-12）~式（2-14）分别计算降水量、潜在蒸散发量和下垫面参数在不同时期对应的径流弹性系数（见表 2-12）。由表 2-12 可知，黄河源区径流弹性系数受气候条件如降水量、潜在蒸散发量和下垫面参数共同决定，其平均降水径流弹性系数和潜在蒸发径流弹性系数分别为 2.23 和-1.78，表明降水量变化增加 10%将引起 22.3%的径流量增加，而潜在蒸发量增加 10%将导致径流量减少 17.8%；平均的下垫面径流弹性系数为-1.15，这表示下垫面参数增加 10%会使径流量减少 11.5%。基准期和变化期降水量的径流弹性系数始终大于潜在蒸散发量和下垫面参数的径流弹性系数，说明径流对降水的响应最为敏感。另外，通过相关性分析表明，黄河源区降水量与径流量显著相关（$p<0.01$），相关性系数高达 0.70，表明黄河源区径流对降水有极强的依赖性。

表 2-12　黄河源区不同时期气候特征值

时期	P/mm	E_0/mm	R/mm	E_0/P	R/P	n	径流弹性系数		
							ε_P	ε_{E_0}	ε_n
1960—1989 年	526.11	711.61	180.23	1.35	0.34	1.25	2.08	-1.17	-0.84
1990—2007 年	503.93	731.59	139.10	1.45	0.28	1.43	2.36	-2.29	-1.45
2008—2020 年	583.03	743.98	183.30	1.28	0.31	1.40	2.25	-1.87	-1.17
平均	537.69	729.06	167.54	1.36	0.31	1.36	2.23	-1.78	-1.15

2.5.5　径流变化贡献率分析

根据降水量、潜在蒸散发量和下垫面参数在不同时期对应的径流弹性系数计算其对径流变化的贡献率，结果见表 2-13。由表 2-13 可知，在只考虑降水量、潜在蒸散发量和下垫面条件的情况下，在 S_1 时期内下垫面参数 n 对径流变化的贡献率最大（50.06%），是径流量减小的主要驱动因素，其次为降水量（36.33%），潜在蒸散发量的贡献率最小（13.61%）；在 S_2 时期内降水量对径流变化的贡献率最大，达到 102.29%，是径流量增加的主要驱动因素，其次为潜在蒸散发量（-10.60%），下垫面变化贡献率最小（8.31%）。该结果与现有研究成果基本一致[44]。

表 2-13　黄河源区不同时期径流变化及贡献率分析

时期	变化量				径流变化/mm			相对贡献率/%		
	ΔR	ΔP	ΔE_0	Δn	ΔR_P	ΔR_{E_0}	ΔR_l	η_P	η_{E_0}	η_l
S_1	-41.13	-22.18	19.98	0.20	-13.46	-3.90	-14.96	36.33	13.61	50.06
S_2	44.20	80.0	12.39	-0.03	41.76	-2.10	1.34	102.29	-10.60	8.31

2.6　本章小结

本章主要分析了黄河源区水沙变化特征和影响因素，主要结论如下：

(1) 1956—2020 年唐乃亥水文站年均径流量为 203.35 亿 m^3，年均输沙量为 1 181.27 万 t，年均径流量呈不显著增加趋势，年均输沙量呈不显著减少趋势。

(2)黄河源区唐乃亥水文站径流量和输沙量的突变年份均为 1989 年，研究期内唐乃亥水文站年均径流量存在 5 a、8 a、17 a 和 28 a 的变化周期，其中第一主周期为 28 a，径流量存在 2 次丰枯交替变化，即枯(1956—1965 年)—长丰(1966—1989 年)—长枯(1990—2005 年)—丰(2006—2020 年)。

(3)吉迈—玛曲(A_3)区间是黄河源区主要产流区，其年均产流量占源区总产流量的 50.8%；玛曲—唐乃亥(A_4)区间是黄河源区主要产沙区，其年均产沙量占源区总产沙量的 62.7%。黄河源区年内水文情势从 1956—1989 系列的“双峰型”逐步转变为 2008—2020 系列的“单峰型”。

(4)在只考虑降水量、潜在蒸散发量和下垫面条件的情况下，在 S_1 时期内下垫面参数对径流变化的贡献率最大(50.06%)，是径流量减小的主要驱动因素；在 S_2 时期内降水量对径流变化的贡献率最大，达到 102.29%，是径流量增加的主要驱动因素。

第 3 章　黄河源区河流湿地系统演变及生态响应

黄河源区作为我国重要的生态屏障和水源涵养区,其河流湿地系统呈现出显著的动态演变特征,经历着河道摆动、牛轭湖形成与消亡、湿地面积增减等复杂变化。黄河源区河流多为冲积性弯曲河流,河流在自然演变过程中发生裁弯,发育过程中产生了大量的牛轭湖。河流水文过程变化对牛轭湖的演化有着重要影响,牛轭湖形成后,湖中心部位往往能够保持约 1 m 的水深,但当发生 5 年、10 年或几十年一遇的较大洪水时,这些牛轭湖再次与黄河短暂连通,发生物质与能量交换。同时,由于水流挟带泥沙进入牛轭湖,又促使牛轭湖进一步淤积演化。近年来,受气候变化和人类活动的双重影响,黄河源区的河流-牛轭湖系统的演变过程日益凸显。河流-牛轭湖系统作为高原河流湿地的重要组成部分,其形成与动态演变过程对于高寒生态系统功能维持和生态系统健康均具有重要意义。

河流湿地的演变对维持黄河源区生态平衡具有重要的生态效应。首先,牛轭湖作为重要的湿地类型,为众多水生生物提供了栖息地,有效维持了区域生物多样性。其次,河流-牛轭湖系统的演变过程影响着水源涵养能力,通过调节径流、净化水质等功能,对区域水循环产生重要影响。最后,湿地演变还通过改变地表反照率、调节局部气候等方式影响着区域气候系统。更为重要的是,这种动态演变过程增强了生态系统的抗干扰能力和恢复力,为维持黄河源区脆弱生态系统的稳定性提供了重要保障。因此,深入研究河流湿地演变特征及其生态效应,对于黄河源区生态保护和水资源可持续利用具有重要的理论和实践意义。本章主要基于遥感数据和实际监测数据,研究黄河源区河流-湿地系统生态互馈效应,构建牛轭湖遥感识别方法和演变过程形态特征模拟模型,揭示黄河源区典型流域(黑河、白河)牛轭湖时空分布规律和不同时期牛轭湖演变特征,分析影响牛轭湖发育的主要因素,建立黄河源区底栖动物密度与环境变量的关系模型,揭示牛轭湖演变的生态效应。

3.1　黄河源区牛轭湖湿地分布及形态特征

从遥感影像上看,黄河源区的牛轭湖在干支流流域均有大量分布,且干支流牛轭湖的形态特征相似,因此为便于研究和统计分析,本节研究选择牛轭湖发育较多的黄河源区支流——黑河、白河作为典型区域。

利用遥感影像对牛轭湖进行识别,具有快速、准确、高效、无地面接触等优势,能够为牛轭湖的研究和管理提供重要的基础数据和技术支持。本节主要通过遥感技术获取现状和过去历史时期的卫星或航空遥感影像,建立针对牛轭湖的遥感识别技术,实现对牛轭湖进行长时间序列的监测和分析。通过比较不同时间点的遥感影像,了解黄河源区典型区域牛轭湖分布、数量和形态,并揭示其历史演变过程,为牛轭湖的研究和管理提供更为全面和系统的信息。开展牛轭湖分布、数量、形态及其时空演变特征的研究，为进一步研究牛轭湖发育过程和演变机制奠定基础。

3.1.1　黄河源区牛轭湖遥感识别方法

3.1.1.1　数据获取及预处理

对20世纪80年代和2000年、2010年、2020年4期遥感影像进行矢量化分析。根据数据可获取性及分辨率要求，共有3种数据来源，分别是Landsat遥感影像、Sentinel遥感影像和Google卫星影像。其中，Landsat数据整体性和连贯性比较好，缺点是分辨率稍低；Sentinel数据分辨率比较高，图像更加清晰，但是数据开始记录较晚，只有近几年的数据；Google卫星影像在三者中最清晰，但是沿河流影像更新不均，只有部分区域会有几年的数据。经筛选后，选取1987年、2000年、2010年、2020年等4期Landsat卫星遥感影像，选择红绿蓝波段组合为7、4、3波段；在4期的卫星遥感影像中，筛选出河上云量较少的影像时段，并尽量保持这些影像时段相似。对Landsat遥感影像数据进行辐射定标和大气定标，得到辐射亮度(地表反射率)。

3.1.1.2　面向对象的图像分类法

在识别过程中，为了实现牛轭湖识别效果，设置了多项数据组合方式："地表反射率""NDWI(归一化水体指数)+地表反射率""NDVI(归一化植被指数)+地表反射率""地表反射率+Google Earth图像""反射率数据+水体指数+Google Earth图像"等。对不同组合方式识别效果进行对比，初步结果显示，基于"反射率数据+水体指数+Google Earth图像"数据的识别效果相对较好。通过此方法对各时期的遥感影像进行识别，基本可以实现大型牛轭湖斑块的识别，但受遥感影像空间分辨率影响，对小型牛轭湖识别效果不理想，易造成漏识别、误识别，又采用图像学习算法和机器学习算法实现了牛轭湖轮廓的提取。

面向对象分类技术通过集合临近像元作为对象来识别感兴趣的光谱要素，充分利用高分辨率的全色和多光谱数据的空间、纹理及光谱信息来分割和分类的特点，以实现高精度的分类结果或者矢量输出。采用面向对象分类方法对牛轭湖识别分类的结果精确度较高，斑块较大的牛轭湖基本都能识别出来，对于纹理特征比较浅的牛轭湖也能识别大部分，但有些地方会导致错分。由于牛轭湖形态复杂，最终结果会存在分类错误的情况，对山区中的研究可直接排除，只研究靠近河流两岸附近的对象，提取河流并排除河流中归类错误的对象，最终得出比较满意的分类结果。牛轭湖遥感识别流程见图3-1。

牛轭湖遥感识别的主要步骤如下：先对遥感影像进行分割与合并，调整两个参数使牛轭湖正好被分成独立样本块(见图3-2)；然后建立牛轭湖、河流、山地和村落等样本库(见图3-3)；每种分类都选择部分具有代表性的样本，经程序计算后输出结果；采用高分辨率的影像对识别效果较差的区域进行替代；重复以上步骤，根据需要对河流图层进行裁剪操作。

3.1.1.3　深度学习图像提取法

采用ENVI深度学习对牛轭湖进行识别，深度学习目标识别的特征是对象级别，牛轭湖等具有相似空间，光谱和纹理的对象能更好地被识别与分类。具体方法是：首先对牛轭湖进行标记分类，建立深度学习项目并对牛轭湖进行类别定义，添加训练栅格并导入注记，并对其他对象分类进行标注；然后，由程序对深度学习模型进行训练；最后，可用经过

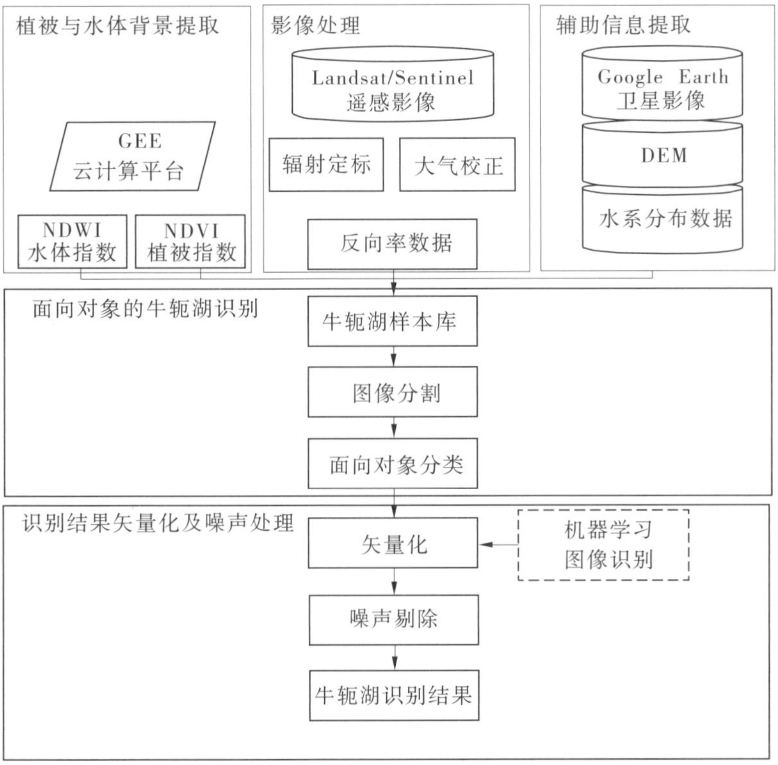

图 3-1 牛轭湖遥感识别流程图

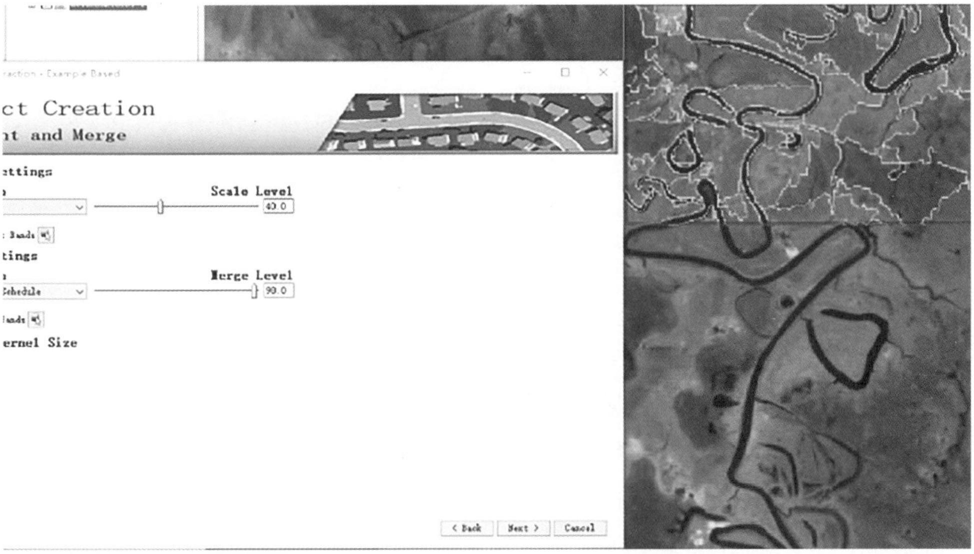

图 3-2 面向对象分类图像参数设置界面

训练的模型对不同影像上的牛轭湖进行分类。使用 ENVI 软件中的机器学习算法(包含 K 近邻、支持向量机、朴素贝叶斯等监督分类算法和 BIRCH 等非监督分类算法)对牛轭湖进行分类,并对分类结果进行比较。牛轭湖最终识别结果如图 3-4 所示。

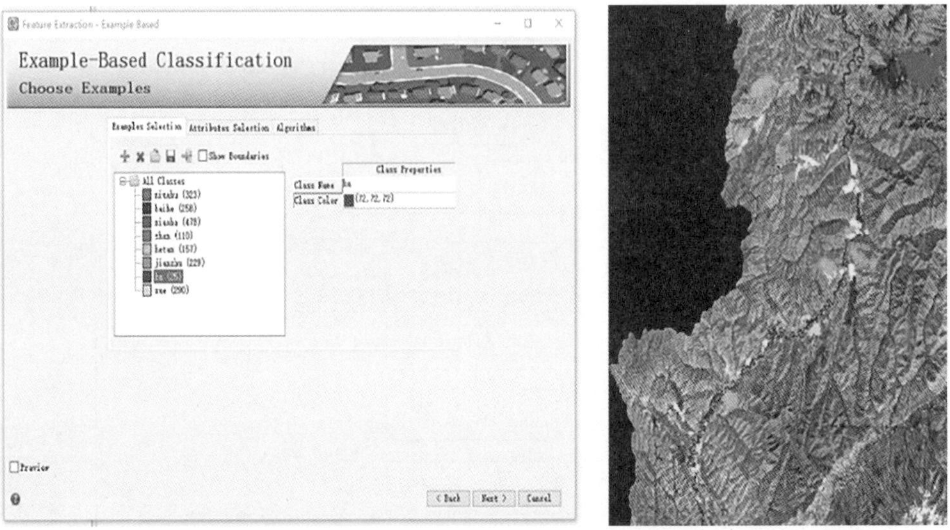

图 3-3　构建样本库界面

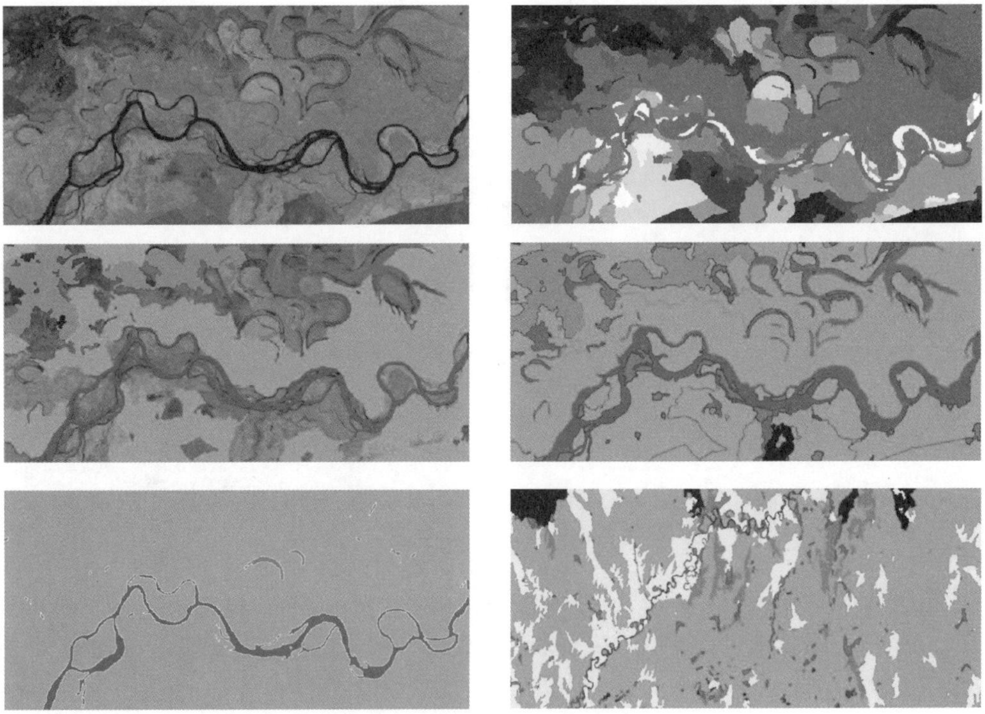

图 3-4　牛轭湖最终识别结果

3.1.2　黑河流域牛轭湖分布及其时空演变特征

3.1.2.1　黑河流域概况

黑河,又称墨曲,为黄河右岸一级支流,位于青藏高原东北部的若尔盖盆地,位于102°11′E～103°30′ E、32°20′N～34°16′ N,地理位置见图 3-5。因两岸沼泽泥炭发育,河水呈灰色而得名。黑河发源于四川红原县与松潘县交界处的岷山山脉西侧洞亚恰，河长约 456 km，河道比降 0.016%，流域面积约为 7 608 km^2，途经若尔盖县，最后从玛曲县东南部汇入黄河干流。源头由麦曲、哈曲、格曲 3 条支流组成，受两侧山体限制，呈南北向流动。

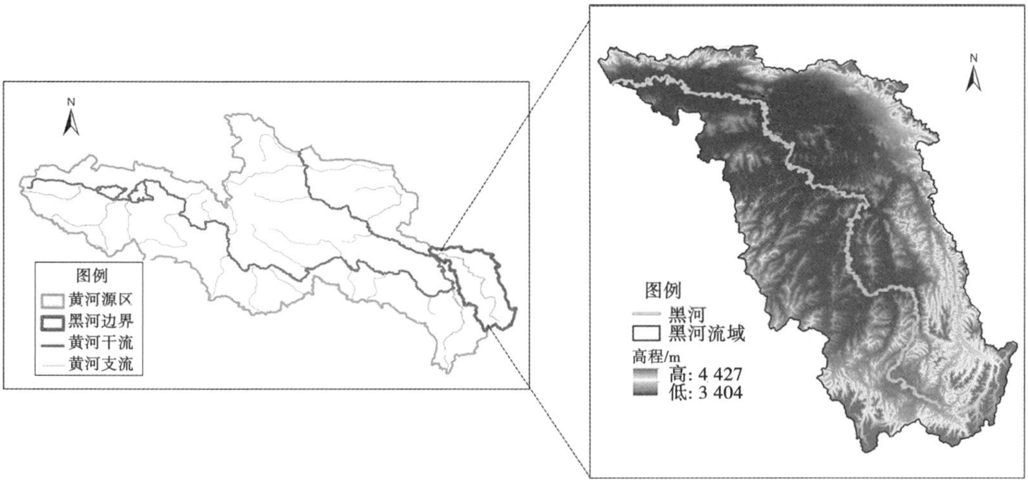

图 3-5　黑河流域地理位置

根据黑河流经地形和河曲特点，初步将黑河干流分为上游、中游和下游 3 个研究段（见图 3-6），将上游麦曲作为黑河上游研究段，哈曲流入黑河的交汇点作为黑河上游和中游分界点，将若尔盖县城西部黑河向西北流向转为向北流的转向点作为中游和下游的分界点，转向点到黑河入黄河段作为下游研究段。

图 3-6　黑河牛轭湖空间分布

黑河的源头部分受到两岸山体的自然约束,限制了河道的横向摆动。当格曲和哈曲这两条支流汇入黑河后,黑河的水量显著增加,使得中游河段的流量增大,河道横向迁移能力增强。相较于源头区域,中游的河谷宽度也有所扩展,这为中游河段的河曲带提供了广阔的发展空间。进入若尔盖县境内,随着热曲的加入,黑河的水量再次提升,然而河道的宽度却受到了一定限制,导致河曲带的宽度有所缩减。但当黑河流出若尔盖县进入下游的冲积平原时,河道便得以自由发展,河曲带的宽度也随之逐渐增大。

将 4 期影像中的牛轭湖进行矢量化后,用不同颜色进行标注,能看出整体分布情况和局部明显变化。1987 年、2000 年、2010 年和 2020 年的牛轭湖分别用不同颜色进行标注,以用于对比不同时期相同位置牛轭湖的分布和面积增减情况。

3.1.2.2 黑河牛轭湖空间分布特征

如图 3-7 所示,黑河上牛轭湖数量比较多,其中多数分布在黑河上游段且以小型牛轭湖居多,分布距河较近;自中游开始牛轭湖沿河分布宽度增加,分布上相对均匀;下游牛轭湖数量较少,多为大型牛轭湖。

黑河上游段牛轭湖详细分布如图 3-7(a)所示,上游的上部区域因地势平坦、宽阔,牛轭湖数量众多,小型牛轭湖紧密地成片分布;随后稍宽的山间谷底河段也连续分布有一片牛轭湖;中间山地之间河谷较窄,牛轭湖呈零星分布,牛轭湖之间距离较远,但与黑河距离较近;下部区域山谷宽度增加,河流弯曲更甚,牛轭湖分布增多。

较上游来说,中游河段河谷变宽,牛轭湖在黑河两侧分布更多。中游上半段牛轭湖分布较均匀,大、中、小型的牛轭湖沿黑河两侧都有分布,且沿黑河上下分布也较均匀。中游下半段牛轭湖数量较少,开始有面积更大的牛轭湖,若尔盖西侧段分布稍显稀疏。沿黑河从上到下河曲在不断变宽,部分牛轭湖距黑河距离也开始变远,如图 3-7(b)所示。

整体而言,下游段牛轭湖数量要少于上游段和中游段,分布较为稀疏,但大型牛轭湖占比高,且距黑河较近;而在黑河入黄河前一段仅存大型牛轭湖,且分布距黑河更远,如图 3-7(c)所示。

3.1.2.3 黑河牛轭湖时空变化及典型牛轭湖演变分析

湖泊面积是判断湖泊大小的最直接指标。根据湖泊面积的大小,湖泊可以分为小型湖泊、中型湖泊、大型湖泊和特大型湖泊等不同级别。一般来说,面积在 1 km^2 以下的湖泊被认为是小型湖泊,面积在 1 000 km^2 以上的湖泊则被认为是特大型湖泊。而黄河源区牛轭湖发育十分广泛,且大型牛轭湖分布多,参考以上标准的同时,结合黄河源区牛轭湖的大小和分布特征,将面积小于 10 000 m^2 的牛轭湖划分为小型牛轭湖,将面积为 10 000~20 000 m^2 的牛轭湖划分为中型牛轭湖,将面积大于 20 000 m^2 的牛轭湖划分为大型牛轭湖。

对 4 期影像中的牛轭湖进行简单统计,得出每期黑河牛轭湖的总数和各个规模大小的牛轭湖个数,如表 3-1 所示。1987 年统计数据中黑河牛轭湖总数为 317 个,大、中、小型牛轭湖分布比较均匀,中型牛轭湖数量微少一些,2000 年、2010 年黑河牛轭湖总数分别为 318 个和 319 个,同规模大小分布较为均匀,仅中型牛轭湖数量较少。

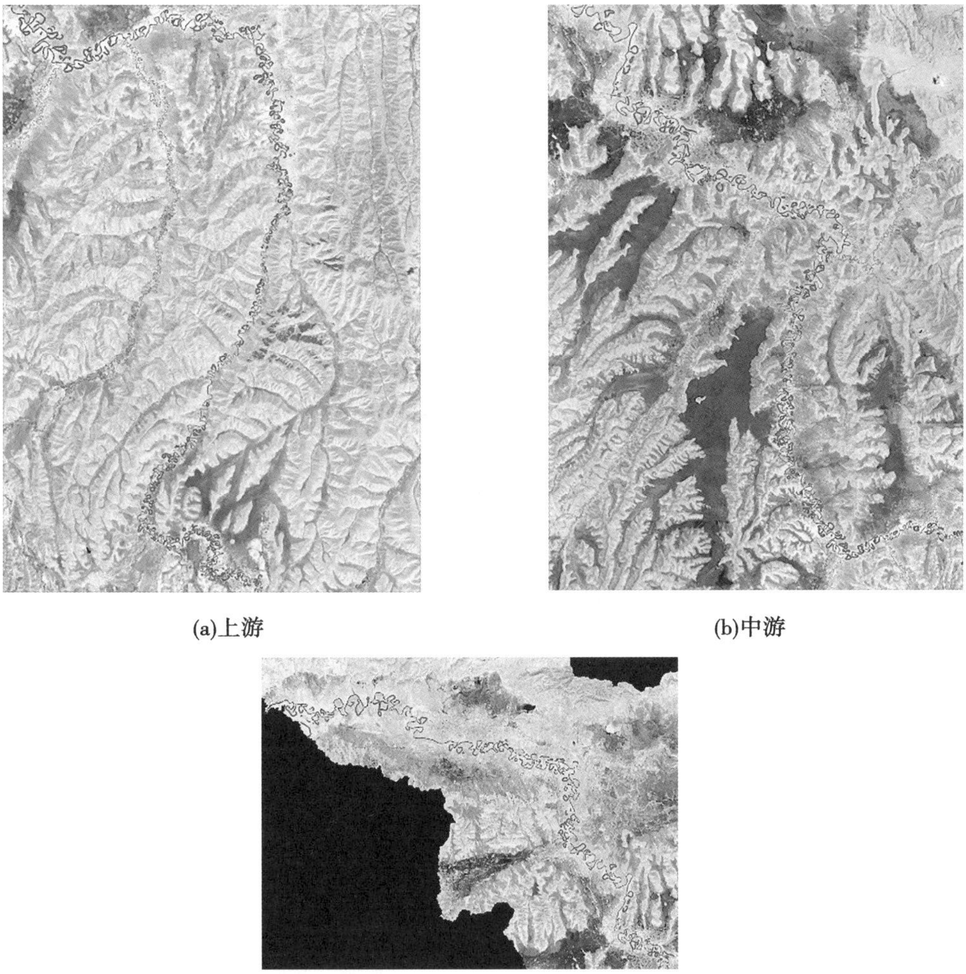

(a)上游

(b)中游

(c)下游

图 3-7　黑河上游、中游和下游牛轭湖空间分布

表 3-1　不同时期黑河牛轭湖的数量与规模

面积/m^2	1987 年	2000 年	2010 年	2020 年
<10 000	114	115	116	114
10 000~20 000	91	91	90	92
>20 000	112	112	113	113
总数	317	318	319	319

经过 4 期影像对比发现,1987—2000 年黑河发生了 1 次截弯,形成了 1 个大型牛轭湖,且有 1 个大型牛轭湖消退为中型牛轭湖,1 个中型牛轭湖消退为小型牛轭湖;2000—2010 年黑河发生了 1 次截弯,形成了 1 个大型牛轭湖,有 1 个中型牛轭湖消退为小型牛

轭湖;2010—2020 年黑河发生的截弯次数最多,截弯 3 处形成 2 个大型牛轭湖和 1 个小型牛轭湖,有 3 个大型牛轭湖消退为中型牛轭湖,1 个中型牛轭湖消退为小型牛轭湖。

黑河形成的牛轭湖数量较少,多集中于 2010—2020 年,还伴随着部分大型和中型牛轭湖的消退演变,不过整体上基本保持稳定。

黑河上游 H1-1 处影像如图 3-8 和图 3-9 所示,在 1987 年影像上河流之间已比较接近,在 1987—2000 年黑河发生了截弯,形成左侧 1 个大型牛轭湖,之后牛轭湖进口段和出口段已经淤积,距干流较近但与黑河不再连通,牛轭湖形成后消退速度很缓慢,20 多年间基本没有变化。

右侧 1 个中型牛轭湖在 1987—2000 年进口段快速消退了一部分成为小型牛轭湖,到 2000 年之后一直保持稳定,面积不再发生显著变化。

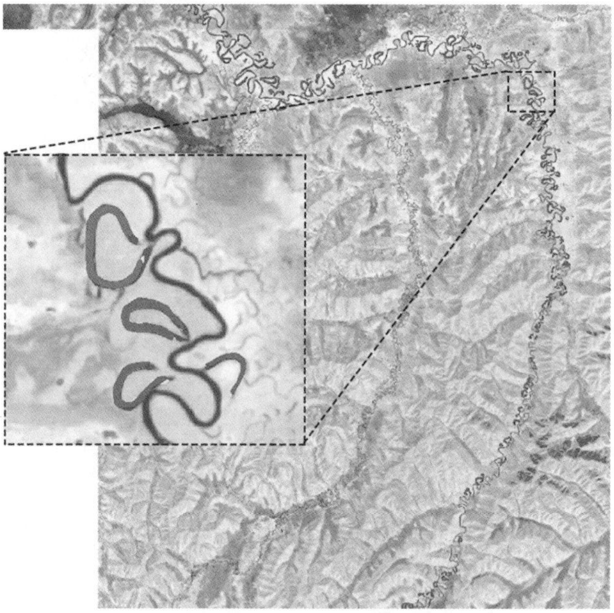

图 3-8　黑河上游 H1-1 处局部放大图

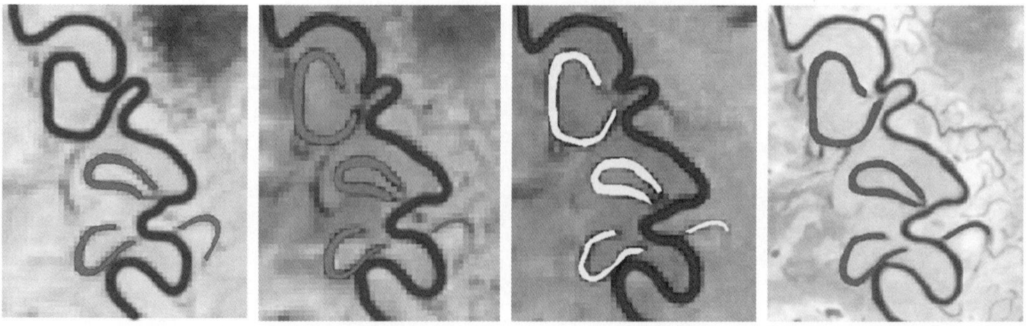

(a)1987年　(b)2000年　(c)2010年　(d)2020年

图 3-9　黑河上游 H1-1 处 4 期变化

黑河中游 H2-1 处在 2010—2020 年发生了截弯,河流左侧形成了 1 个中型牛轭湖,如图 3-10 和图 3-11 所示，出口段淤积速度较快，已经与黑河不再连通，而进口段仍与黑河连通。

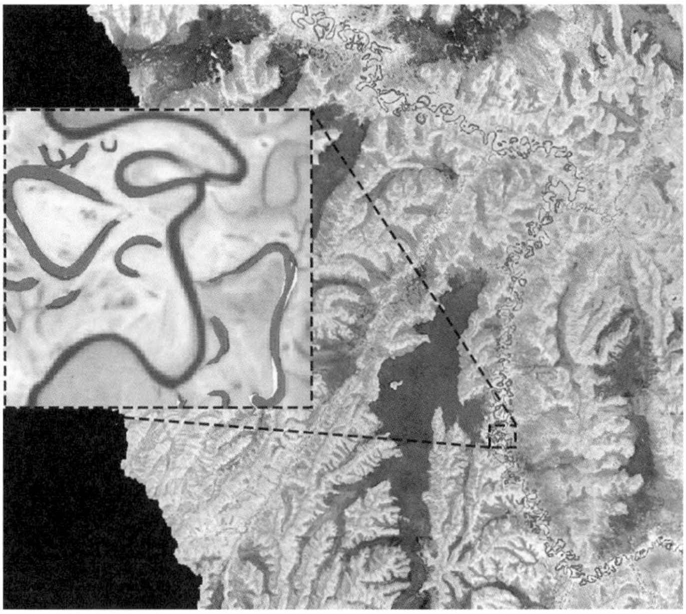

图 3-10　黑河中游 H2-1 处局部放大图

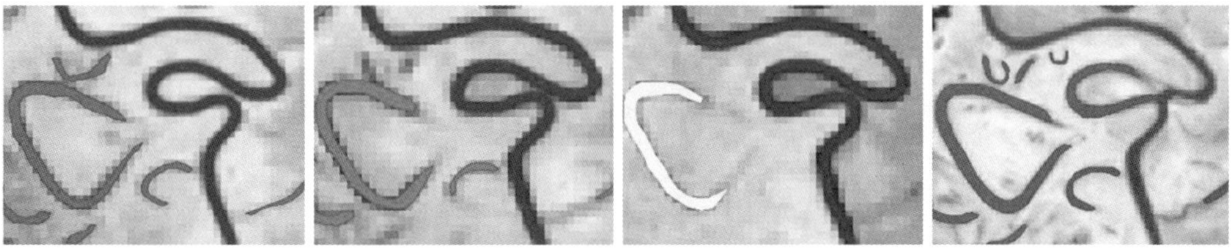

(a)1987年　(b)2000年　(c)2010年　(d)2020年

图 3-11　黑河中游 H2-1 处 4 期变化

左侧有 1 个大 C 形牛轭湖，在几十年间缓慢消退，进口端和出口端水域都在缓慢消失，2020 年影像上牛轭湖面积有所增大，应是图像更清晰能看到更多细节导致牛轭湖边界矢量化错误，排除时段内丰水期水域面积较大的情况，牛轭湖应该是在缓慢消退。

附近黑河中游 H2-2 处也在 2010—2020 年发生了截弯，如图 3-12 和图 3-13 所示，在黑河左侧形成了 1 个大型牛轭湖，与 H2-1 处不同的是，此处牛轭湖是进口段先淤积，与黑河不再连通，而出口段仍与黑河相距较近处存在微弱连通。下部 3 个牛轭湖在 30 多年间基本保持不变，消退速度缓慢。

黑河中游段若尔盖县城西侧 H2-3 处有 1 个大型牛轭湖发生显著消退情况，如图 3-14 和图 3-15 所示，由 1987 年的大型牛轭湖消退到 2000 年的中型牛轭湖，到了 2010 年后已经消退为小型牛轭湖。左侧的 2 个小型牛轭湖没有发生显著消退情况，此大型牛轭湖消退速度快于自然条件下的消退速度，猜想可能是此牛轭湖北部靠近人类聚居地，存在人为干预情况导致消退速度过快。

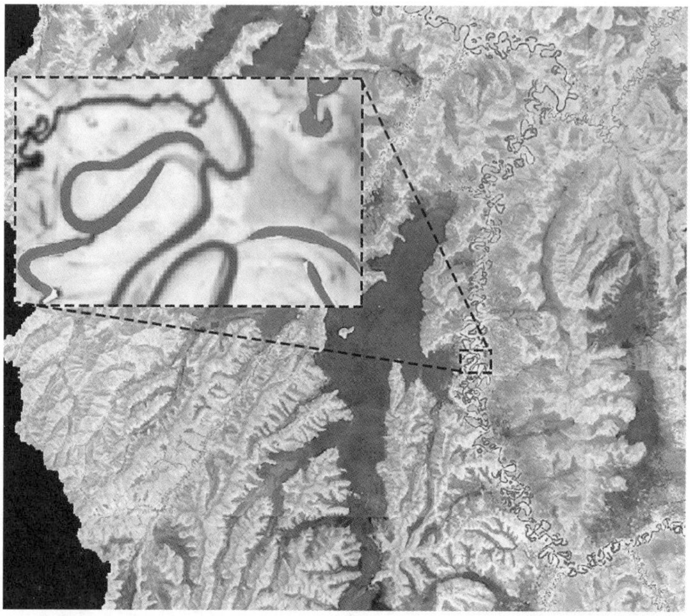

图 3-12　黑河中游 H2-2 处局部放大图

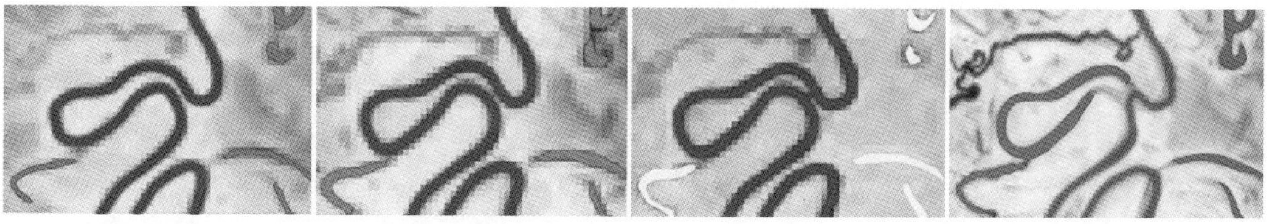

图 3-13　黑河中游 H2-2 处 4 期变化

黑河下游段开始部分 H3-1 处，如图 3-16 和图 3-17 所示，2000—2010 年黑河发生截弯，形成 1 个大型牛轭湖，进口段淤积较缓慢，出口段淤积速度较快；2010 年时已经与黑河不再连通；到 2020 年时出口段水域已经基本消退，只剩部分中型牛轭湖。

上部的大型牛轭湖在 1987—2010 年缓慢消退，在 2010—2020 年消退速度加快，成为只有左侧部分水域的小型牛轭湖。下部 2 个牛轭湖与之类似，前 20 多年间水域消退速度缓慢，到近 10 年间消退速度有所增加，只保留了部分水域面积，大型牛轭湖消退为中型牛轭湖，不过原牛轭湖坑道仍在，黑河补水时牛轭湖水域面积还会有所恢复。

黑河下游 H3-2 处，1 个大型牛轭湖和 1 个中型牛轭湖位置形状无太大变化，且新形成 1 个大型牛轭湖，如图 3-18 和图 3-19 所示。上部的大型牛轭湖形成于 2010—2020 年黑河截弯，2020 年时进口段已淤积阻塞，距黑河稍远，仅剩出口段与黑河连通。

左侧的中型牛轭湖和右侧的大型牛轭湖，在 1987—2020 年基本维持稳定，形状和位置都没有发生显著变化。

图 3-14　黑河中游 H2-3 处局部放大图

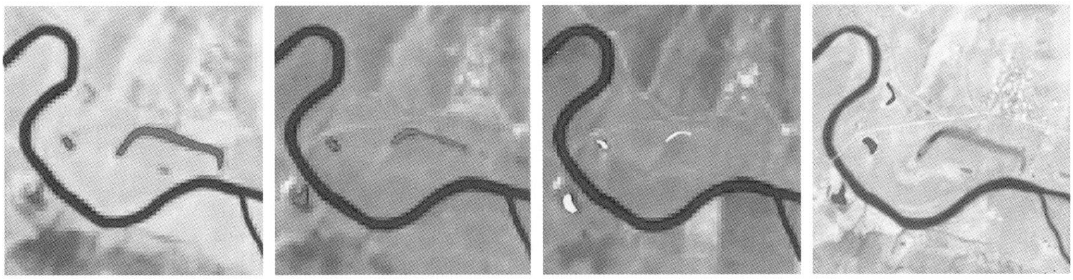

(a)1987年　(b)2000年　(c)2010年　(d)2020年

图 3-15　黑河中游 H2-3 处 4 期变化

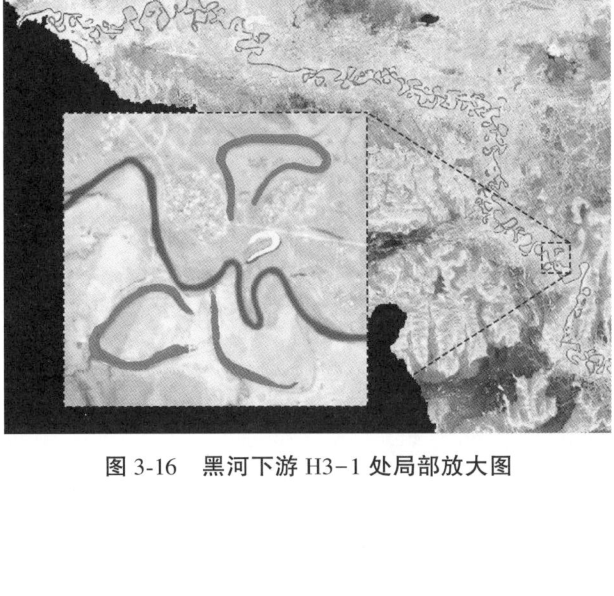

图 3-16　黑河下游 H3-1 处局部放大图

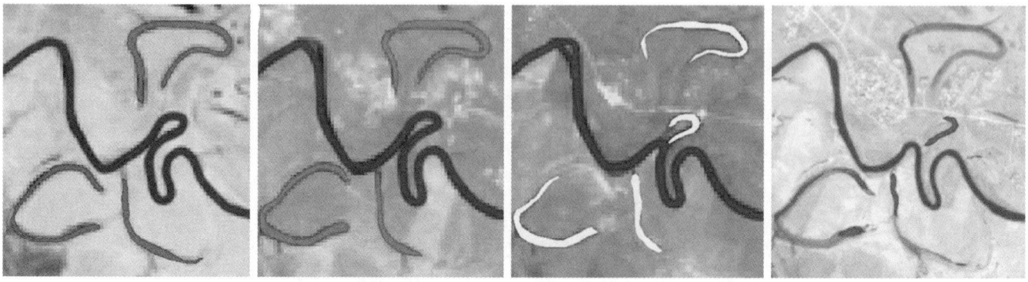

(a)1987年　　(b)2000年　　(c)2010年　　(d)2020年

图 3-17　黑河下游 H3-1 处 4 期变化

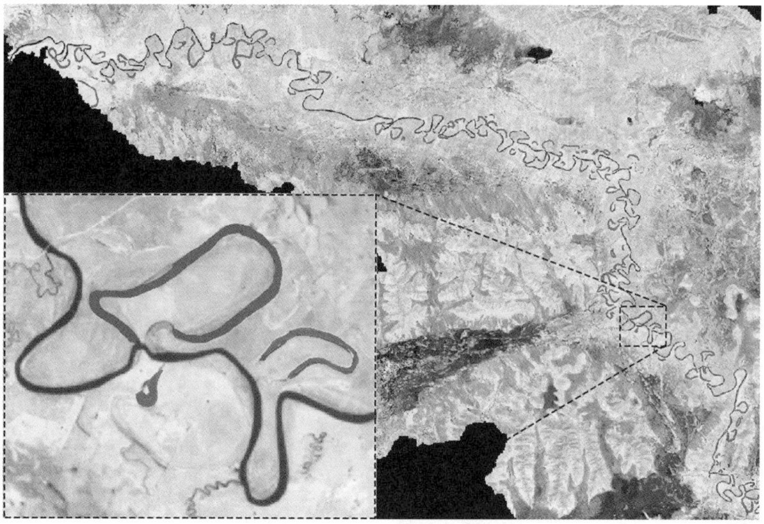

图 3-18　黑河下游 H3-2 处局部放大图

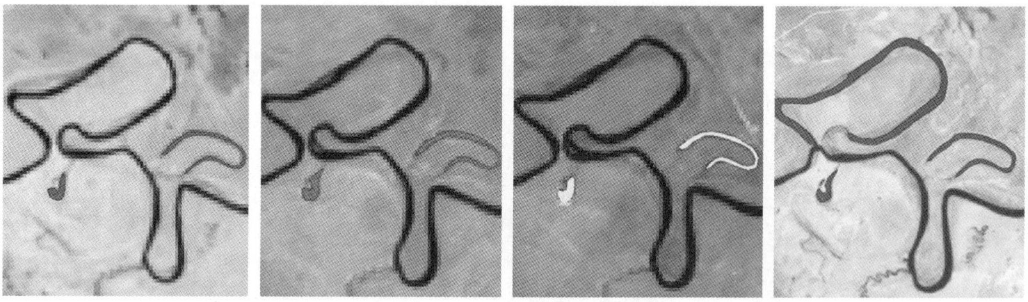

(a)1987年　　(b)2000年　　(c)2010年　　(d)2020年

图 3-19　黑河下游 H3-2 处 4 期变化

从水沙系列上看，径流量的突变是 2000 年左右黑河河道发生裁弯的主要原因。自 1990 年起，黑河流域的径流量均处于偏枯状态，尤其是 1994—1998 年，年径流量均小于

10 亿 m^3，最小年径流量为 4.58 亿 m^3。在长期小水作用下，河道弯曲度增加，1999 年黑河年径流量达到 15.08 亿 m^3，是 20 世纪 90 年代最小年径流量的 3.3 倍，在强水动力作用下，一些较薄弱或处于临界状态的河道颈口被冲开，形成新的河道和牛轭湖。因此，流量大小是河道裁弯的重要影响因素。

3.1.3　白河流域牛轭湖分布及其时空演变特征

3.1.3.1　白河流域概况

白河发源于黄河源区红原县南部嘎哇达则，位于 102°00′E～103°25′E、32°00′N～34°10′N，地理位置见图 3-20，属黄河上游一级支流，是黄河上游重要的水源补给区。白河干流长 187 km，流域面积 5 488 km^2，平均海拔在 3 400 m 以上。白河流域的径流季节变化明显，存在明显的春汛和夏汛。

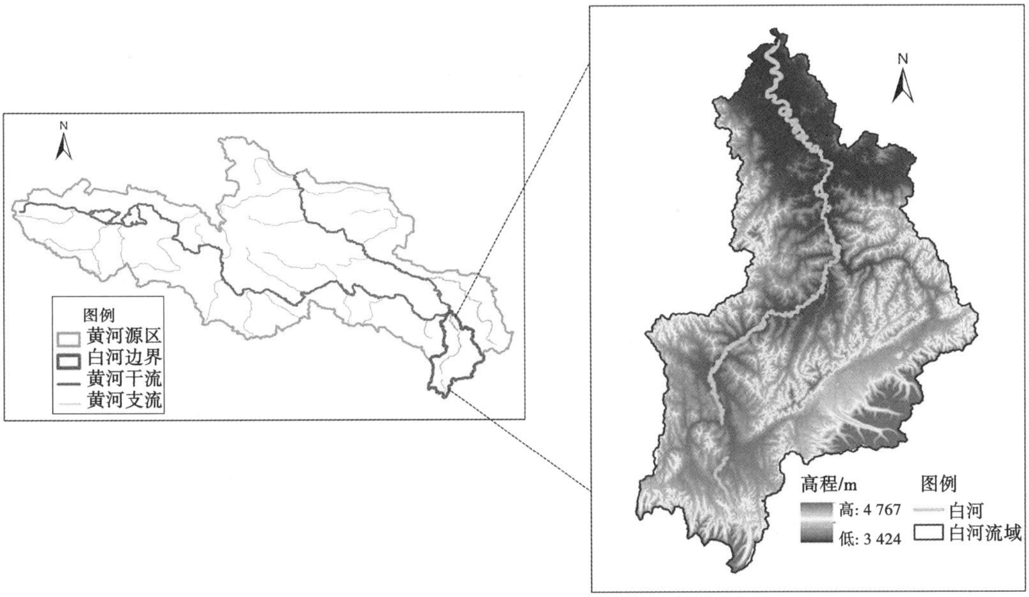

图 3-20　白河流域地理位置

根据白河干流河曲特点和流经长度，将白河分为上游、中游、下游，如图 3-21 所示，将红原县西边白河由东北流向转为向东流向转弯处作为上游和中游分界点，将瓦切乡作为中游和下游分界处。在上游河段，白河穿行于狭窄的山谷之间，呈现出紧密的 S 形弯曲，其凸岸与凹岸几乎紧贴山地，使得河曲显得相对狭窄。进入中游河段后，河曲稍显宽敞，S 形弯曲的数量相较于上游有所减少，白河更多地贴近一侧山地流淌，而另一侧则形成了较宽的河滩。下游河段，由于地势变得开阔，白河宽度显著增加，河湾的摆动幅度也随之变大，形成了更大规模的 S 形弯曲。

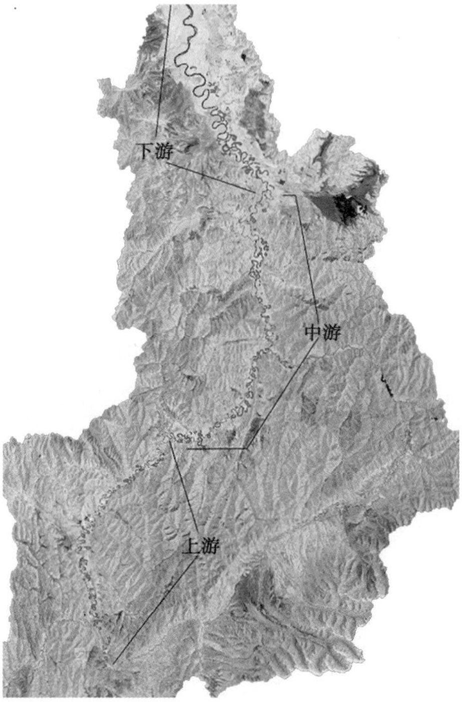

图 3-21　白河牛轭湖空间分布

3.1.3.2　白河牛轭湖空间分布特征

白河上游段牛轭湖分布情况如图 3-22(a)所示。因河曲较窄,牛轭湖与白河相距较近,且牛轭湖空间分布上多数比较紧密,面积上中、小型牛轭湖占比较多,大型牛轭湖也有分布。因白河截弯又新形成的几个牛轭湖,有部分牛轭湖面积上也略有变化,大部分牛轭湖比较稳定,位置和面积变化不大。

白河中游段牛轭湖分布如图 3-22(b)所示。因河曲较上游稍宽,有部分牛轭湖距离白河干流更远,不过多数还是沿河分布,且分布有不少大型牛轭湖;有几个地方牛轭湖成片分布,其他河段分布稍微稀疏。有几处也出现河流截弯现象导致牛轭湖增加,也有几十年间牛轭湖面积变小现象发生,总体上还是比较稳定的。

白河下游段牛轭湖分布如图 3-22(c)所示。因河谷变宽,地形平坦,白河流速减缓,河面宽度增加,牛轭湖比较稳定、变化不大。空间分布上,上半段比较密集,数量较多,且多为大型牛轭湖;下半段到入黄河段牛轭湖分布很少,只有零星几个,有的还随着时间变化面积缓慢减小。因未发生河流截弯,没有新形成的牛轭湖,除几个略有减小外,整体上维持稳定,只有一处未来可能会发生截弯,进而形成牛轭湖。

统计的 4 期牛轭湖中,白河牛轭湖数量 1987 年为 150 个,2000 年为 155 个,2010 年为 156 个,2020 年为 156 个。经统计,不同时期牛轭湖的数量和规模如表 3-2 所示。

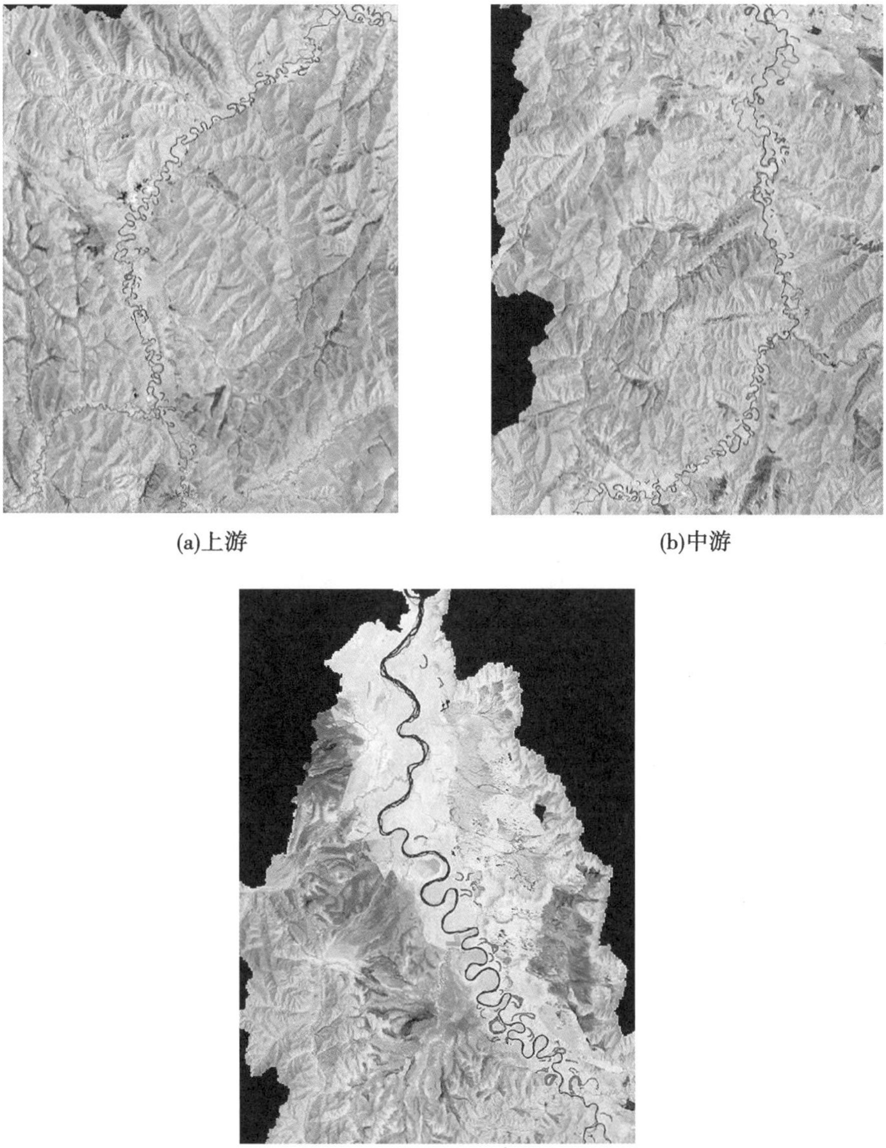

(a)上游　(b)中游

(c)下游

图 3-22　白河上游、中游、下游牛轭湖分布情况

表 3-2　不同时期白河牛轭湖的数量与规模

面积/m^2	1987 年	2000 年	2010 年	2020 年
<10 000	46	47	47	48
10 000~20 000	43	46	47	46
>20 000	61	62	62	62
总数	150	155	156	156

从表 3-2 可知，1987—2000 年牛轭湖数量增加较多，大、中、小型牛轭湖都有增加；2000—2010 年牛轭湖数量比较稳定，中型牛轭湖增加了 1 个；2010—2020 年牛轭湖总数不变，中型牛轭湖减少了 1 个，小型牛轭湖增加了 1 个。

河流截弯不仅会导致形成新的牛轭湖，根据截弯规模还可能形成大、中、小型不同规模的牛轭湖，而且牛轭湖消退会导致其规模由大型变为中型，或由中型变为小型，甚至由小型到消失的情况。通过往期影像对比分析，1987—2000 年截弯发生最多，新形成 8 个牛轭湖，其中 3 个大型、3 个中型和 2 个小型；同时消失了 3 个牛轭湖，其中 1 个是因为水域干涸自然消退，2 个是因为河道侵占消失；另有 2 个大型牛轭湖消退为中型牛轭湖。2000—2010 年发生了 2 次截弯，新形成 1 个大型牛轭湖和 1 个中型牛轭湖，消失了 1 个小型牛轭湖，1 个大型牛轭湖消退为中型牛轭湖，1 个中型牛轭湖消退为小型牛轭湖。2010—2020 年也发生了 2 次截弯，新形成 2 个大型牛轭湖，消失了 2 个中型牛轭湖，2 个大型牛轭湖消退为中型牛轭湖，1 个中型牛轭湖消退为小型牛轭湖。

白河新形成的牛轭湖多集中于 1987—2000 年，在 2000—2020 年形成的牛轭湖个数要少很多，形成牛轭湖的原因基本都是白河截弯所造成的。大部分牛轭湖都比较稳定，在几十年间变化不明显，消退速度缓慢；有少数牛轭湖消退速度会稍快，能在往期影像上看出明显差别。

3.1.3.3　白河牛轭湖时空变化及典型牛轭湖演变分析

对白河上新形成的牛轭湖、面积减少或消失的牛轭湖、位置和面积基本保持不变的牛轭湖进行局部研究，对典型区域进行描述与分析。

白河上游 B1-1 处牛轭湖在 1987—2000 年发生截弯形成中型牛轭湖，如图 3-23 和图 3-24 所示，到 2010 年面积有所减少消退成小型牛轭湖，到 2020 年面积因人类活动导致更小，仍是小型牛轭湖。2000 年牛轭湖进口段和出口段已经淤积，随时间推移进口段淤积速度更快，最后退化只剩一段。左侧 1 个小牛轭湖的水量在缓慢减少，到 2020 年已接近消失。

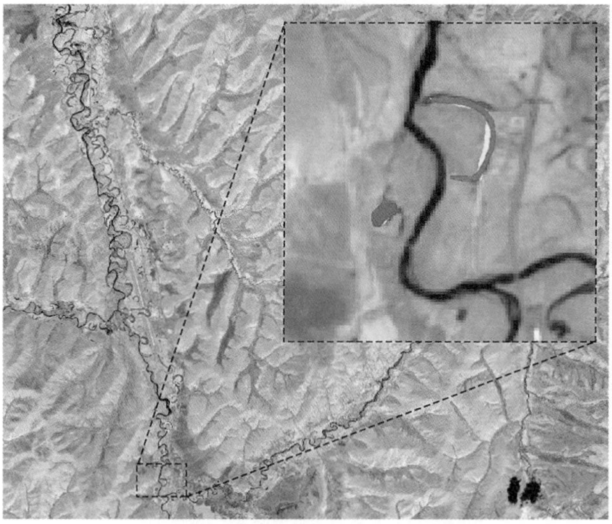

图 3-23　白河上游 B1-1 处局部放大

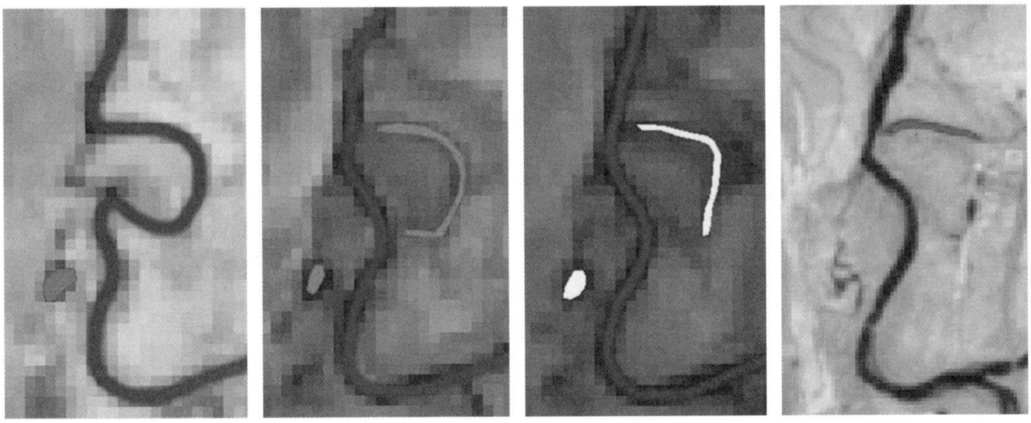

(a)1987年　(b)2000年　(c)2010年　(d)2020年

图 3-24　白河上游 B1-1 处 4 期变化

如图 3-25 和图 3-26 所示,1987—2000 年白河发生截弯形成了 1 个小型牛轭湖,2000 年时牛轭湖进口段和出口段已经堵塞,不过到 2020 年面积变化也不大,基本上保持稳定;下部 2 个牛轭湖在 30 多年间一直维持稳定,面积变化都不大,可能是因为距白河都比较近,能够及时补水,所以消退得比较缓慢。

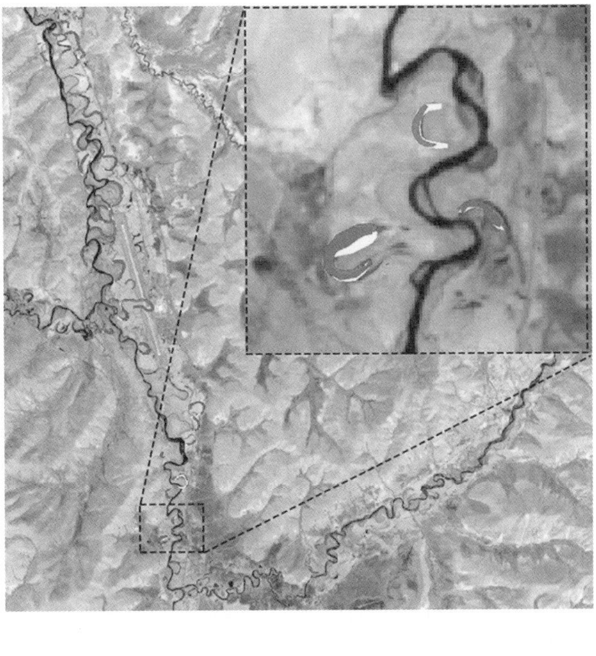

图 3-25　白河上游 B1-2 处局部放大图

如图 3-27 和图 3-28 所示,1987—2000 年白河截弯,形成下部的中型牛轭湖,牛轭湖进口段和出口段已经阻塞,且出口段淤积速度更快。到 2010 年已经消退为小型牛轭湖,到 2020 年面积也稍有减小。

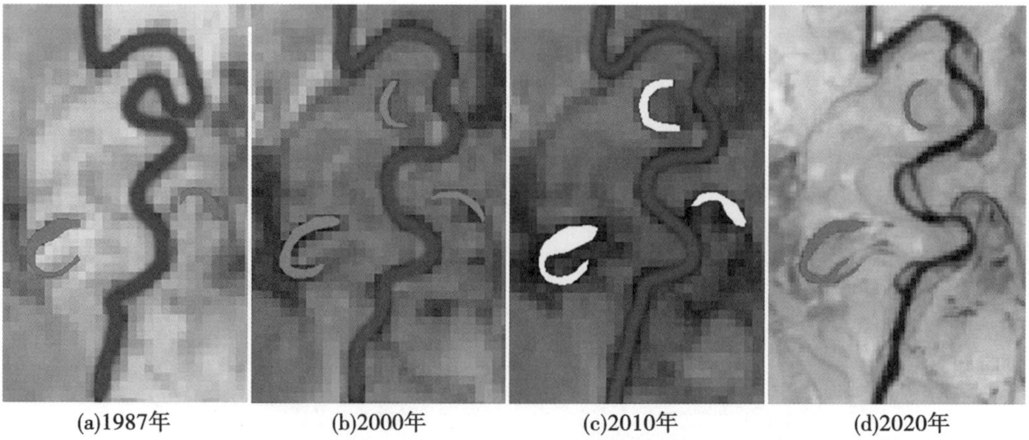

图 3-26　白河上游 B1–2 处 4 期变化

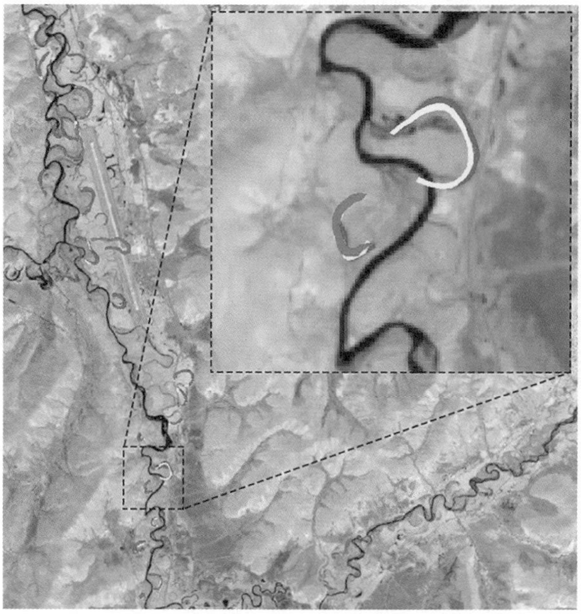

图 3-27　白河上游 B1–3 处局部放大图

2000—2010 年，此段白河又发生了一次截弯，形成了右边的中型牛轭湖，进口段和出口段也已经淤积阻塞，到 2020 年形状和面积变化不大，仍划为中型牛轭湖。

发现上游 B1–1、B1–2、B1–3 这 3 个区域是相连的，白河这段干流在几十年间截弯次数比较多，河流变动较大，新形成牛轭湖数量较多，可能是地质地形方面与河流动力学方面相互作用的原因。

如图 3-29 和图 3-30 所示，上游机场附近有几处变化，在 1987—2000 年白河发生截弯，新形成了右侧的大型牛轭湖，因淤积阻塞速度缓慢，牛轭湖形成后消退速度不是很快，还与白河存在微弱连通，到修建机场侵占部分后仍划为大型牛轭湖。右下牛轭湖原来是大型牛轭湖，到 2000 年已缓慢消退为中型牛轭湖，到 2010 年变化不大，到 2020 年已接近

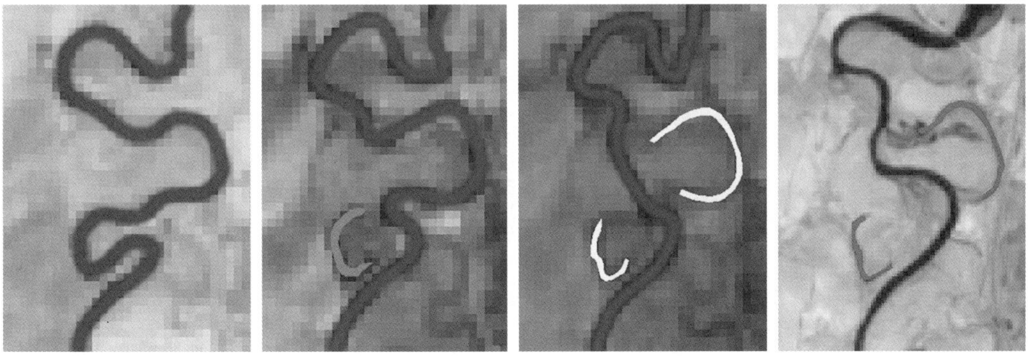

图 3-28　白河上游 B1-3 处 4 期变化

干涸。1987 年左上的中型牛轭湖因白河改道在 2000 年已经消亡。

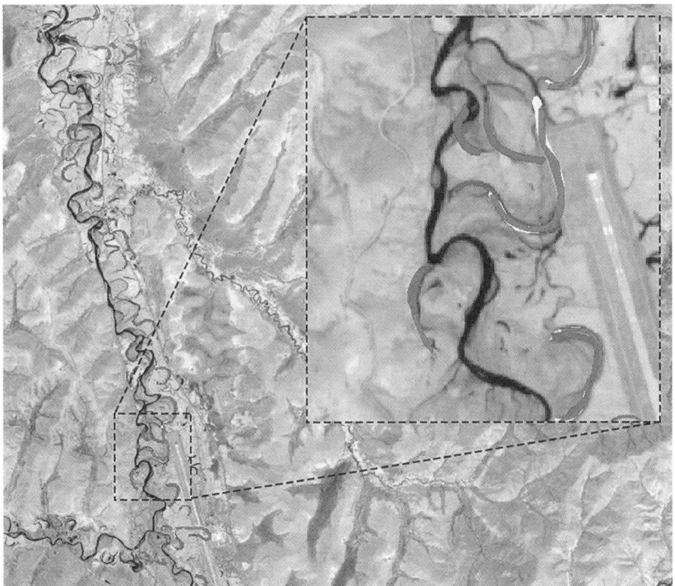

图 3-29　白河上游 B1-4 处局部放大图

如图 3-31 和图 3-32 所示，在白河上游河段安曲乡附近，下面一个 U 形河弯在 1987—2000 年发生截弯，形成 1 个新的大型牛轭湖，进口段距白河较近，消退速度缓慢，到 2020 年仍划分为大型牛轭湖。到 2000 年时，下部牛轭湖仍与中间部分相连，整体呈条带状。上部 1 个牛轭湖进口段距白河近，出口段距白河远但距某条支流近，多年间缓慢消退，最开始为大型牛轭湖，2000—2010 年消退为中型牛轭湖，到 2020 年已经接近干涸。安曲乡北部的大型牛轭湖几十年间变化不大，牛轭湖进口段稍有退化，阻塞后距白河较远，出口段距白河较近，4 期图像中位置和面积都比较稳定。

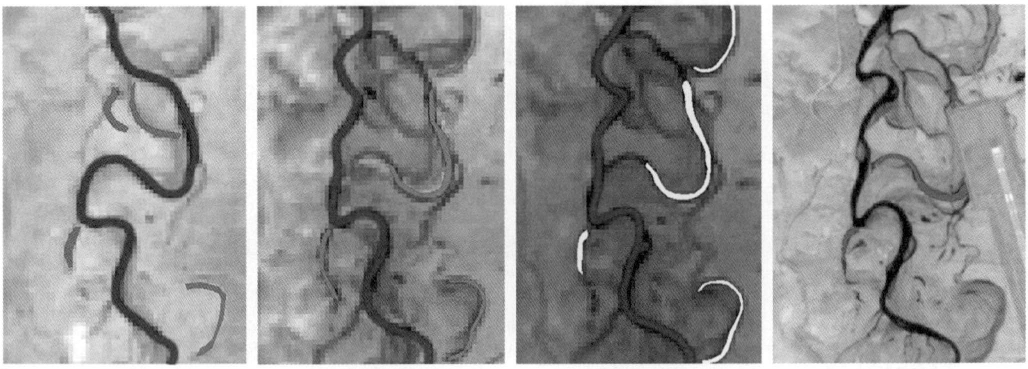

(a)1987年　(b)2000年　(c)2010年　(d)2020年

图 3-30　白河上游 B1-4 处 4 期变化

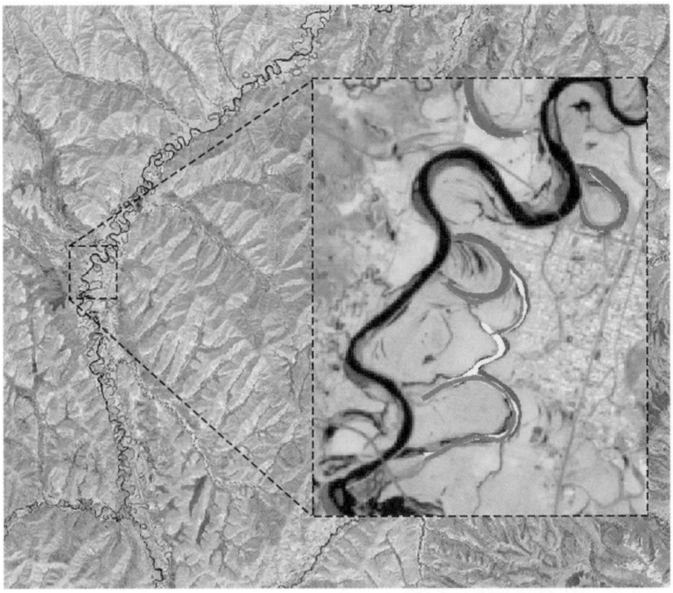

图 3-31　白河上游 B1-5 处局部放大图

如图 3-33 和图 3-34 所示，白河在 1987—2000 年发生截弯，形成右下角的 C 状大型牛轭湖，进口段淤积速度较快，2010 年时进口段距白河已较远，到 2020 年基本保持稳定。左侧的大型牛轭湖 1987 年时面积最大；到 2000 年时也是进口段淤积退化较快，且中间部分水域已干涸；2000 年后，此大型牛轭湖基本保持稳定，无显著变化。白河左右两侧牛轭湖左侧先于右侧形成，后面消退情况有些类似，都是进口段先淤积，使进口段距白河的距离比出口段较远，当水量丰沛或汛期时，原牛轭湖出口段因距白河较近可能是牛轭湖的进水口，所以靠近白河处消退较缓慢，平时应靠白河地下水进行补水。

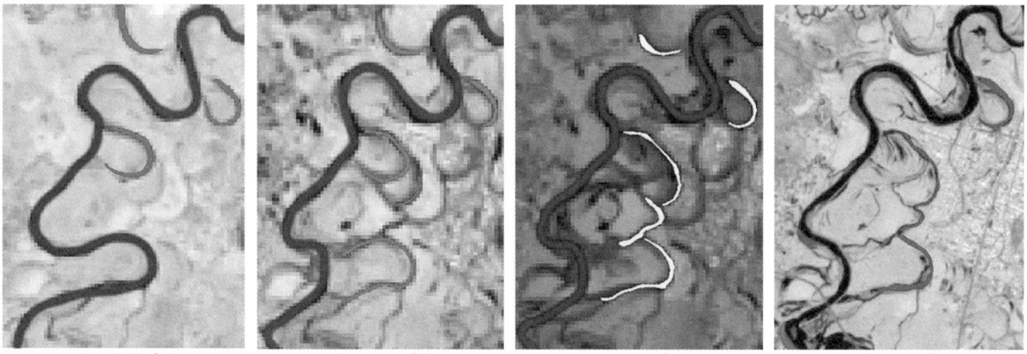

(a)1987年　(b)2000年　(c)2010年　(d)2020年

图 3-32　白河上游 B1-5 处 4 期变化

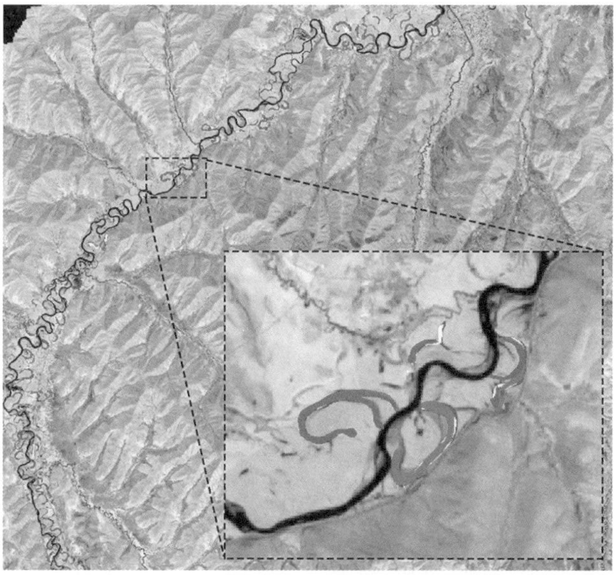

图 3-33　白河上游 B1-6 处局部放大图

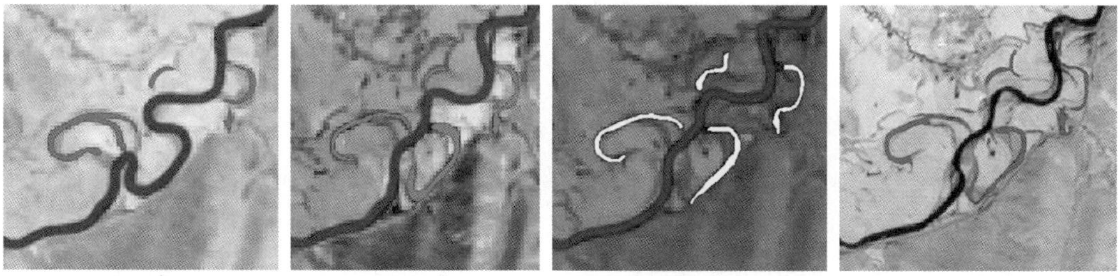

(a)1987年　(b)2000年　(c)2010年　(d)2020年

图 3-34　白河上游 B1-6 处 4 期变化

在中游红原县城附近，有两处新形成的牛轭湖，其他牛轭湖基本保持稳定。如图 3-35 和图 3-36 所示，在 1987—2000 年白河发生截弯，左侧形成 1 个小型牛轭湖，到 2010 年水域面积已消退一些，到 2020 年已基本干涸，只剩分辨不太清晰的牛轭湖故道。

右上角处河弯在 2000 年附近已截弯,形成微弱连通,到 2010 年流路已经稍微扩大开始通水,不过白河主流路仍是之前的旧河道。在 2010—2020 年发生显著变化,白河以截弯处作为主流路并拓宽,原有的旧河道形成一个大型牛轭湖,且在 2020 年时牛轭湖进口段和出口段已经阻塞,与白河不再连通。其他位置的牛轭湖在几十年间变化缓慢,靠近白河的牛轭湖基本维持不变,下边距白河较远的 2 个牛轭湖都在缓慢消退。

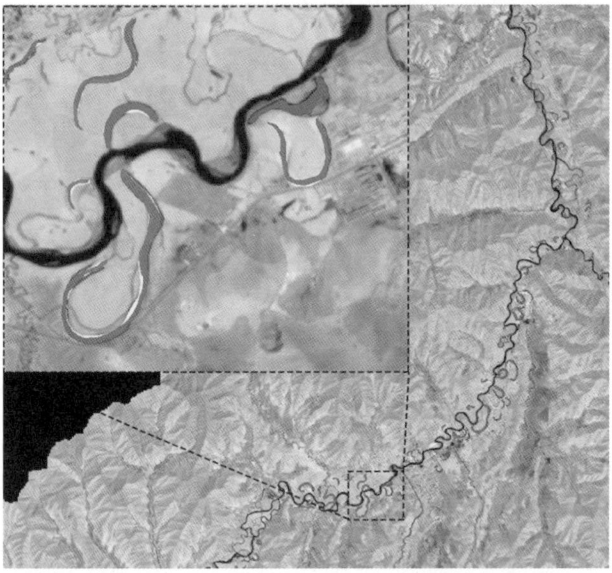

图 3-35　**白河中游 B2-1 处局部放大图**

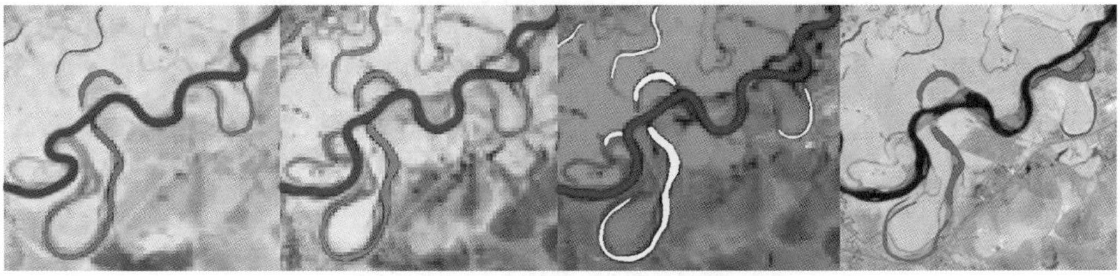

(a)1987年　(b)2000年　(c)2010年　(d)2020年

图 3-36　**白河中游 B2-1 处 4 期变化**

如图 3-37 和图 3-38 所示,白河中游上端在 1987 年时已发生截弯,但主河道仍在旧河道,新通路宽度还很窄,到 2000 年白河已经把新通路作为主流路,在左侧形成 1 个中型牛轭湖,此后 20 年间位置、形状基本维持稳定。中间的大型牛轭湖形成于白河 2010—2020 年间的截弯取直,之前的影像是中间的地面宽度在不断变窄,源于中间年份的一场大水可能导致白河冲开截弯,形成 1 个新的牛轭湖。下部的大型牛轭湖随时间缓慢消退,原进口段消退的速度稍快,致使牛轭湖距白河越来越远。

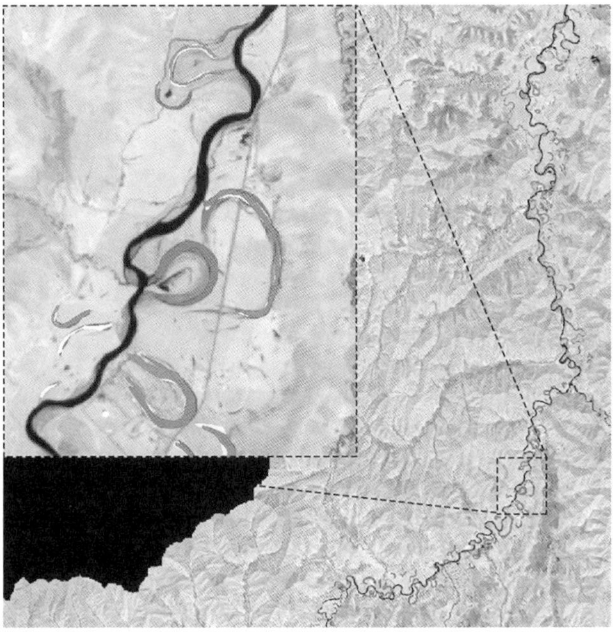

图 3-37　白河中游 B2-2 处局部放大图

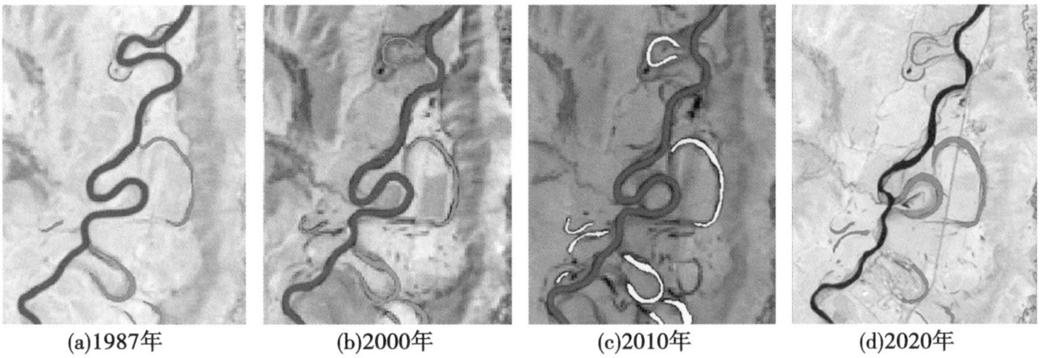

图 3-38　白河中游 B2-2 处 4 期变化

白河中游 B2-3 处在 30 多年间新形成了 2 个大型牛轭湖，如图 3-39 和图 3-40 所示。1987 年中间地面已经有不太明显的过水流路，到 2000 年白河已经完成截弯，形成上部的大型牛轭湖，之后进口段消退速度比较快，到 2020 年水域面积在出口段占比较高。白河在 2000—2010 年又发生了 1 次截弯，形成了 1 个新的牛轭湖，面积刚刚达到大型牛轭湖的标准，到 2020 年此大型牛轭湖有略微消退，可划分为中型牛轭湖。下部的大型牛轭湖在缓慢消退，到 2010 年水域面积有所增加，到 2020 年只剩部分，原因可能是 2010 年的影像处于丰水期，当时附近水域存水量较多，导致牛轭湖面积增大，正常情况下面积应呈缓慢消退趋势，后续应进一步对比同处于丰水期的影像进行验证。

下游白河流速稍缓，河道较稳定，几十年间没有形成新的牛轭湖，只有部分牛轭湖面积在减小，不过有一处河道有明显变动，未来可能会形成牛轭湖。如图 3-41 和图 3-42 所示，1987 年时中间地面上有 1 个大型牛轭湖；2000 年时因牛轭湖进口段与河道连通，使其

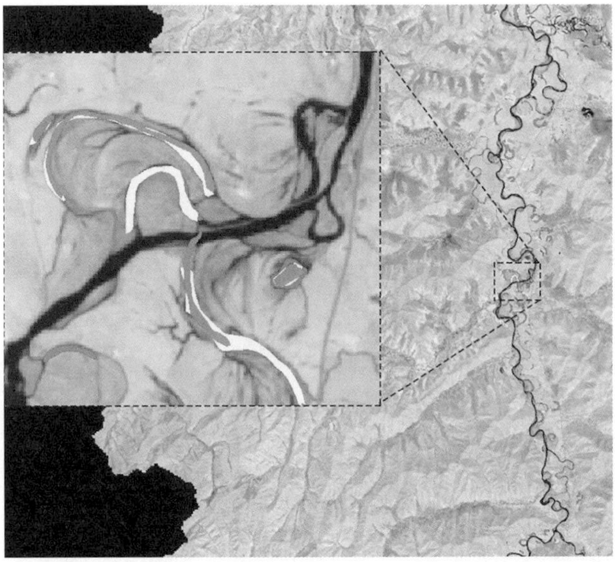

图 3-39　**白河中游** B2-3 **处局部放大图**

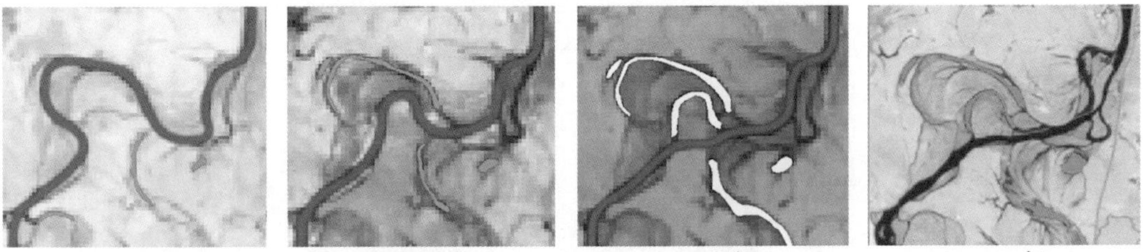

(a)1987年　(b)2000年　(c)2010年　(d)2020年

图 3-40　**白河中游** B2-3 **处** 4 **期变化**

面积有所增大;到 2010 年牛轭湖进出口已与白河上下部分连通,正式形成河流通路;至 2020 年,中间通路继续扩大并趋于稳定。预测在以后几十年间,自然条件下通路会逐渐拓宽,在此过程中,左侧可能会发育为大型牛轭湖。

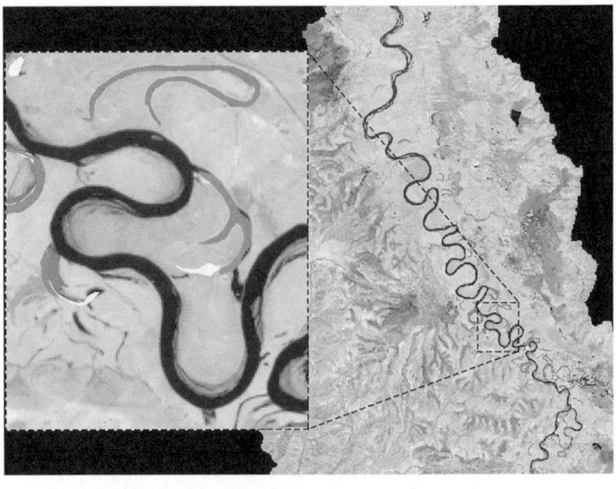

图 3-41　**白河下游** B3-1 **处局部放大图**

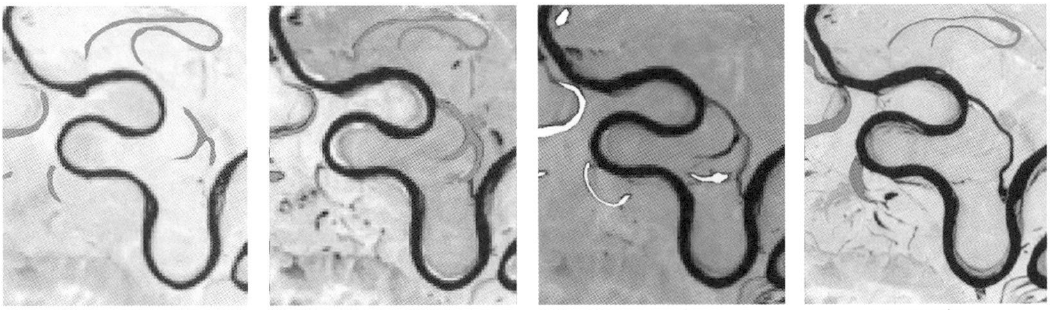

(a)1987年　(b)2000年　(c)2010年　(d)2020年

图 3-42　白河下游 B3-1 处 4 期变化

白河下游 B3-2 处牛轭湖在缓慢消退，如图 3-43 和图 3-44 所示。在 1987—2000 年该牛轭湖先从距白河较远处开始消退，在 2000—2010 年消退速度稍快，远离白河的部分已经干涸，之后消退速度有所减缓。因为牛轭湖规模比较大，一直被划分为大型牛轭湖。

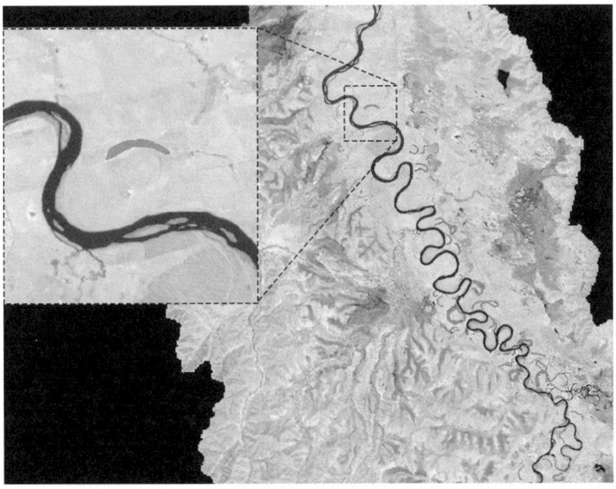

图 3-43　白河下游 B3-2 处局部放大图

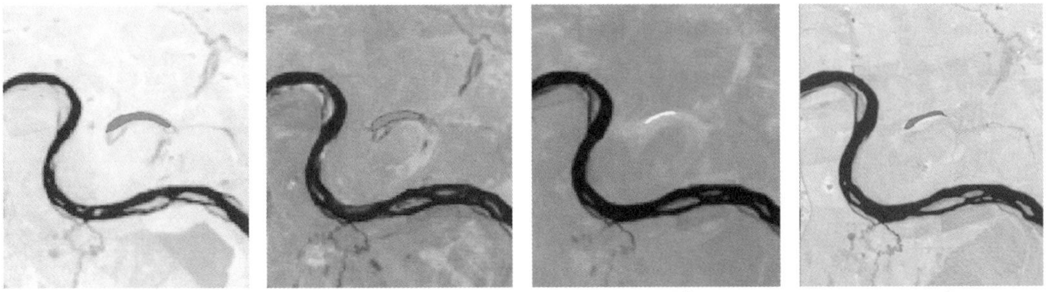

(a)1987年　(b)2000年　(c)2010年　(d)2020年

图 3-44　白河下游 B3-2 处 4 期变化

3.2　牛轭湖湿地演变对栖息地环境的影响

弯曲河流与牛轭湖的动力演变过程，对河湖水环境和水生态有着重要影响。由于除洪水期外的大部分时间与河道无地表水联系，牛轭湖的环境参数如溶解氧、电导率、酸碱度、硬度、叶绿素含量等均与河道存在差异，不同演替阶段牛轭湖内的水体和底质参数也会发生变化。在牛轭湖演变过程中，湖内的底质参数会受河流连通性的影响，有机物、营养盐和重金属等元素的含量和分布随之发生变化，湖内底质的物理化学特性能够较好地反映牛轭湖发育过程中的各种外界应力特征，进而对底栖生物产生直接或间接的影响。在白河流域选取早、中、晚期各阶段的典型牛轭湖，探究牛轭湖发育演变对水体水质和底质参数特征的影响，对深入了解牛轭湖生态系统的结构和功能、牛轭湖湿地修复管理和保护具有重要意义。

3.2.1　研究区和研究方法

3.2.1.1　研究区及采样点布设

以典型区域白河流域为研究区，在考虑 Ω 形、U 形和 C 形分类方法的基础上，结合进出口淤积形态和河流连通性对牛轭湖演替阶段进行综合判别。在黄河源区支流——白河流域共选取了 17 个不同阶段形成的牛轭湖作为代表，包括 6 个早期牛轭湖、6 个中期牛轭湖和 5 个晚期牛轭湖，其具体的分布如图 3-45 所示。

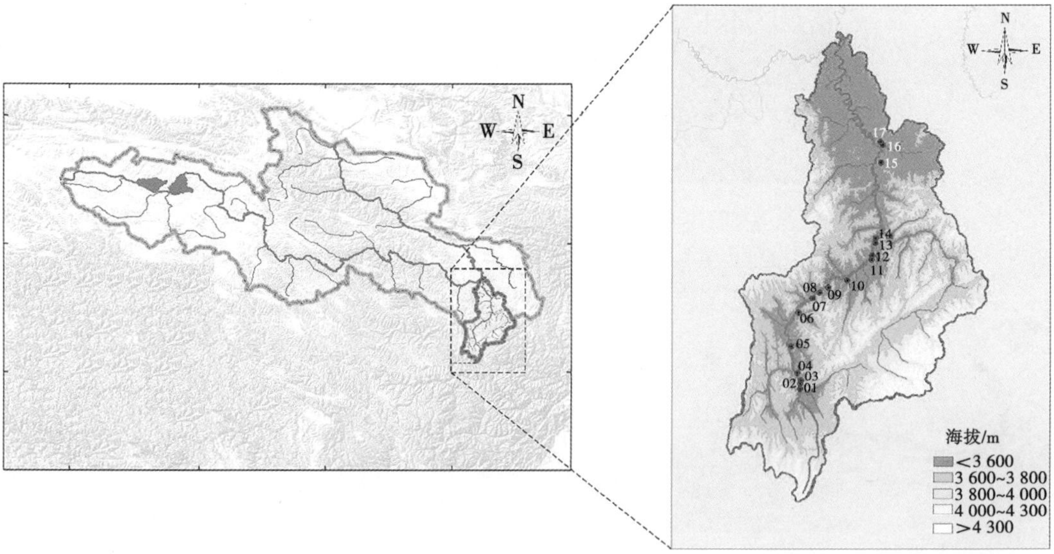

图 3-45　研究区及采样点示意图

3.2.1.2　样品采集和分析

采样时间为每年的非汛期（5 月、6 月），在每个牛轭湖中进行样品采集，每个牛轭湖收集了 3~9 个采样点的水体和底质样品。对各采样点，测量 4 类环境参数，包括地理位置信息(经度、纬度和海拔)、牛轭湖环境描述(进出口淤积状态、牛轭湖形态、植物生长状况、水深)、水质指标[水温、溶解氧(DO)、pH、电导率、总溶解性固体(TDS)、化学需氧量、氨氮(NH_4^+-N)、硝态氮(NO_3^--N)、总氮(TN)、总磷(TP)等]、底质条件[粒径分级、pH、总碳(TC)、总氮(TN)、总有机碳(TOC)、氨氮(NH_4^+-N)、硝态氮(NO_3^--N)、亚硝酸氮(NO_2^--N)、总磷(TP)等]。

在每个采样点,利用水质分析仪测定水温、pH、电导率(EC)、总溶解性固体(TDS)和溶解氧(DO);采集水面 10 cm 以下 1 L 表层水样和底泥;将底质样品分为两个部分,其中大部分底泥样本装在聚乙烯袋中,带到实验室进行沉积物化学性质的测定,另一小部分沉积物样品装在无菌袋中,用干冰冷藏后立即移送实验室进行微生物群落测定。野外采集的水样应避光冷藏保存后运送至实验室进行水质化学分析,水质和底质参数的分析方法均参照相关国家标准。

3.2.2　牛轭湖发育演变对水质指标的影响

3.2.2.1　河流与牛轭湖

在 2020 年和 2021 年非汛期,选择处于不同发育阶段的牛轭湖和河流作为研究对象,对所选取的各个发育阶段的牛轭湖水体进行水质指标测定。主要关注指标包括总氮(TN)、氨氮(NH_4^+-N)、硝态氮(NO_3^--N)、总磷(TP)、化学需氧量(COD)、溶解氧(DO)及 pH 等。这些指标能够反映水体的营养状况、氮素形态、有机污染程度及酸碱平衡情况。

各项水质指标测验结果见图 3-46~图 3-48。根据 2020 年的水质数据,牛轭湖水体的 pH、EC、TDS、叶绿素-a(Chl-a)、DO、NH_4^+-N、NO_3^--N、COD_{Mn} 和磷酸盐(PO_4^{3-})指标均高于河流,但 ORP、TN 和 TP 等指标低于河流;在 2021 年,牛轭湖水体的 EC、TDS、DO、NH_4^+-N、NO_3^--N、COD_{Mn}、PO_4^{3-} 指标均高于河流,Chl-a 和 pH 与河流相当。对比 2020 年水体和牛轭湖的关键水质指标可以看出,牛轭湖水体的 pH、COD_{Mn} 和 NH_4^+-N 均显著高于河流水体。其中,牛轭湖的 pH 平均值较河流高 3.37%(河流为 8.32,牛轭湖为 8.60),COD_{Mn} 平均值较河流高 316.22%(河流为 9.25 mg/L,牛轭湖为 38.50 mg/L),NH_4^+-N 平均含量较河流高 275%(河流为 0.16 mg/L,牛轭湖为 0.60 mg/L)。总的来看,牛轭湖形成后,水体碳、氮、磷等养分浓度均呈现增加趋势,而 pH 呈现下降趋势。

3.2.2.2　不同发育阶段的牛轭湖

从各指标来看,不同发育阶段的牛轭湖,其水体指标也存在明显差异(见图 3-47、图 3-48)。根据 2020 年不同发育阶段牛轭湖的关键水质指标来看,pH、TN、NO_3^--N 含量等指标随着牛轭湖的演替而呈现出下降趋势,COD_{Mn} 和 NH_4^+-N 含量在晚期牛轭湖最高,PO_4^{3-} 含量在中期牛轭湖最高。

COD_{Mn} 是衡量水体中有机污染程度的重要指标,NH_4^+-N 作为水体中氮的一种重要形态,会在生物生长、死亡和分解过程中被释放,同时养殖放牧和生活污水等人为活动也会释放 NH_4^+-N。在采样期间,发现初期发育阶段的牛轭湖 NH_4^+-N 含量相对较低,可能是由于湖泊自净能力较强以及外源性输入较少(初期植物生长少)。然而,随着湖泊的发育,

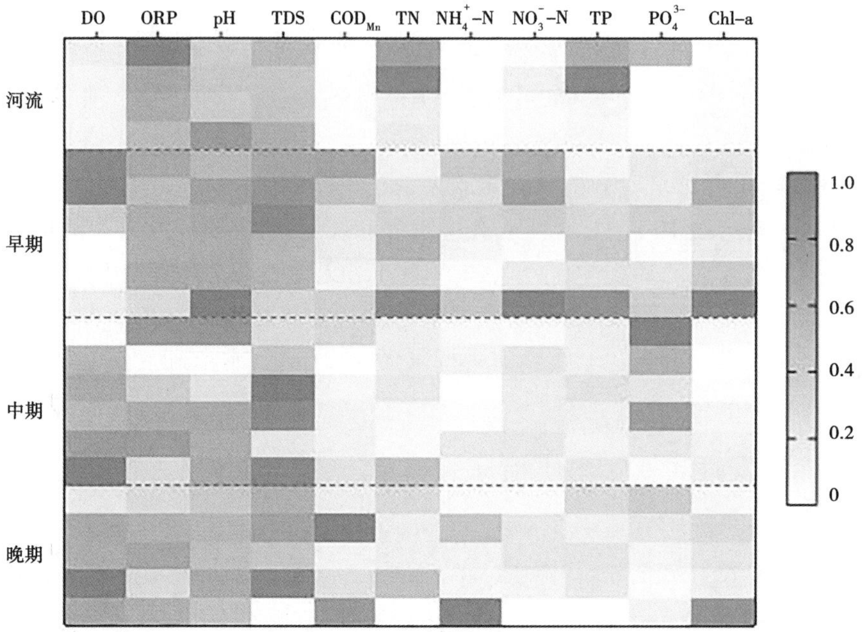

(a)2020年

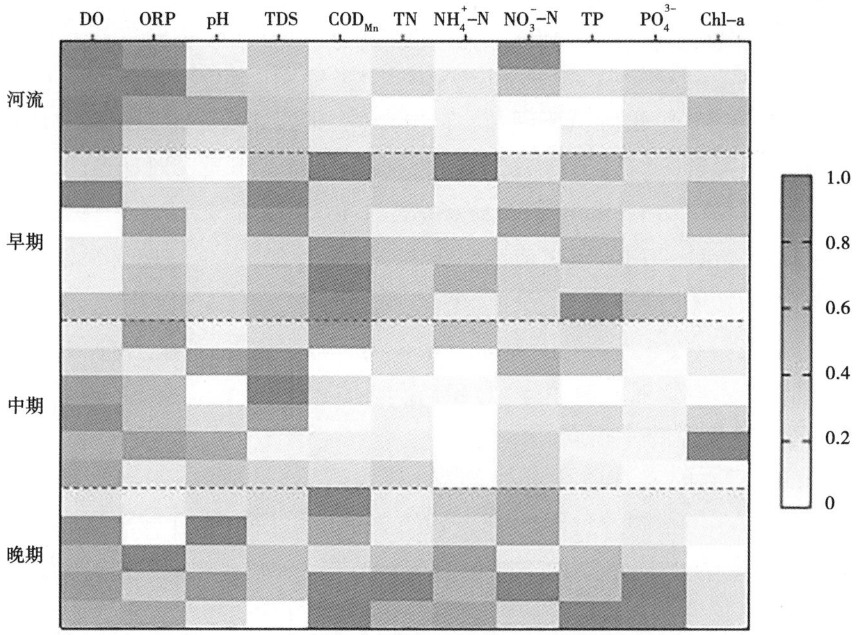

(b)2021年

图 3-46　河流和牛轭湖水质特征热图

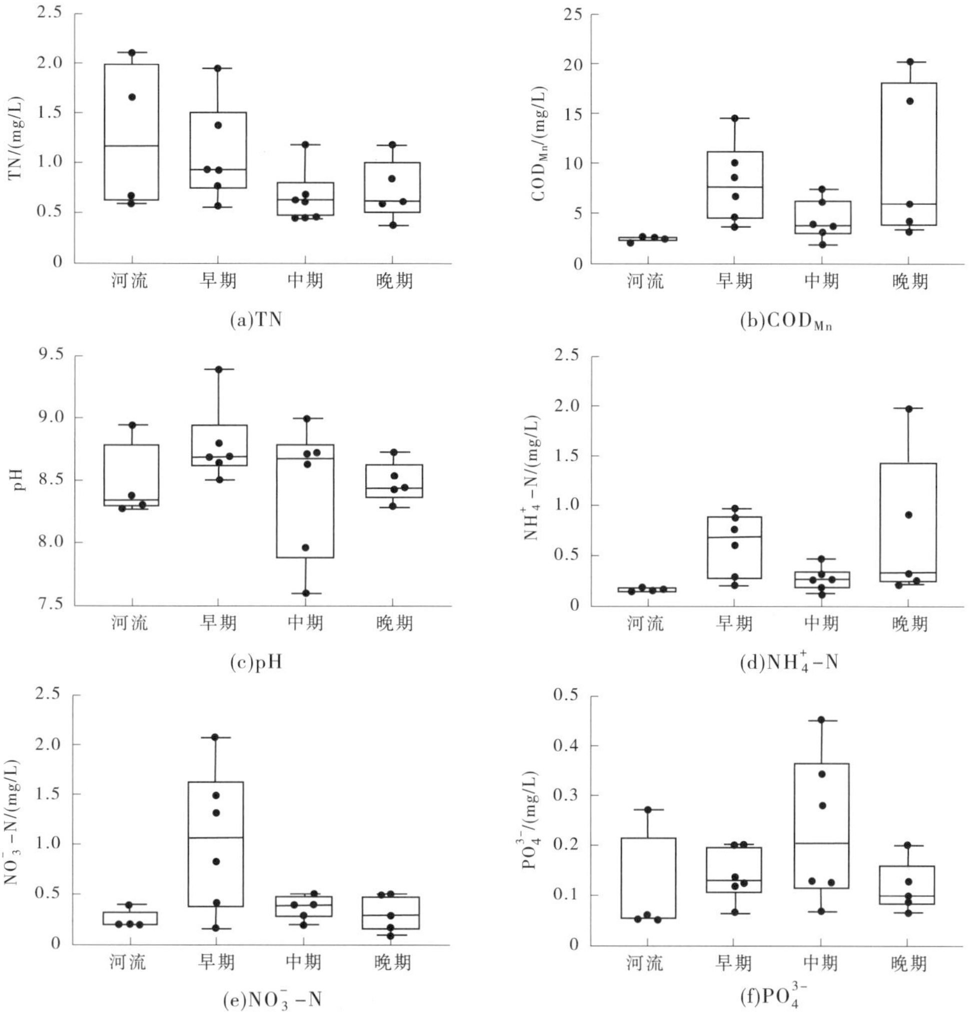

图 3-47　河流和不同发育阶段牛轭湖关键水质参数(2020 年)

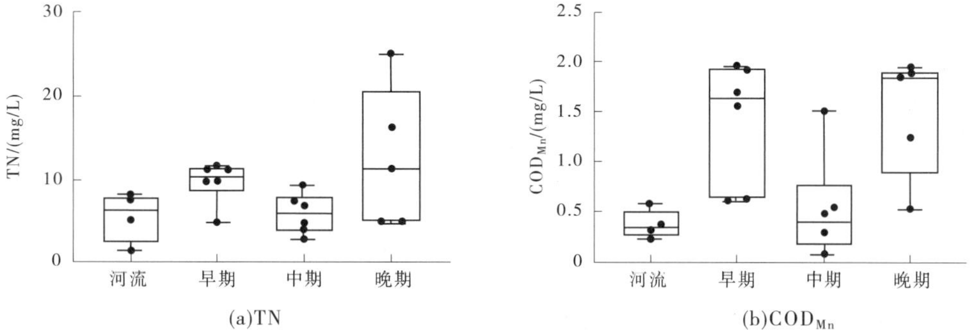

图 3-48　河流和不同发育阶段牛轭湖关键水质参数(2021 年)

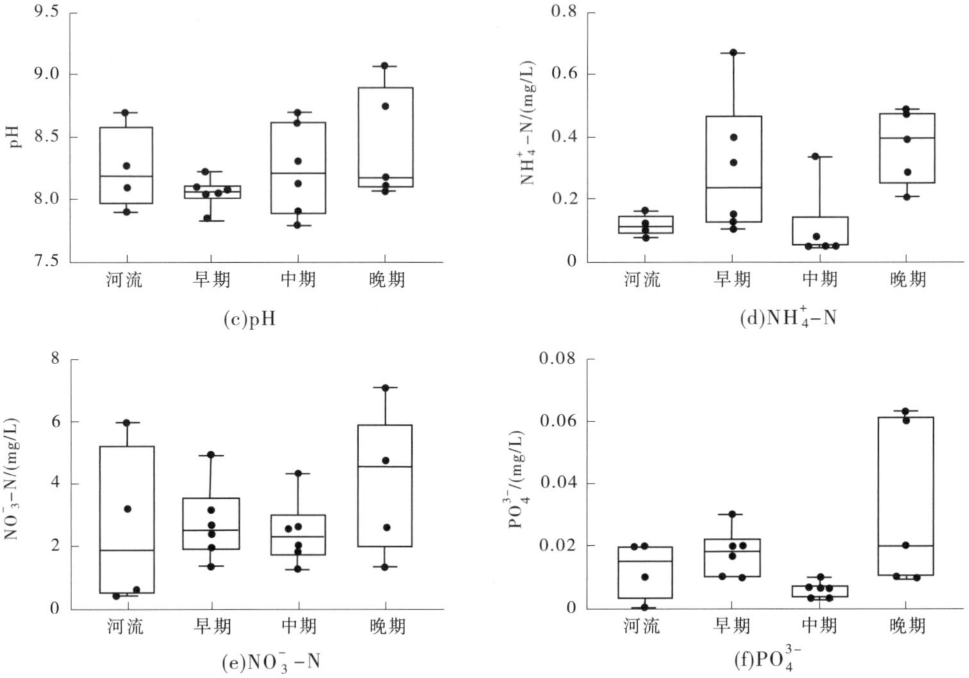

续图 3-48

NH_4^+-N 含量有上升趋势，特别是湖内植物和藻类生长导致初级生产力提高，增加了内源氨氮量。这表明牛轭湖可能正在经历富营养化过程，且氮素的主要形态正在由 NH_4^+-N 向 NO_3^--N 转化。

NO_3^--N 是水体中氮的另一种重要形态，通常由 NH_4^+-N 经过硝化作用转化而来。在采样期间，研究者发现 NO_3^--N 含量在不同发育阶段的牛轭湖中也存在差异。与 NH_4^+-N 相反，初期发育阶段的湖泊 NO_3^--N 含量相对较高，这可能与湖泊内部的硝化作用较强有关。然而，随着湖泊的发育和老化，NO_3^--N 含量逐渐降低，可能是由于反硝化作用增强导致氮素从水体中逸出。

pH 是衡量水体酸碱平衡状况的重要参数。随着牛轭湖的演变，植物的生长和微生物活动会影响水体的 pH。生物在生长过程中，会吸收或释放一些离子，这些离子可能会影响水体的酸碱平衡。例如，一些藻类在光合作用过程中会吸收二氧化碳并释放氧气，这可能会使水体的 pH 升高。同时，生物分解过程中产生的有机酸和无机酸也会改变水体的酸碱度。当有机物被微生物分解时，会产生一些酸性物质，如乳酸、乙酸等，这些酸性物质会使水体的 pH 下降。另外，当动植物死亡后，它们的尸体被微生物分解时也会释放出酸性物质，进一步影响水体的 pH。发育早期的牛轭湖与河流仍存在一定的连通性，在连通过程中与河流发生能量、物质和信息交换，而发育晚期的牛轭湖，基本不与河流产生联系，湖内水生植物发育相对茂盛。

通过对不同发育阶段牛轭湖为期两年的水体指标采样分析，发现这些湖泊的水质状况存在明显的差异和变化。特别是碳、氮素形态的变化表明湖泊正在经历复杂的生物地球化学过程。为了维护湖泊的水质和生态系统健康，建议加强湖泊周边的环境监管工作，减少外源性污染物的排放；同时加强湖泊生态系统的保护与修复工作，提高湖泊的自净能力和生态稳定性。针对氮素形态的变化，还需要进一步研究牛轭湖内部的氮循环过程及影响因素，为湖泊的富营养化治理提供科学依据。

3.2.3　牛轭湖发育演变对底质指标的影响

底质是影响河流底栖生物群落结构最重要的环境因素之一，是底栖无脊椎动物和微生物生长、繁殖等一切生命活动的必备条件。底质的变化（包括其营养元素含量、粒径大小、异质性、表面结构、稳定性等）对底栖无脊椎动物和微生物群落组成及结构具有重要影响。

3.2.3.1　河流与牛轭湖

各项底质指标测验结果见图 3-49～图 3-51。总体来看，根据 2020 年的底质数据，除 pH 外，牛轭湖底质的 NH_4^+-N、NO_3^--N、NO_2^--N、TOC、TC、TN 和 TP 等指标均高于河流；在 2021 年，除 pH、NO_2^--N 和 TP 外，牛轭湖底质的 NH_4^+-N、NO_3^--N、TOC、TC 等指标均高于河流。

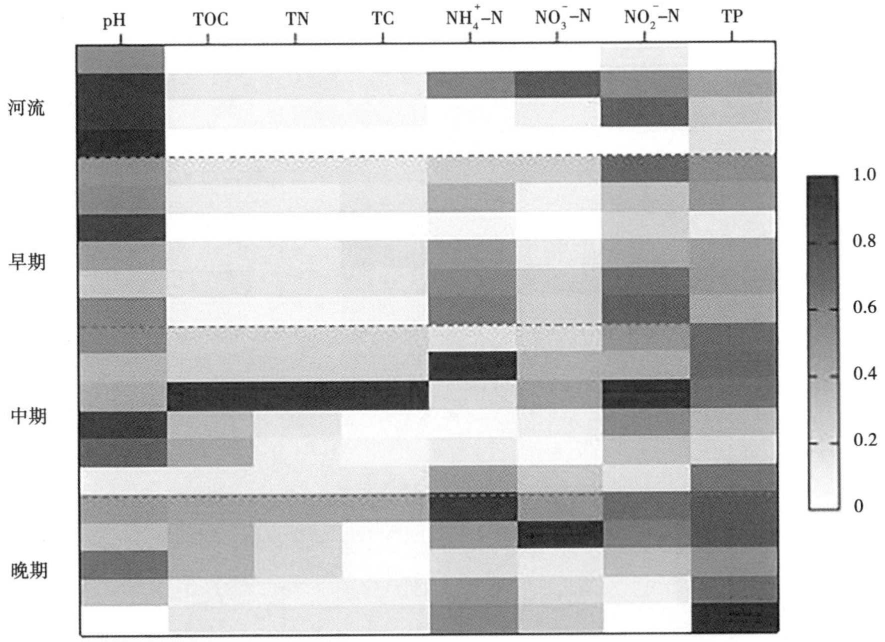

(a)2020年

图 3-49　河流和牛轭湖底质特征热图

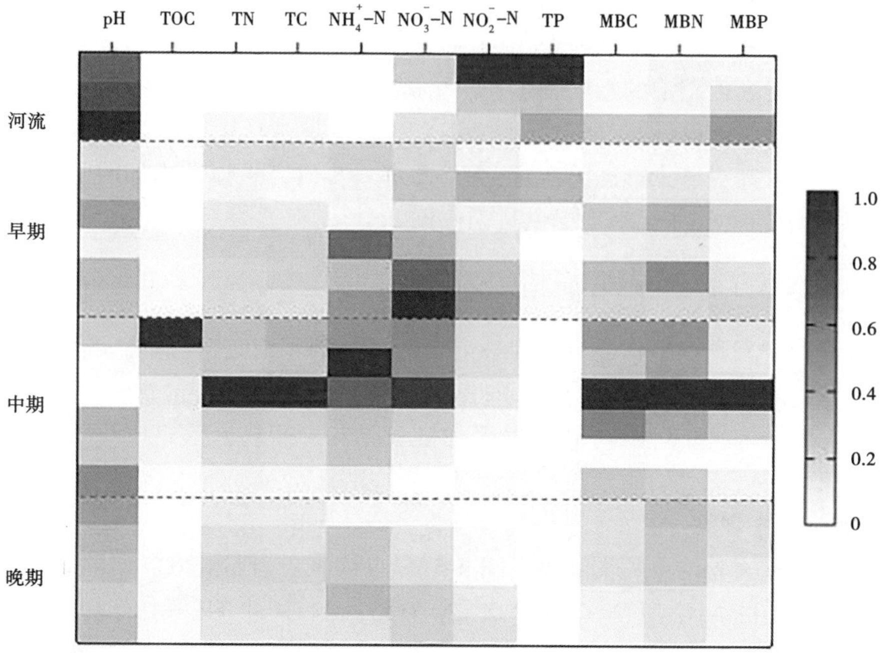

(b)2021年

续图 3-49

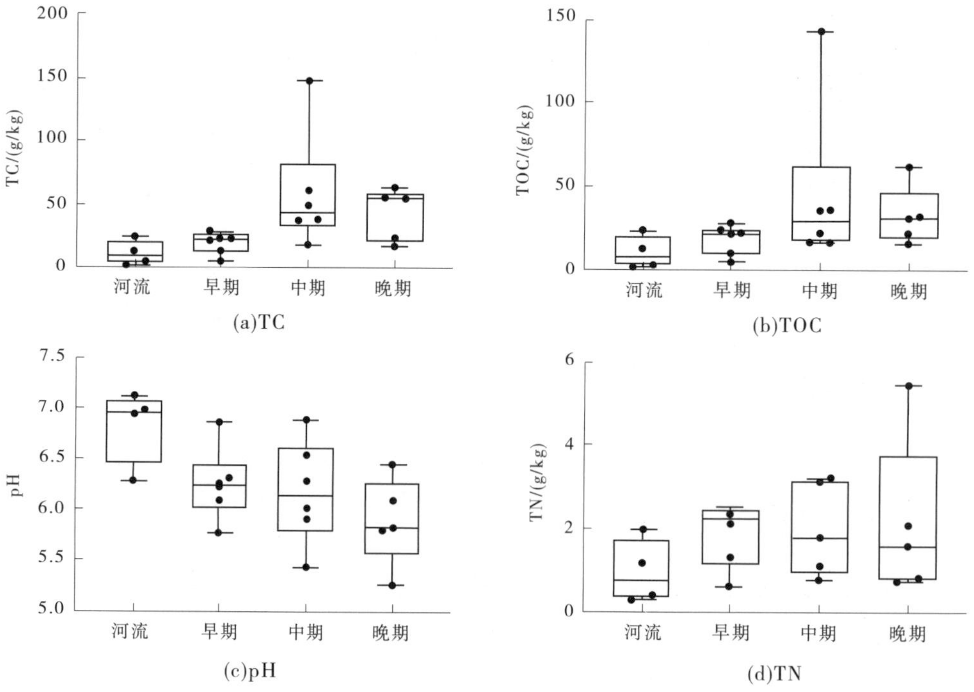

图 3-50　河流和不同发育阶段牛轭湖关键底质参数(2020 年)

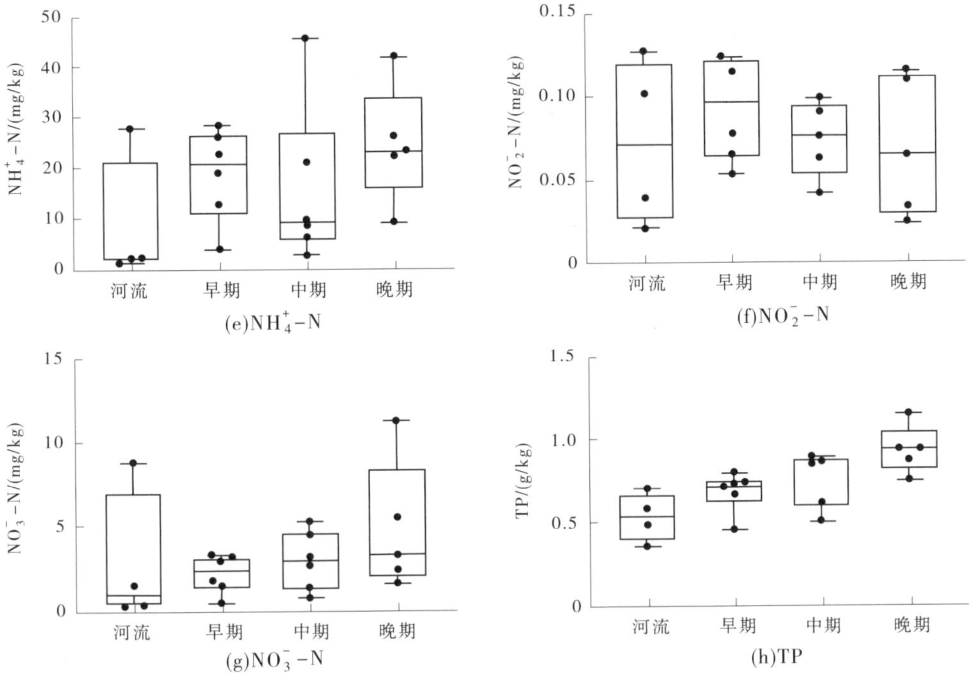

续图 3-50

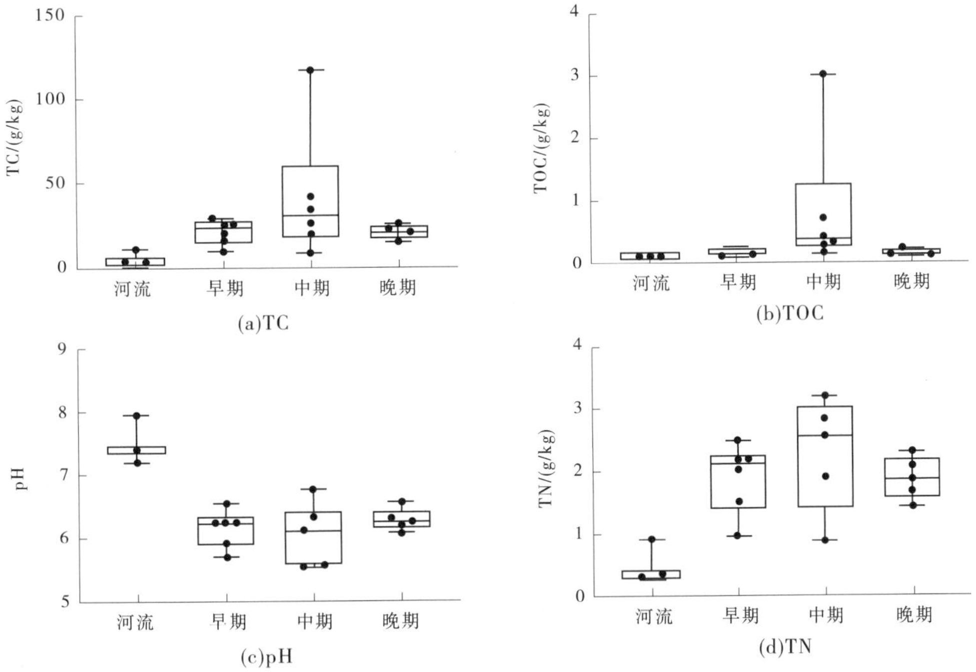

图 3-51　河流和不同发育阶段牛轭湖关键底质参数(2021 年)

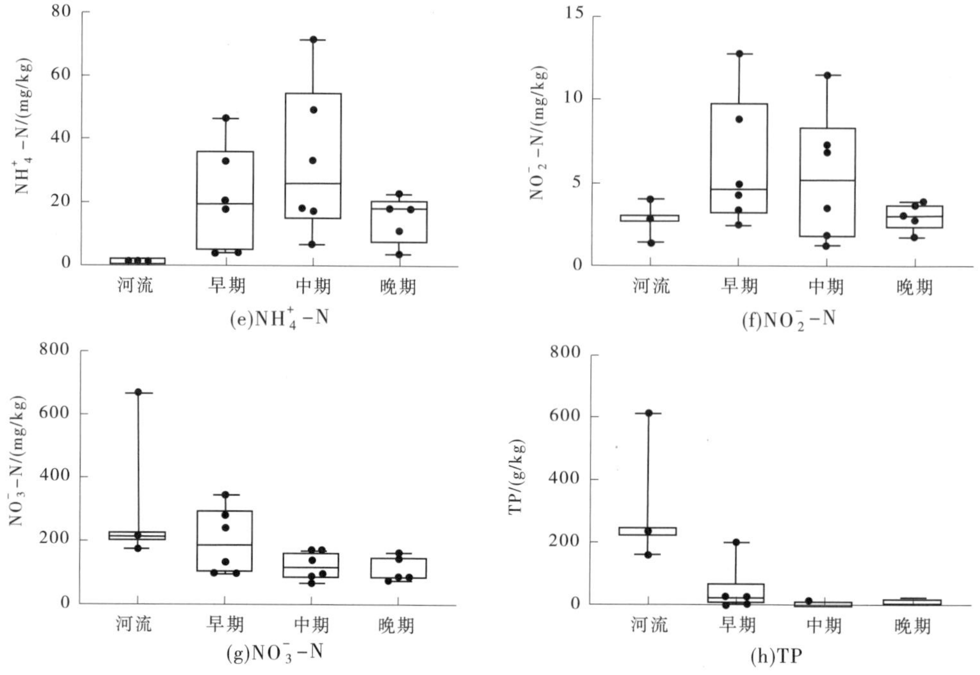

续图 3-51

对比 2020 年的水体和牛轭湖的关键底质指标可知，牛轭湖底质的 pH 平均值较河流低 10.69%(河流为 6.83，牛轭湖为 6.10)，TC 含量平均值较河流高 491.18%(河流为 8.50 mg/kg，牛轭湖为 50.25 mg/kg)，TOC 含量平均值较河流高 383.51%(河流为 7.64 mg/kg，牛轭湖为 36.94 mg/kg)，TP 平均值较河流高 75.93%(河流为 0.54 mg/kg，牛轭湖为 0.95 mg/kg)。总的来看，牛轭湖形成后，底质中的碳、氮、磷等养分浓度均呈现增加趋势，而 pH 呈现下降趋势。

3.2.3.2 不同发育阶段的牛轭湖

牛轭湖的 TC、TOC、TN、NH_4^+-N、NO_3^--N 和 TP 等底质指标几乎均随发育阶段增加而增加，最大值出现在晚期牛轭湖底质中(见图 3-50)；pH 指标随着牛轭湖发育阶段的增加而降低。牛轭湖底质的 pH 在早期(平均值为 6.25)显著高于晚期(平均值为 5.89)；底质 TOC 含量中期(59.27 g/kg)显著高于晚期(42.29 g/kg)和早期(20.29 g/kg)，底质 TOC 含量中期(45.26 g/kg)显著高于晚期(31.41 g/kg)和早期(18.56 g/kg)。

随着牛轭湖的不断淤积，湖泊的水深逐渐减小，湖内水生植物增加，水体的流动性也会降低。这种变化会影响到底质中营养物质的分布和迁移。在流动性较强的水体中，营养物质更容易被带到底质表层，供水生生物利用。首先，在淤积的牛轭湖中，由于水动力条件的改变，营养物质可能更多地被埋藏在底质深层，难以被生物利用。其次，牛轭湖的淤积过程还会影响到底质中营养物质的含量和种类。在淤积初期，牛轭湖底质中可能富含有机质和其他营养物质，如氮、磷等。这些营养物质主要来源于牛轭湖周边的农业活动、生活污水排放以及牛轭湖内部的生物残骸等。最后，随着淤积的进行，底质中的营养物质可能会逐渐分解和转化，形成更稳定的化合物，如腐殖质等。这些化合物的生物可利用性较低，因此会降低底质中营养物质的含量和种类。此外,牛轭湖的淤积过程还会对湖泊的生态系统产生影响。随着淤积的进行,牛轭湖的水生生物群落结构可能会发生变化。一些适应于深水环境的生物可能会逐渐消失,而适应于浅水环境的生物则会逐渐占据优势。这种生物群落结构的变化也会影响到底质中营养物质的循环和利用。例如,一些浅水生物可能会通过摄食和排泄等活动将营养物质带到底质表层,促进营养物质的循环和利用。

随着牛轭湖的演变,牛轭湖底质的粒径逐渐变粗(见图 3-52)。在牛轭湖形成和演变的初期,牛轭湖内的水流可能相对较慢,有利于细粒径沉积物的沉降。然而,随着牛轭湖的演变,特别是牛轭湖的萎缩和河流的改道,牛轭湖内的水流动力可能逐渐增强。这种增强的水动力作用会对底质进行筛选,较细的颗粒更容易被水流挟带走,而较粗的颗粒则更可能留在原地,从而导致底质中粗粒径的比例增加、细粒径的比例减少。此外,这可能也和沉积物来源的变化有关。在牛轭湖的演变过程中,河流可能继续向牛轭湖输送沉积物,而这些沉积物的粒径组成可能随时间和河流搬运距离的变化而发生变化。如果河流挟带的沉积物中粗粒径的比例增加,那么牛轭湖底质中粗粒径的比例也会相应增加。

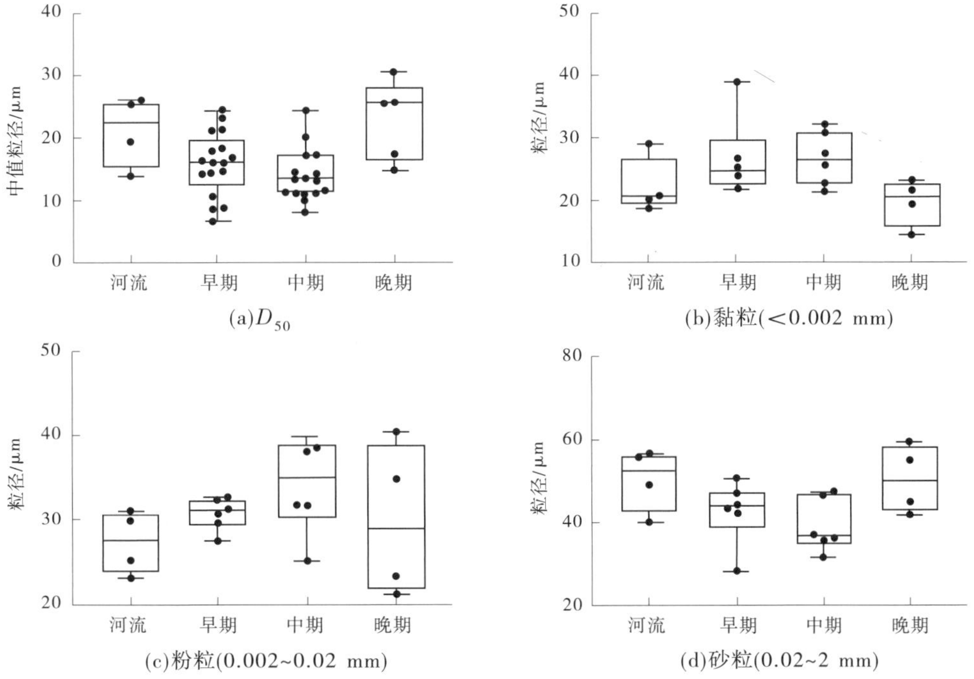

图 3-52　河流和不同发育阶段牛轭湖底质粒径组成(2020 年数据)

3.3　湿地水生生物群落演替及响应机制

河流-牛轭湖系统是淡水生态系统不可分割的过渡部分,在区域生态保护和功能维持中发挥着关键作用。牛轭湖作为一类独特的滨河过渡带生物栖息地,其形成和发展对湖泊生态系统的组成和功能具有重要影响。在牛轭湖形成初期,受河流截断和矫直的影响,牛轭湖与邻近河流的连通性减弱。随着牛轭湖的老化和逐渐与河道分离,它们从以水文过程为主导的阶段转向由本土生物过程主导的蓄积阶段。在蓄积阶段,牛轭湖植被密度最高,有机碳、氮、磷等养分浓度增加。牛轭湖在形成过程中,由于植被的积沙和蒸散作用,逐渐由浅湖(水生系统)转变为沼泽,再转变为沼泽草甸,最后转变为草甸(陆生系统)。在牛轭湖发育演变过程中,底栖动物群落结构是牛轭湖生态系统的重要组成部分,其变化可以反映牛轭湖水质、底质和生态环境的变化,对于揭示牛轭湖生态系统的演替规律,阐明牛轭湖生态系统的演替过程和发展趋势具有重要作用,为湖泊和源区生态保护和管理提供理论支持。

3.3.1　研究方法

3.3.1.1　底栖动物样品采集及分析

对于河流,选择代表性点位,用直径 30 cm、40 目孔径尼龙纱 D 型网(D-frame net)采集底栖动物;对于牛轭湖和湿地,采用 1/16 m^2 的彼得逊采泥器配合 D 型网采集底栖动物。

被采集的底栖样品首先用孔径为 500 μm 的分样筛筛选洗净后放入封口袋,并加入 75%的乙醇溶液固定带回实验室。在实验室体式镜下进行鉴定分类和计数,计算密度(ind/m^2)。鉴定时,所有生物个体均被鉴定到最低分类单元,通常为属级,但其中软体动物可以鉴定至种,寡毛类鉴定至纲,甲壳纲鉴定至科或属。最后用吸水纸吸干底栖动物表面的液体,使用精度为 0.001 g 天平称量底栖动物同一分类单元所有个体的湿重,计算生物量(g/m^2)。

3.3.1.2　微生物底泥样品采集和 DNA 提取

在取样前,需要先用取样铲将取出的底泥中的杂草、细根、石子、虫子等杂物用镊子进行去除。将采集好的底泥样本,放入准备好的无菌自封袋或螺口管等,写好编号,做好记录。每个样本需提供 1~2 g 样本。为了防止微生物死亡或者 DNA 降解,采样后立即装入干冰桶进行冰冻保存。

采用 HiPure 土壤 DNA 试剂盒(Magen,广州)提取土壤微生物脱氧核糖核酸(DNA),DNA 的纯度和浓度通过 NanoDrop ND1000 UV-Vis 分光光度计(Thermo Scientific, Rockwood,TN, USA)测定。主要步骤如下:在 2 mL 珠粒管中,加入 0.25~0.5 g 土壤样品和 0.6 mL 缓冲液 SOL。在涡旋仪上以最高速度涡旋 5~10 min;再向样品中加入 60 μL SDS 缓冲液,涡旋 15 s 使其混匀;置于 70 ℃水浴中 10 min,进一步裂解微生物;向裂解液中加入 200 μL 缓冲液 PS 和 150 μL 吸收液,涡旋 20 s 使其混匀,室温静置 5 min,期间偶尔颠倒 2~3 次;13 000 g 离心 5 min;小心将上清液转移至 2 mL 离心管中。加入等体积的缓冲液 GDP,颠倒混匀;将 DNA 柱装在收集管上,转移一半混合液至柱子中,离心 30~60 s;倒弃滤液,将柱子装回收集管,把剩余混合液转移至柱子中,离心 30~60 s;倒弃流出液,将柱子装回收集管,向柱子中加入 400 μL 缓冲液 GDP,离心 30~60 s;倒弃滤液,将柱子装回收集管,向柱子中加入 600 μL 缓冲液 GW2,离心 30~60 s;重复此步骤几次后,离心 2 min 甩干柱子,将柱子装在 1.5 mL 离心管上。向柱子的膜中央加入 50 μL 预热至 70 ℃的缓冲液 AE,放置 3~5 min,离心 1 min;丢弃 DNA 结合柱,把 DNA 保存于 2~8 ℃的环境中,若长期保存需保存于-20 ℃的环境中。

3.3.1.3　16S rRNA 及宏基因组测序

(1)16S rRNA。采用聚合酶链反应(PCR)引物 341F(序列为 CCTACGGGNGGCWGCAG)

和 806R（序列为 GGACTACHVGGGTATCTAAT），在广州基迪奥生物科技有限公司（Gene Denovo Co. 有限公司，中国广州）的 Illumina NovaSeq PE250 测序平台上扩增 16S 核糖体核糖核酸（16S rRNA）的 V3-V4 可变区。使用 QIIME2 软件中的 DADA2 流程（DADA2 管道）对配对读段（paired reads）进行去噪处理。利用训练好的朴素贝叶斯分类器（naïve Bayes 分类器），基于 Silva 数据库（138 版数据库）对所有过滤后的合并读段（合并读取）进行物种分类分配。所有样本中的序列均以最少序列数（本研究中为 35 809 条序列）进行稀疏化处理，用于后续的下游分析。

（2）宏基因组测序。文库制备及测序（配对端 2×150 碱基对）在广州基迪奥生物科技有限公司的 Illumina NovaSeq 6000 测序平台上完成。使用 FastQC 软件评估序列质量，使用 Trimmomatic 软件去除接头序列和低质量碱基。随后，使用 MEGAHIT 软件（参数设置：最小 k 值 27、最大 k 值 127、k 值步长 10、最小连续序列长度 500）组装获得的洁净读段（reads）。应用 Bowtie2 软件，按照默认参数将短读段映射回组装得到的连续序列（contigs），以生成覆盖概况。之后，使用 MaxBin2、CONCOCT 和 MetaBAT2 三款软件对长度超过 2 000 碱基对的连续序列（contigs）进行基因组分箱。通过 MetaWRAP 软件中的 bin_refine（分箱优化）模块，对不同策略生成的分箱（bin）进行去重复和精细化处理。将完整性>90%且污染率<5%的基因组分箱定义为高质量宏基因组组装基因组（MAGs，即宏基因组组装基因组），并通过 GTDB-tk（基因组分类数据库工具包）根据 GTDB release 207（基因组分类数据库 207 版本）对其进行分类。使用 Prodigal 软件预测组合组装序列和宏基因组组装基因组（MAGs）中的开放阅读框（ORF，开放阅读框）。基于预测得到的蛋白质编码序列，通过 DIAMOND 软件（采用 BLASTP 算法，期望值 $<10^{-5}$）与 eggNOG 数据库进行序列比对（blast，基本局部比对搜索工具），获得蛋白质同源簇（COG，蛋白质同源簇）注释信息。筛选参与固碳、甲烷代谢及氮、磷、硫代谢的基因，以揭示牛轭湖形成阶段对微生物功能的影响。宏基因组原始序列数据已上传至美国国家生物技术信息中心序列读取档案（NCBI SRA，美国国家生物技术信息中心序列读取档案），生物项目编号为 PRJNA902912。

3.3.1.4　数据统计分析

1. 大型底栖动物生物指数

应用优势度指数、马加利夫（Margalef）丰富度指数、香农-威纳（Shannon-Wiener）多样性指数、皮洛（Pielou）均匀度指数和辛普森（Simpson）多样性指数进行底栖动物群落结构和多样性分析。具体公式如下：

优势度指数：

$$Y = \frac{n_i}{N} f_i \tag{3-1}$$

马加利夫丰富度指数：

$$d = \frac{S - 1}{\ln N} \tag{3-2}$$

香农-威纳多样性指数：

$$H = -\sum_{i=1}^{S} P_i \ln P_i \tag{3-3}$$

皮洛均匀度指数：

$$J = \frac{H}{\ln S} \tag{3-4}$$

辛普森多样性指数：

$$\lambda = \sum_{i=1}^{S} P_i^2 \tag{3-5}$$

式中：S 为各点位的底栖动物总分类单元数；n_i 为第 i 种的个体数；N 为各点位底栖动物个体总数；f_i 为第 i 种的出现频率；P_i 为第 i 种个体数占样本总个体数 N 的比例，即 $P_i = n_i/N$。以 $Y \geqslant 2\%$ 作为优势种。

2. 微生物群落结构、多样性和群落构建机制分析

所有统计分析均在 R Studio 软件中进行（R Core Team, 2019）。在本研究中，微生物α多样性通过丰富度、香农-威纳多样性和 Fait′s 系统发育多样性（PD）来表示。采用布雷-柯蒂斯距离描述微生物多样性。微生物α和β多样性由 R Studio 软件中的“vegan”包计算，不同形成阶段的牛轭湖沉积物之间微生物α和β多样性的差异采用单向方差分析（One-way analysis of variance），采用 Tukey 的事后检验。$P<0.05$ 为显著水平。微生物多样性采用布雷-柯蒂斯距离计算，并采用非度量多维标度（NMDS）图进行可视化。应用 PERMANOVA 比较沉积物组间微生物β多样性的差异。

使用修正随机比（MST）和 Stegen 等（2013）开发的框架，来量化确定性和随机过程在影响不同形成阶段牛轭湖沉积物微生物群落中的重要性。沉积物性质与微生物门之间的关系通过 R Studio 软件“ape”包中的 Mantel 测试进行了检验，并使用“pheatmap”包进行了可视化。使用 Salmon 估计组装的 contigs 和 MAGs 中的基因丰度，并将其归一化为每百万转录本（TPM）计数。通过“pheatmap”软件包，使用热图可视化了不同形成阶段牛轭湖沉积物中选定基因的变化模式。

3.3.2 牛轭湖发育演变对大型底栖动物群落的影响

大型底栖无脊椎动物（简称“底栖动物”）是指生活史的全部或大部分时间生活于水体底质内或之上的水生动物群，是河流生态系统重要的生物类群，在维持水生态系统的平衡中起着十分重要的作用。大型底栖动物所涉门类众多、生命周期较长、体型较大、活动缓慢，被广泛认为是河流生态系统健康的指示生物之一。大型底栖动物的组成与分布受河流水动力条件影响显著，其物种分布、丰富度和多样性能传达环境被污染的信息，部分类群既有对恶劣环境抗性很强的种类，又有对环境条件变化（如溶氧量、pH、底质类型等）很敏感的种类。因此，研究底栖无脊椎动物群落结构及其对水文过程的影响关系具有重要意义，可为保护底栖无脊椎动物群落和流域水生态系统管理提供重要的科学依据。

3.3.2.1 不同发育阶段大型底栖动物种类组成

2020—2021 年在白河流域河流和牛轭湖生境中共鉴定出 1 390 个底栖动物。2020 年鉴定出 922 个，这些底栖动物隶属 3 门 4 纲 8 目 9 科 20 属，其中颤蚓目 1 科 5 属 7 种，双翅目 1 科 10 属 15 种，基眼目 2 科 2 属 4 种；2021 年鉴定出 468 个，隶属 3 门 5 纲 9 目 12 科 21 属，其中双翅目 1 科 11 属 11 种。

不同牛轭湖发育阶段大型底栖动物数量有所差异（见图 3-53 和表 3-3）。2020 年底

栖动物在晚期牛轭湖中数量较多,2021 年底栖动物在中期牛轭湖中数量较多。

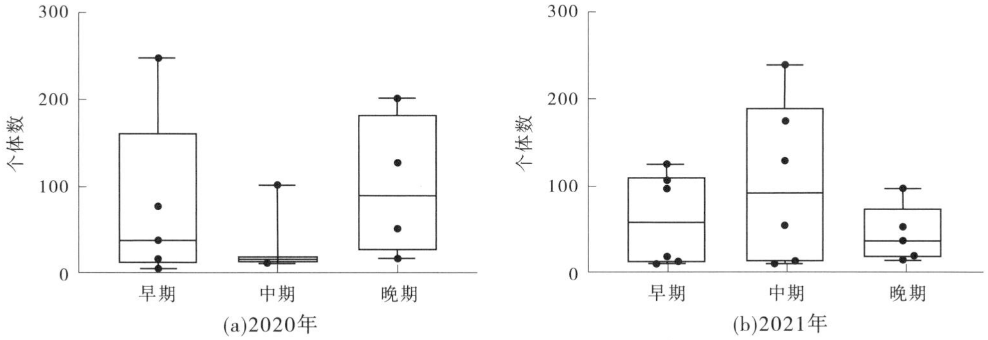

图 3-53　不同发育阶段牛轭湖底栖动物个数差异

表 3-3　白河流域底栖动物名录

门	纲	种	拉丁种名	2020 年	2021 年
环节动物门	寡毛纲	多毛管水蚓	*Aulodrilus pluriseta*	+	
		苏氏尾鳃蚓	*Branchiura sowerbyi*	+	
		坦式泥蚓	*Ilydrilus templetoni*	+	
		霍甫水丝蚓	*Limnodrilus hoffmeisteri*	+	+++
		水丝蚓属一种	*Limnodrilus* sp.	+	
		巨毛水丝蚓	*Limnodrilus grandisetosus*	+	
		正颤蚓	*Tubifex tubifex*	+	+++
		带丝蚓科一种	Lumbriculidae		+
节肢动物门	昆虫纲	菱跗摇蚊属一种	*Clinotarypus* sp.	+	
		摇蚊属一种	*Chironomus* sp.	+++	
		黄色羽摇蚊	*Chironomus flaviplumus*	+++	
		溪流摇蚊	*Chironomus yoshimatusui*	+++	
		弯铗摇蚊属一种	*Cryptotendipes* sp.	+	
		内摇蚊属一种	*Endochironmus* sp.	+	
		直突摇蚊属一种	*Orthocladius* sp.	+	
		拟长跗摇蚊属一种	*Paratanytarsus* sp.	+	
		多足摇蚊属一种	*Polypedilum* sp.	+	
		梯形多足摇蚊属一种	*Polypedilum scalaenumgroup* sp.	+	
		前突摇蚊属 B 种	*Procladius* sp. B	+	
		前突摇蚊属 C 种	*Procladius* sp. C	+	
		花翅前突摇蚊	*Procladius choreus*	+	
		趋流摇蚊属一种	*Rheocricotopus* sp.	+	

续表 3-3

门	纲	种	拉丁种名	2020 年	2021 年
节肢动物门	昆虫纲	流长跗摇蚊属一种	*Rheopelopia* sp.	+	
		细蜉属一种	*Caenis* sp.	+	
		绿综蟌属一种	*Megalestes* sp.	+	
		划蝽科一种	Corixidae spp.	+	
		龙虱科一种	Dyticidae spp.	+	
		中华细蜉	*Caenis sinensis*		+
		蠓科一种	Ceratopogonidae		+
		羽摇蚊	*Chironomus plumosus*		+++
		指突隐摇蚊	*Cryptochironomus rostratus*		+
		龙虱科一种	Dytiscidae		+
		塘水螟	*Elophila* sp.		+
		德永雕翅摇蚊	*Glyptotendipes tokunagai*		+
		软铗小摇蚊	*Microchironomus tener*		+
		小划蝽	*Micronecta* sp.		+
		蝇科一种	Muscidae		+
		直突摇蚊	*Orthocladius* sp.		+
		多足摇蚊	*Polypedilum* sp.		+
		前突摇蚊	*Procladius* sp.		+
		长跗摇蚊	*Tanytarsus* sp.		+
	软甲纲	异钩虾	*Anisogammarus* sp.		+
软体动物门	瓣鳃纲	河蚬	*Corbicula fluminea*	+	
	腹足纲	扁卷螺科一种	Planorbidae spp.	+	
		凸旋螺属一种	*Gyraulus* sp.	+	
		萝卜螺属一种	*Radix* sp.	+	
		耳萝卜螺	*Radix auricularia*	+	
	双壳钢	闪蚬	*Corbicula nitens*		+

注：+表示存在；+++表示优势种。

不同发育时期的牛轭湖底栖动物群落组成具有一定的相似性和差异性（见图 3-54 和图 3-55）。在 2020 年和 2021 年，昆虫纲在不同发育时期的分布均较为普遍，是黄河源区牛轭湖底栖动物的优势物种。2020 年，昆虫纲在牛轭湖发育早期、中期、晚期分别占比 96. 66%、89. 47%和 94. 50%，其数量最高值发生在早期和晚期，最低值发生在中期；2021

年,昆虫纲在牛轭湖发育早期、中期、晚期分别占比 90. 16%、57. 47%、83. 49%,其数量最高值发生在早期和晚期,最低值发生在中期,但和 2020 年有所不同的是,2021 年寡毛纲在中期牛轭湖的优势度有所增加。

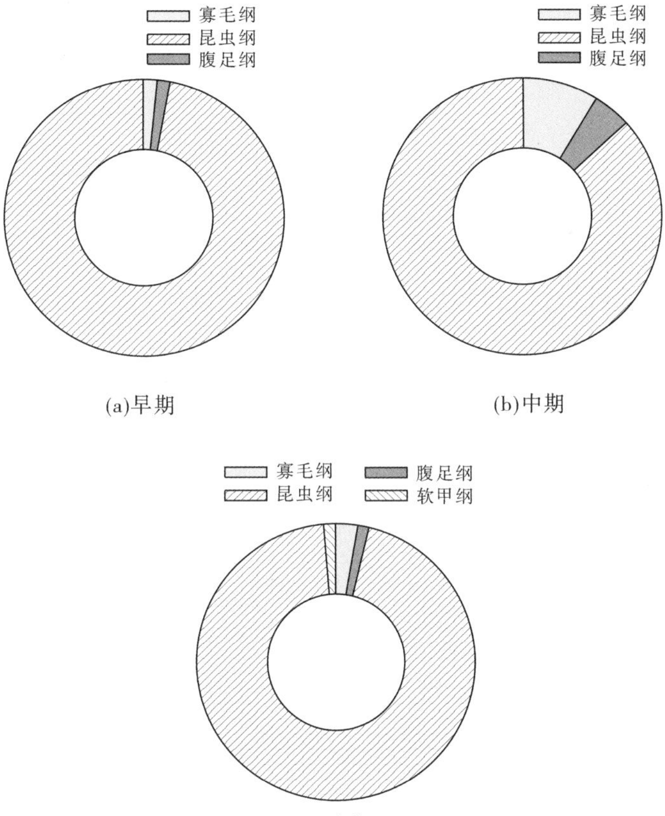

(c)晚期

图 3-54　不同发育阶段牛轭湖底栖动物组成差异(2020 年)

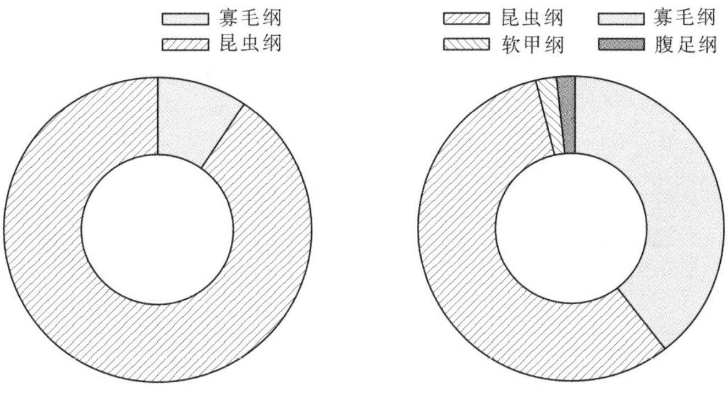

(a)早期　(b)中期

图 3-55　不同发育阶段牛轭湖底栖动物组成差异(2021 年)

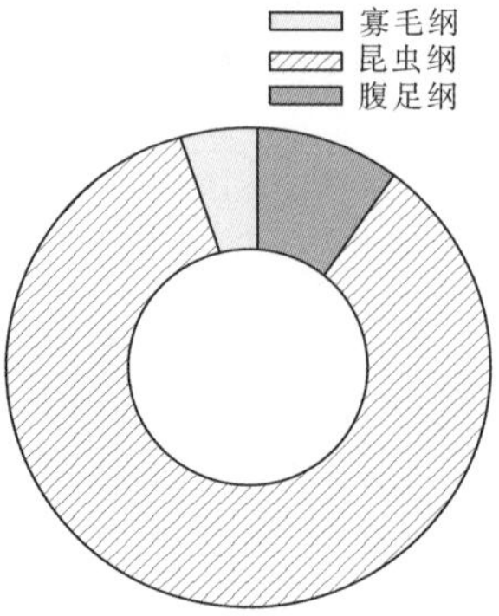

(c)晚期

续图 3-55

3.3.2.2　不同发育阶段大型底栖动物生物多样性

不同发育时期的牛轭湖底栖动物丰富度、均匀度和生物多样性具有一定的差异性(见图 3-56~图 3-58),主要表现为中期牛轭湖底栖动物的丰富度和生物多样性均较高。其中,中期牛轭湖内大型底栖动物丰富度指数分别是早期的 1.30 倍和晚期的 2.46 倍,中期牛轭湖内大型底栖动物香农-威纳多样性指数分别是早期的 1.38 倍和晚期的 1.93 倍,中期牛轭湖内大型底栖动物辛普森多样性指数分别是早期的 1.39 倍和晚期的 1.72 倍,中期牛轭湖湖均匀度较早期和晚期低。

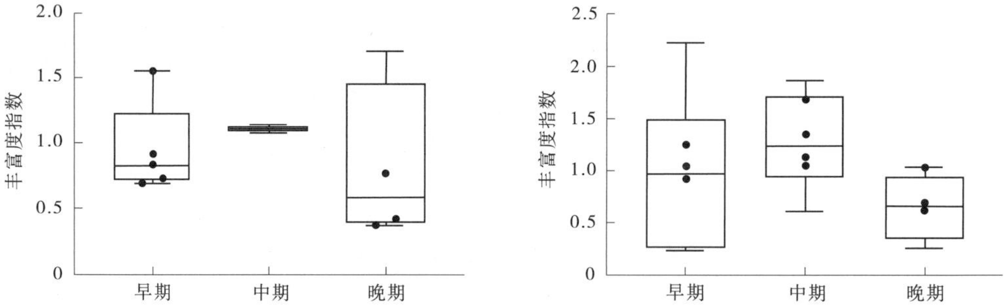

(a)2020年　　(b)2021年

图 3-56　不同发育阶段牛轭湖底栖动物丰富度指数

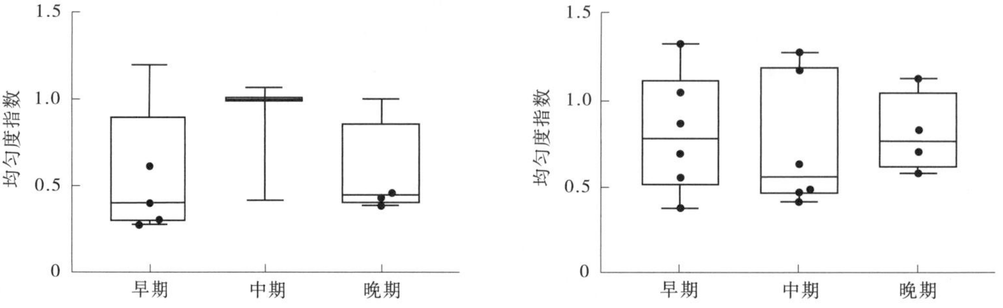

(a)2020年　　(b)2021年

图 3-57　不同发育阶段牛轭湖底栖动物均匀度指数

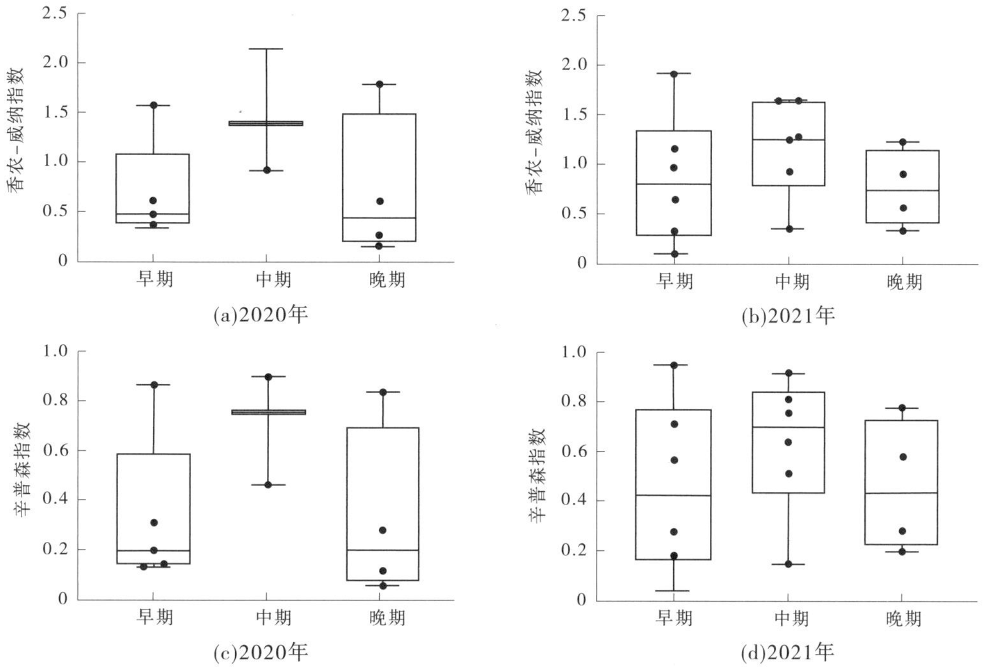

图 3-58　不同发育阶段牛轭湖底栖动物生物多样性(香农-威纳指数和辛普森指数)

3.3.2.3　牛轭湖演替对大型底栖动物群落的影响机制

底栖动物在河流中的分布是对水动力条件适应的结果,在物质循环和能量流动中是不可或缺的重要环节。随着时间的推移,牛轭湖会经历一系列的演替过程,包括水深的变化、水质的改变以及沉积物的累积等。这些变化不仅影响着牛轭湖的生态环境,更对生活在其中的大型底栖动物群落产生了深远的影响,通过相关分析发现,底栖动物多样性与底质的 TOC 含量和 pH 有着较强的相关性(见图 3-59)。

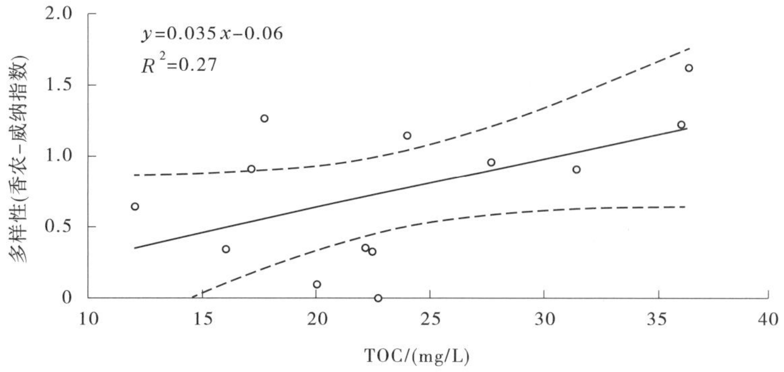

(a)

图 3-59　牛轭湖底栖动物多样性和底质因子间的关系

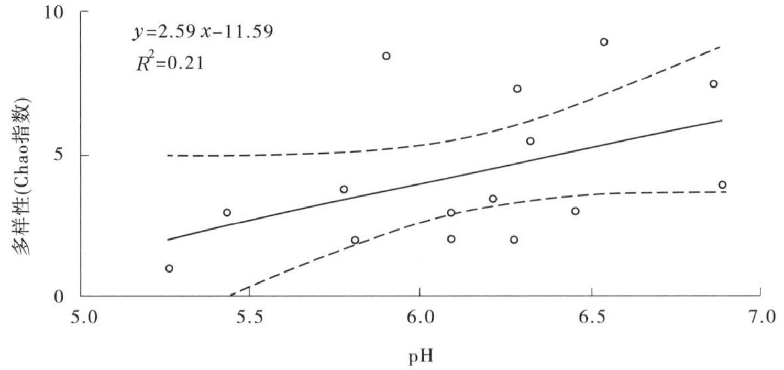

(b)

续图 3-59

牛轭湖演替过程中水深的变化能够对大型底栖动物群落产生显著影响。在牛轭湖形成的初期,牛轭湖通常较深,这为一些喜深水的底栖动物提供了适宜的生存环境。然而,随着牛轭湖的淤积和浅水区的扩大,深水生物逐渐失去了生存空间,而适应浅水环境的生物则开始繁衍生息。这种水深变化导致的生物群落更替,是牛轭湖演替过程中的重要生态现象。

水质的变化也是影响大型底栖动物群落的重要因素。在牛轭湖演替的不同阶段,牛轭湖的水质会发生显著变化,包括营养盐浓度、溶解氧含量及酸碱度等。这些变化直接影响底栖动物的生理活动和生存状况。例如,富营养化会导致藻类大量繁殖,降低水体透明度,从而影响底栖动物的光合作用和呼吸作用。而溶解氧含量的降低则可能导致一些对氧气需求较高的生物死亡或迁移。

此外,沉积物的累积对大型底栖动物群落的影响也不容忽视。随着牛轭湖的淤积,牛轭湖底部的沉积物逐渐增厚,这不仅改变了底栖动物的栖息环境,还可能对它们的生理活动产生直接影响。一方面,沉积物的增加可能为一些底栖动物提供更多的食物来源和栖息地;另一方面,过厚的沉积物也可能限制了一些生物的移动和呼吸。

除上述直接影响外,牛轭湖演替还可能通过改变湖泊的食物链结构、生物多样性及生态系统稳定性等方面对大型底栖动物群落产生间接影响。例如,湖泊中初级生产者的变化会直接影响底栖动物的食物来源,而生物多样性的降低则可能导致生物群落对外部干扰的抵抗力减弱。

3.3.3　牛轭湖发育演变对底栖微生物群落的影响

微生物在调节生物地球化学循环和维持可持续生态系统功能方面发挥着重要作用。然而,对牛轭湖的微生物生态学以及牛轭湖形成阶段对微生物分类和功能特征的影响仍缺乏基本的了解。本节采用高通量扩增子测序和宏基因组测序技术相结合的方法,对牛轭湖 3 个形成阶段(早期、中期、晚期)的牛轭湖沉积物微生物开展了分类和功能组成研究,旨在揭示牛轭湖形成过程中微生物群落和功能组成的组装机制及关键驱动因素。

3.3.3.1　不同发育阶段底栖微生物群落组成特征

随着牛轭湖形成的进程,微生物群落结构发生显著变化。随着形成阶段的推进,沉积环境条件发生变化,变形菌门的相对丰度增加,绿弯菌门和厚壁菌门的相对丰度降低(见图 3-60),微生物结构的变化与细菌的营养偏好有关。晚期牛轭湖沉积物具有较高的有机质、营养水平和较低的 pH。水文连通性的降低使牛轭湖从开放流动阶段进入了伴随水生植物生长和微生物分解的积累阶段,营养物质交换减少,营养物质累积。变形菌门中的许多种类是异养微生物,能够利用多种有机物质作为碳源和能源。在牛轭湖演变后期,随着水体富营养化程度的提高,有机物质含量增加,可能为变形菌门的生长提供更多的营养来源。相比之下,绿弯菌门和厚壁菌门中的一些种类可能对特定类型的碳源或营养盐有更高的依赖性,当这些资源变得有限时,它们的相对丰度就会降低。因为微生物之间存在复杂的竞争关系,包括资源竞争、生存空间竞争等,在牛轭湖演变后期,变形菌门可能通过某种竞争机制占据了优势地位,从而抑制了绿弯菌门和厚壁菌门的生长。这种竞争机制可能与微生物的代谢特性、生态位分化或种间相互作用有关。

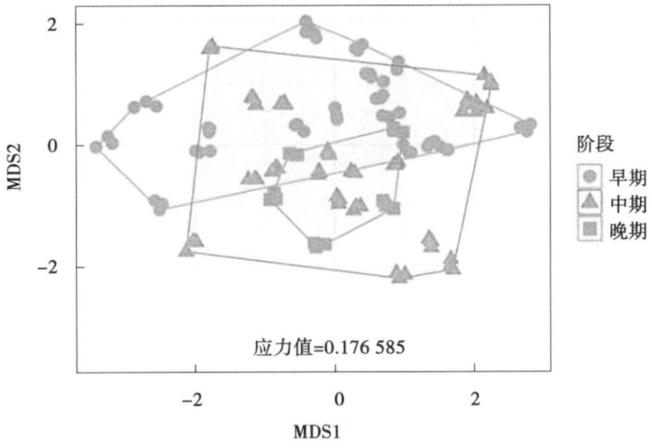

(a)非度量多维尺度(NMDS)图

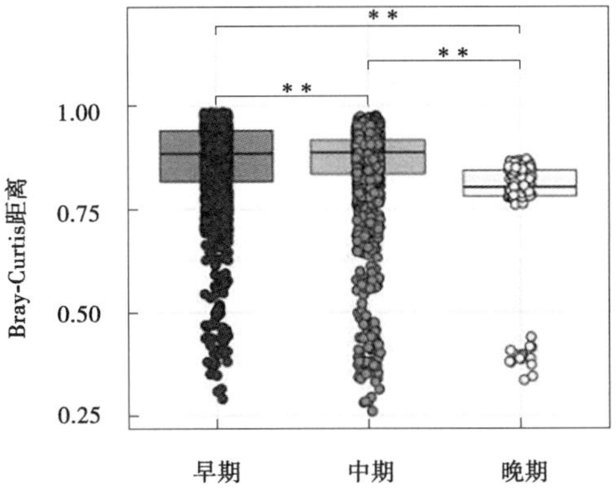

(b)不同形式阶段的牛轭湖沉积物之间的Bray-Curtis距离

注:* *代表 $P<0.01$ 水平上差异性显著。

图 3-60　不同形成阶段的牛轭湖沉积物中微生物门水平的群落组成、非度量多维尺度(NMDS)图以及微生物布雷-柯蒂斯(Bray-Curtis)距离

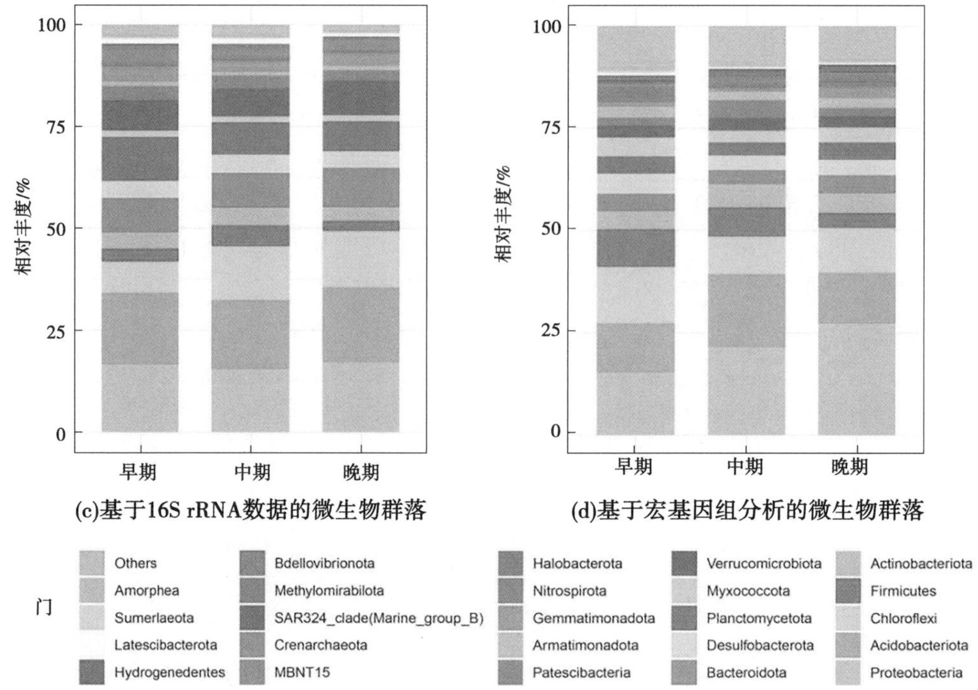

(c)基于16S rRNA数据的微生物群落　　(d)基于宏基因组分析的微生物群落

续图 3-60

3.3.3.2　不同发育阶段底栖微生物多样性

牛轭湖不同形成阶段的微生物 α 多样性(包括丰富度、香农多样性和 PD 多样性指数)变化规律见图 3-61,α 多样性沿牛轭湖形成阶段呈轻微的倒"U"形趋势,中期的牛轭湖底栖微生物多样性较早期和晚期高。

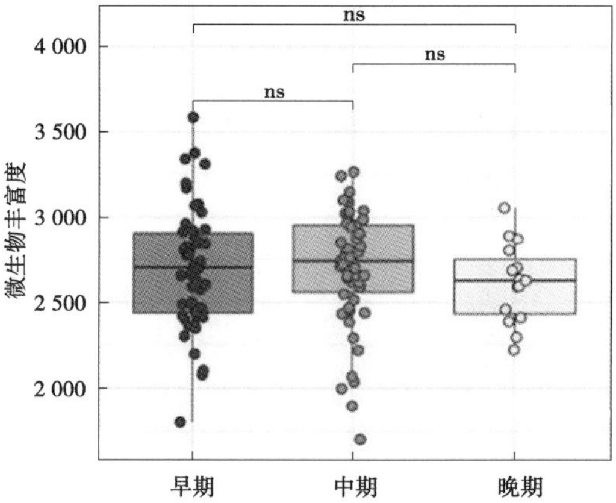

(a)微生物丰富度

注:ns 代表无显著差异,＊＊代表 $P<0.01$ 水平上差异性显著。

图 3-61　不同发育阶段的沉积物中的微生物 α 多样性和 MST 值

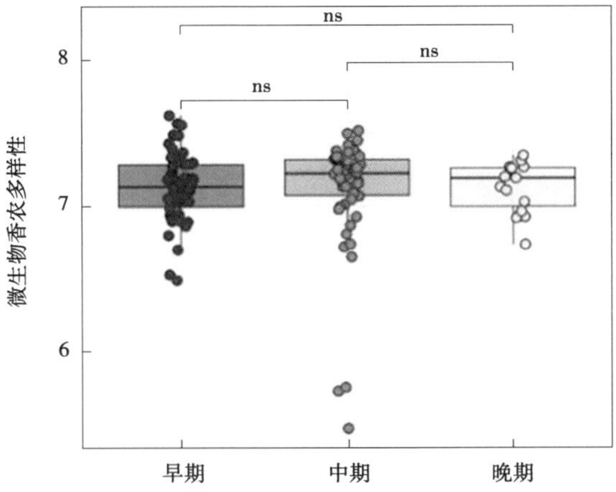

(b)微生物香农多样性

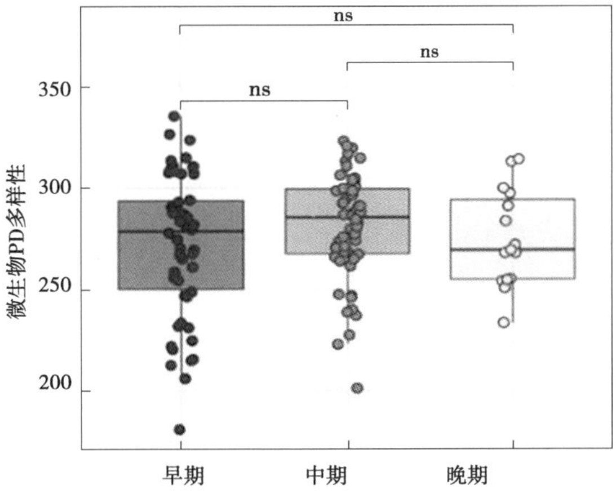

(c)微生物PD多样性

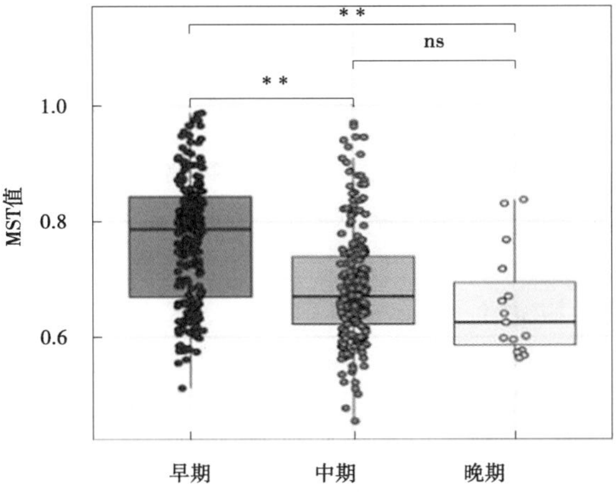

(d)MST值

续图 3-61

非度量多维尺度(NMDS)分析结果显示,不同形成阶段的牛轭湖沉积物中微生物群落存在明显差异(见图 3-62)。PERMANOVA 检验证实了牛轭湖形成阶段对微生物群落的显著影响($P<0.01$)。16S rRNA 数据和宏基因组分析结果表明,沉积物微生物群落以变形菌门(Proteobacteria)、酸性菌门(Acidobacteria)和绿弯菌门(Chloroflexi)为主,但 16S rRNA 数据和宏基因组分析在某些门的相对丰度上存在一定差异。16S rRNA 结果显示,随着牛轭湖形成的推进,绿弯菌门的相对丰度增加,宏基因组结果显示其丰度降低。此外,宏基因组分析显示,随着牛轭湖形成年龄的增加,变形菌门的丰度稳步上升,厚壁菌门的丰度下降。然而,从 16S rRNA 数据来看,牛轭湖沉积物中变形菌门和厚壁菌门的相对丰度变化较小。

牛轭湖生物多样性的演变特征符合中度干扰理论。中度干扰理论是一种生态学理论,它提出中等程度的干扰能维持最高的生物多样性。在完全没有干扰或干扰过于频繁和剧烈的环境中,生物多样性往往会降低。在牛轭湖的中期演替阶段,牛轭湖生态系统经历了一定程度的自然干扰和环境变化,如水流速度的变化、沉积物的累积、水质的变化等。这些干扰可能促进了不同微生物类群的生长和繁殖,因为它们为微生物提供了多样的生态位和生存条件。与此同时,这些干扰可能还没有达到过于剧烈的程度,从而避免了某些微生物类群灭绝或严重减少的情况。中度干扰可能有助于防止竞争排斥(competitive exclusion)现象的发生。在竞争排斥中,优势物种会占据所有可用资源,从而排除其他物种。然而,在中等程度的干扰下,优势物种可能无法完全占据所有资源,从而为其他物种提供了生存的机会,这有助于维持较高的生物多样性。中期演替阶段作为牛轭湖生态系统从早期演替向成熟演替过渡的阶段。在这个阶段,牛轭湖环境的稳定性和复杂性逐渐增加,为微生物提供了更多的生态位和生存空间,这也可能有助于促进微生物的生物多样性增加。

3.3.3.3 牛轭湖演变过程中微生物生态功能的响应机制

本研究筛选了参与固碳、甲烷、氮、磷和硫代谢的功能基因(见图 3-62),在形成早期的牛轭湖沉积物中发现了较高的固碳丰度(如 cbbL、rbcL、cooS、fdhA 和 acsB)。在形成中期,牛轭湖沉积物中观察到相对较高的 MUT 丰度。参与甲烷生成的 mcrA 基因在早期形成阶段的牛轭湖沉积物中丰度更高。同样,早期和中期沉积物的功能基因丰度较高,包括参与氮循环的 nifH、nirS、norB、napA、nrfA,参与磷代谢的 phoA、gcd、ppx-gppA,参与硫循环的 cysC、aprA、dsrA、dsrB、soxB。反映甲烷生产潜力的 mcrA、pmoA 与 mmoX 之比随着沉积物中牛轭湖形成时间的增加而略有下降,组内变异也随着地层梯度的增加而减小。相反,nosZ 与 nirK 和 nirS 的比值(代表反硝化电位或氧化亚氮生产电位)沿牛轭湖地层梯度增加,且 nosZ/(nirK+nirS)在早期和后期之间存在显著差异(见图 3-63)。

牛轭湖是营养物转化和温室气体排放的热点。宏基因组学功能基因丰度分析显示,固碳及甲烷产生和氧化、氮循环、磷及硫代谢的潜力随着牛轭湖形成阶段的不同而变化。早期牛轭湖沉积物中介导碳、氮、磷和硫代谢的基因丰度较高,这表明生物地球化学过程潜力更高。mcrA 丰度和 mcrA/(pmoA+mmoX)比值越大,表明早期牛轭湖沉积物中甲烷排放量越大。由于甲烷生成速率高,早期的牛轭湖也观察到大量的甲烷通量。虽然 nosZ/(nirK+nirS)沿牛轭湖形成梯度呈增加趋势,但这可以表明 N_2O 排放潜力,但目前关于牛轭湖形成对 N_2O 排放影响的研究资料有限。

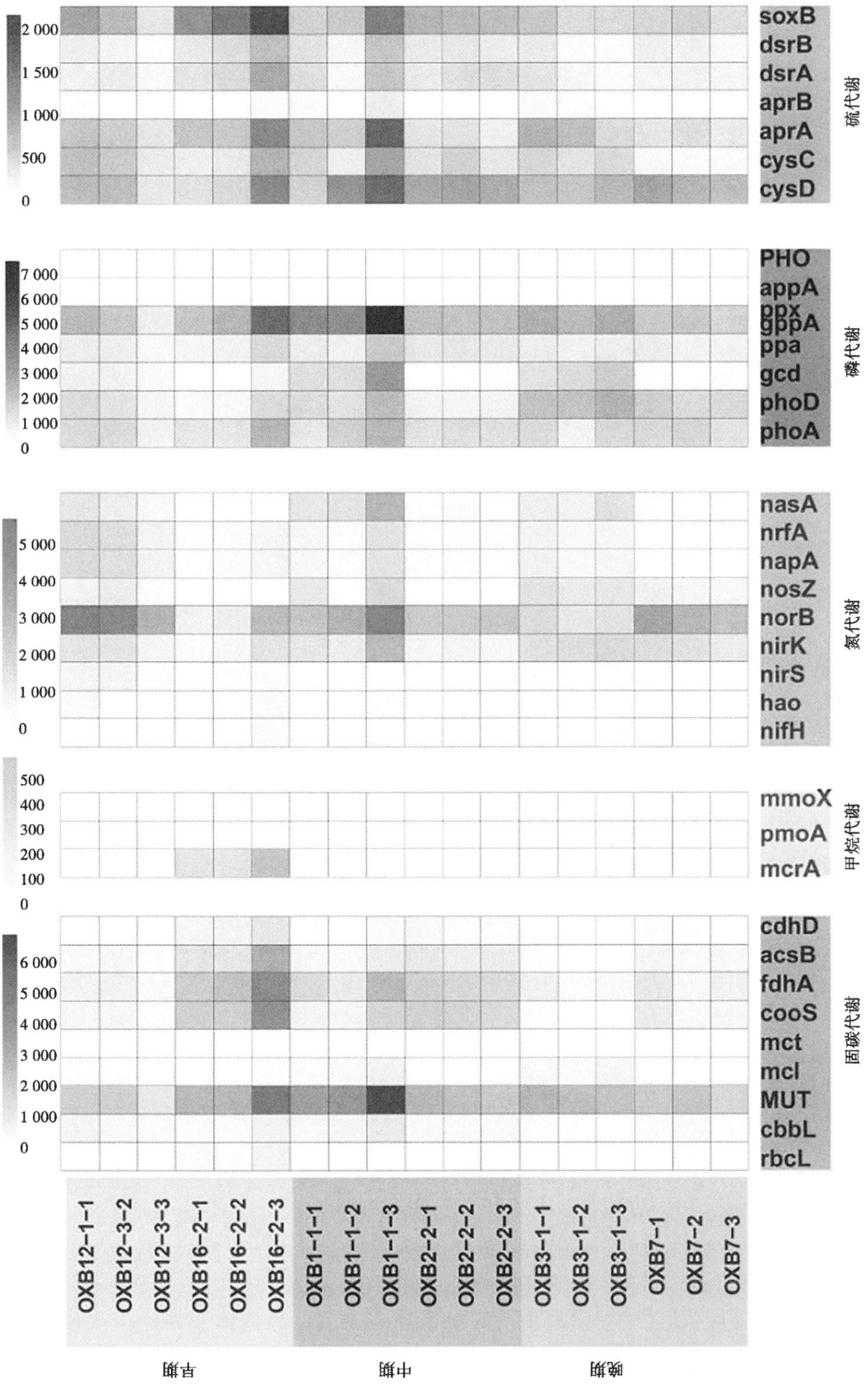

图 3-62 不同形成阶段的牛轭湖沉积物中的固碳、甲烷、氮、磷和硫代谢

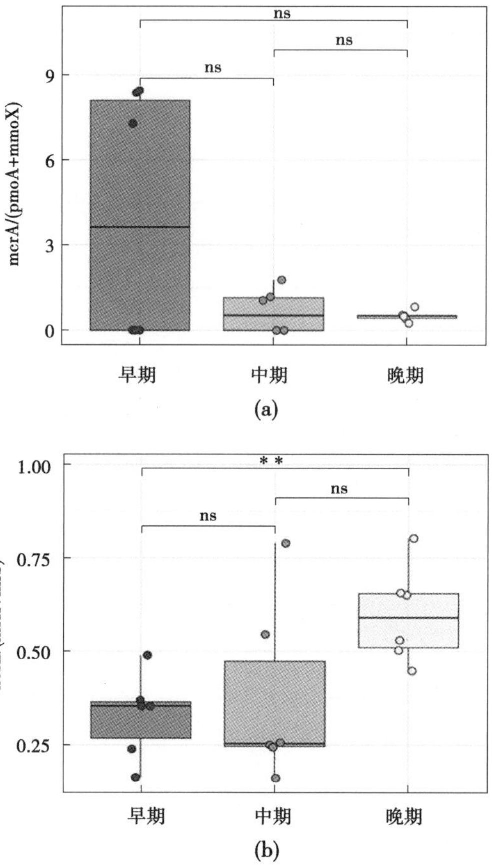

注：ns 代表无显著差异；* * 代表在 $P<0.01$ 水平上差异性显著。

图 3-63　不同形成阶段的牛轭湖沉积物中 mcrA/(pmoA+mmoX)和 nosZ/(nirK+nirS)的比值

组装的基因组(MAGs)负责碳固定、氮、磷、硫和 CH_4 代谢的基因，表明生物地球化学循环共存。这也表明，牛轭湖为分类和功能多样化的微生物群落的发展创造了适宜的栖息地。研究者发现，分配给酸杆菌、脱硫菌门和阿尔法变形菌的几个 MAGs 可以维持参与甲烷氧化的 mmoX 基因。先前的研究也基于 DNA-SIP 微环境显示了酸杆菌和阿尔法变形菌在有氧条件下的甲烷氧化。Latescibacterota、Armatimonadota 和 Acidobacteriota 是有机磷矿化基因 phoA、phoD、appA 和 PHO 的主要载体，这表明它们在磷的溶解和矿化中具有重要作用。与脱硫杆菌和亚硝基螺旋体相关的分类群被揭示出它们参与硫酸盐还原的能力，包括吸收和异化硫酸盐还原。大量文献表明，脱硫杆菌和亚硝基螺旋体通过硫酸盐还原到少营养地下水中的硫化物来促进硫循环和河口沉积物。

本研究总共回收了 65 个高质量的 MAGs。这些 MAGs 的完整性和污染程度分别在 90.14%~100%和 0.55%~4.96%(见图 3-64)。基因组大小从 2.24 M 到 10.51 M 碱基不等。MAGs 主要分布在酸杆菌门、Armatimonadota、变形菌门、厚壁菌门、脱硫菌和浮霉菌门。携带 rbcL 基因的 MAGs 仅有 1 个，携带 cbbL 基因的 MAGs 有 7 个，主要归属于浮霉菌门、放线菌门、α-变形菌门和 γ-变形菌门。由于所有 MAGs 都被标记为细菌，因此没有 MAGs 携带 mcrA 基因。但酸杆菌门、脱硫菌门和 α-变形菌门的几个 MAGs 具有 pmoA 和 mmoX，这些基因与甲烷氧化有关。

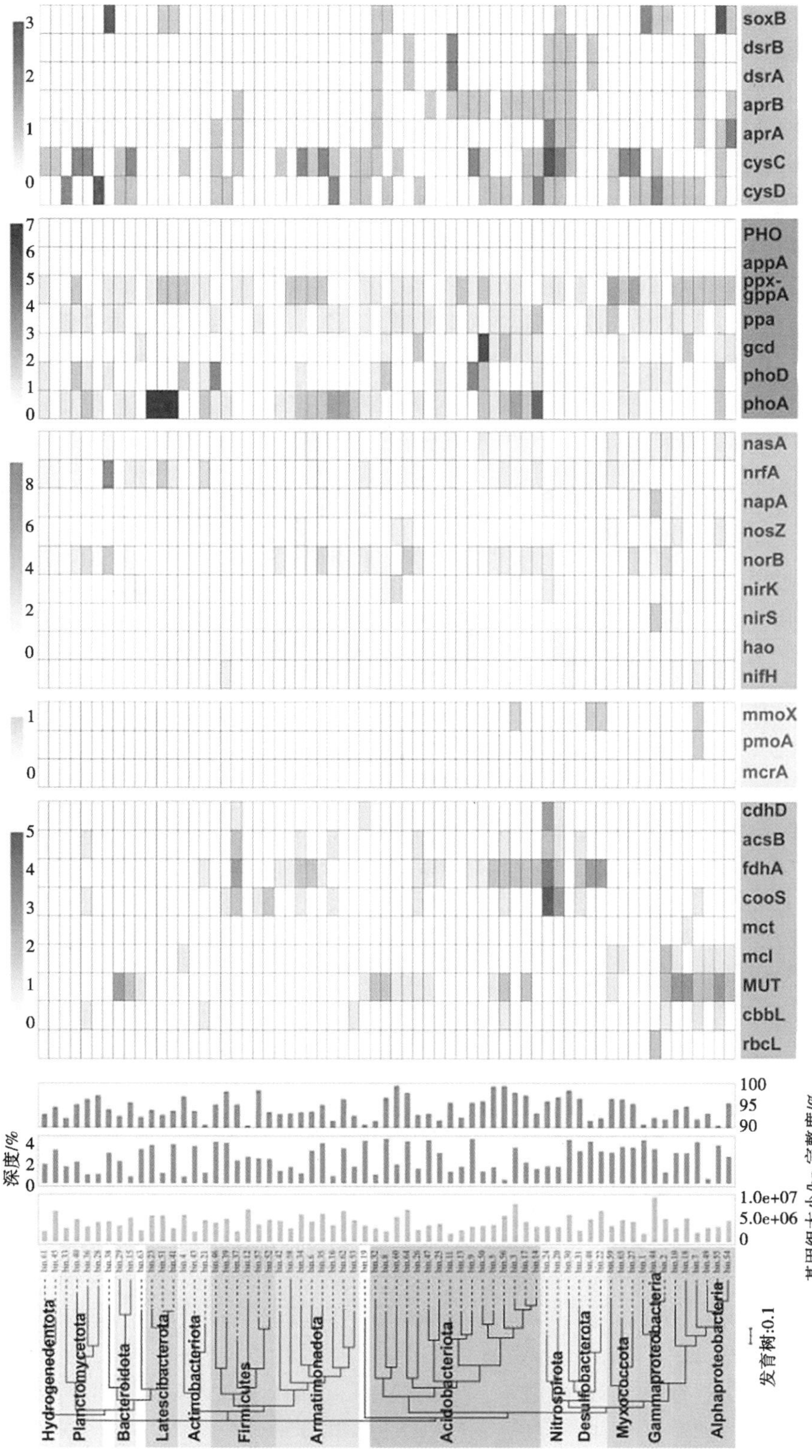

图 3-64 系统发育树、基因组大小、MAGs（宏基因组组装基因组）的完整性和污染以及它们所介导的固碳、甲烷、氮、磷和硫代谢

此外,分配给 α 变形菌门的 MAGs 携带 nifH、nirK、norB、nosZ、napA、nasA,这表明它们可以同时进行固氮和反硝化。研究者还发现了一些携带 phoA 和 phoD 基因的 MAGs 可以参与有机磷矿化,例如 Latescibacterota、Armatimonadota 和酸杆菌门。分配给脱硫菌和亚硝基螺旋体的 3 个 MAGs 具有参与同化硫酸盐还原(如 cysC)和异化硫酸盐还原(如 aprA、aprB、dsrA 和 dsrB)的基因。

3.3.3.4　牛轭湖演变对沉积物微生物群落构建的影响机制

采用零模型来分析牛轭湖不同形成阶段底泥微生物的群落构建机制发现,随机性和确定性占主导地位(见图 3-65)。牛轭湖沉积物在早期、中期和晚期阶段的生态过程分别见图 3-65(a)、(b)、(c)。通过 Mantel 检验考察微生物丰富门类与沉积物性质之间的相关性,见图 3-65(d)。在早期和中期,均质选择(HoS)和异质选择(HeS)对牛轭湖微生物群落的形成起主导作用。在后期,HeS 对牛轭湖微生物群落的贡献约为 70%。扩散限制在驱动牛轭湖沉积物微生物群落方面也发挥了重要作用。

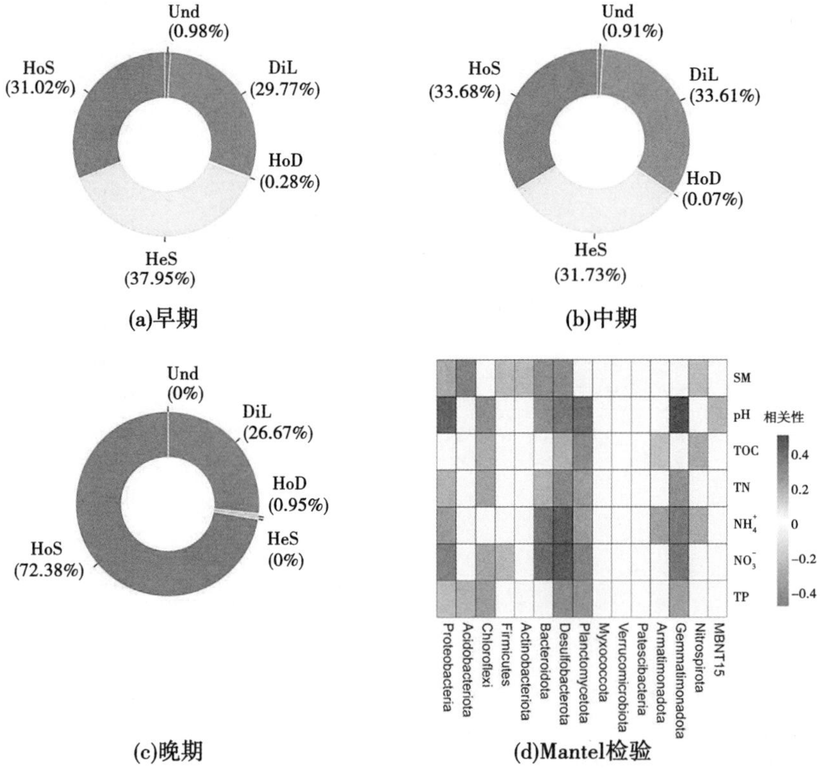

注:HoS 代表均质选择;HeS 代表异质选择;HoD 代表均质扩散;DiL 代表扩散限制;Und 代表非主导过程。

图 3-65　通过零模型分析和 Mantel 检验分析推断的微生物群落构建

Mantel 检验显示,主要微生物类群与沉积物性质之间存在很强的相关性。变形菌门、浮霉菌门和双胞菌门的丰度与 TN、NH_4^+-N、NO_3^--N 和 TP 呈极显著负相关。绿弯菌门、拟杆菌门、脱硫杆菌门与 TN、TP 呈显著正相关。沉积物 pH 显著控制变形菌门、绿弯菌门、拟杆菌门、脱硫杆菌门、浮霉菌门、芽单胞菌门和 MBNT15 的分布。

随机过程和确定性过程是塑造微生物组成的重要过程。随机过程以偶然性定殖、随机人口统计、质量效应和生态漂变为主；确定性过程以基于生态位的生态分配机制为主，如异质选择、生物相互作用和种间权衡。

异质选择对不同阶段牛轭湖沉积物细菌群落聚集过程的贡献大小为早期(37.95%)>中期(31.73%)>晚期(0%)，表明异质选择的作用随着牛轭湖年龄的增长而减弱，这可能是沉积物性质的显著变化所致。以往的研究表明，异质选择在驱动细菌群落组装方面的相对贡献随着环境异质性的下降而下降，并且可以随着环境变量波动的减少而减少。水文连通性降低导致的环境梯度会影响细菌的适应性和生存，从而导致细菌生态位的变化。

沉积物营养物质的数量和质量被认为是驱动牛轭湖沉积物微生物演替的重要因素。微生物群落的异质性(β 多样性变异性程度)随着牛轭湖形成时间的增加而降低。可能的解释是，早期形成的牛轭湖受到强烈的水文干扰，这可能导致微生物异质性增加，而在牛轭湖形成后期，它变得稳定，微生物异质性的变异性减少。检测到微生物分类群与沉积物物理化学性质之间存在很强的联系，这意味着环境对微生物组成有很强的过滤作用。先前的研究也证明了牛轭湖沉积物化学与微生物群落组成之间的紧密联系，并强调微生物是牛轭湖沉积物功能的关键驱动因素。

本研究通过高通量测序和宏基因组技术，揭示了高原河流-牛轭湖系统形成阶段沉积物微生物分类格局和功能组成的生态组合和关键驱动因素。研究还表明，牛轭湖形成时期对微生物群落结构、功能及其介导的沉积物生物地球化学过程(如 CH_4 和 NO_2 的产生、P 和 S 的循环)产生深远影响，进而影响水体环境和温室气体排放。因此，微生物响应与功能变化之间的密切联系将为更好地预测未来全球变化诱导的高寒河湖水文交替下的牛轭湖演化提供依据。

3.4　本章小结

牛轭湖是弯曲河流在演变过程中形成的废弃河道，是弯曲河流冲积平原一种常见的湿地单元。本章通过分析黄河源区河流湿地的动态演变过程，揭示了河流-牛轭湖系统的形成机制、时空分布规律及其对区域生态系统的影响。本章主要成果有：

(1)牛轭湖识别方法构建：以牛轭湖发育较多的黄河源区支流——黑河、白河作为研究对象，通过遥感影像解译、样品库建立、图像分类和机器学习等，建立了基于面向对象分类和深度学习提取的牛轭湖识别方法；通过近 40 年 4 个不同时期(20 世纪 80 年代、2000 年、2010 年和 2020 年)的遥感影像进行牛轭湖识别，提炼牛轭湖形态特征及关键表征参数，揭示了黄河源区典型支流(黑河、白河)牛轭湖数量、分布和形态特征及其时空演变过程。

(2)牛轭湖演变对水体水质和底质参数的影响：基于对牛轭湖发育演变阶段的识别，选取不同发育阶段的牛轭湖，采用野外监测和室内试验相结合的方法，解析了相邻河道和不同发育阶段牛轭湖水体水质(溶解氧、pH、电导率、总溶解性固体、化学需氧量、氨氮、硝态氮、总氮、总磷等)、底质特性(粒径分级、pH、总碳、总氮、总有机碳、氨氮、硝酸氮、亚硝酸氮、总磷等)等环境参数的分布规律，揭示了牛轭湖淤积演变对水体和底质的影响。

(3)底栖生物响应机制:解析了黄河源区牛轭湖与河道底栖动物、底泥微生物等底栖生物群落特征及差异,阐明了牛轭湖底栖动物群落特征与湖内环境参数之间的关系,揭示了牛轭湖淤积演变过程(流水—静水—湿生—旱生)对湖内底栖动物和底泥微生物生物多样性、异质性和群落构建机制的影响,厘清了牛轭湖与河道的水文连通性、湖内水生参数等环境条件改变对水生生物群落的影响机制。

第 4 章　黄河源区生态系统格局演变及驱动因素

黄河源区是黄河流域重要的水源涵养区和生态安全屏障,其生态系统的健康与稳定直接关系到黄河流域乃至全国的生态安全和经济社会的可持续发展。近几十年来,受人类活动干扰和全球气候变化的影响,黄河源区生态系统格局正在经历前所未有的变化。影响黄河源区生态系统格局特征的社会经济因素和自然因素较为复杂,揭示黄河源区生态系统格局、演变特征及驱动力,是研究黄河源区生态系统服务功能及变化、生态环境问题及变化和生态风险评价的基础[45]。

目前,国内外对相关问题的研究主要包括利用遥感数据获取土地利用空间分布变化[46],分析土地利用变化对生态系统服务功能的影响[47],以及土地利用变化的情景模拟等[48]。本章以 1980—2020 年 30 m 分辨率的黄河源区土地利用栅格数据为基础,阐明黄河源区的主要生态系统类型,通过整合生态系统变化率、土地利用转移矩阵等,深入分析近 40 年来黄河源区生态系统变化的尺度及方向,利用景观格局指数解析景观尺度上黄河源区优势度、破碎度和多样性的变化趋势,应用 PLUS 模型探明其格局演变的复杂驱动力,为黄河源区生态资源合理规划与利用提供依据和决策支持。

4.1　数据来源与研究方法

4.1.1　数据来源

所采用的土地利用遥感数据(1980 年、1990 年、2000 年、2005 年、2010 年、2015 年和 2020 年)主要来源于中国科学院资源环境科学数据平台。该数据以美国陆地卫星 Landsat 遥感影像作为主要信息源,利用人机交互的方法目视解译,建成了多时期土地利用/土地覆盖专题数据库[49]。

4.1.2　研究方法

4.1.2.1　分类体系

利用我国土地覆盖/土地利用分类体系,以我国遥感土地分类系统为基础,将生态系统进行二级分类(见表 4-1),其中一级分为 6 类,二级分为 23 类。

表 4-1　生态系统分类体系

一级分类		二级分类		含义
编号	名称	编号	名称	
1	耕地	12	旱地	指无灌溉水源及设施,靠天然降水生长作物的耕地;有水源和浇灌设施,在一般年景下能正常灌溉的旱作物耕地;以种菜为主的耕地;正常轮作的休闲地和轮歇地
2	林地	21	有林地	指郁闭度>30%的天然林和人工林。包括用材林、经济林、防护林等成片林地
		22	灌木林	指郁闭度>40%、高度在 2 m 以下的矮林地和灌丛林地
		23	疏林地	指林木郁闭度为 10%~30%的林地
		24	其他林地	指未成林造林地、迹地、苗圃及各类园地(果园、桑园、茶园、热作林园等)
3	草地	31	高覆盖度	指覆盖度>50%的天然草地、改良草地和割草地。此类草地一般水分条件较好,草被生长茂密
		32	中覆盖度	指覆盖度在 20%~50%的天然草地和改良草地,此类草地一般水分不足,草被较稀疏
		33	低覆盖度	指覆盖度在 5%~20%的天然草地。此类草地水分缺乏,草被稀疏,牧业利用条件差
4	水域	41	河渠	指天然形成或人工开挖的河流及主干常年水位以下的土地。人工渠包括堤岸
		42	湖泊	指天然形成的积水区常年水位以下的土地
		43	水库坑塘	指人工修建的蓄水区常年水位以下的土地
		44	永久性冰川雪地	指常年被冰川和积雪所覆盖的土地
		45	滩地	指河、湖水域平水期水位与洪水期水位之间的土地

续表 4-1

一级分类		二级分类		含义
编号	名称	编号	名称	
5	建设用地	51	城镇用地	指大、中、小城市及县镇以上建成区用地
		52	农村居民点	指独立于城镇以外的农村居民点
		53	其他建设用地	指厂矿、大型工业区、油田、盐场、采石场等用地以及交通道路、机场及特殊用地
6	未利用地	61	沙地	指地表为沙覆盖,植被覆盖度在 5%以下的土地,包括沙漠,但不包括水系中的沙漠
		62	戈壁	指地表以碎砾石为主,植被覆盖度在 5%以下的土地
		63	盐碱地	指地表盐碱聚集,植被稀少,只能生长强耐盐碱植物的土地
		64	沼泽地	指地势平坦低洼,排水不畅,长期潮湿,季节性积水或常年积水,表层生长湿生植物的土地
		65	裸土地	指地表土质覆盖,植被覆盖度在 5%以下的土地
		66	裸岩石质地	指地表为岩石或石砾,其覆盖面积>5%的土地
		67	其他	指其他未利用土地,包括高寒荒漠、苔原等

4.1.2.2　生态系统构成和空间格局

生态系统类型是指具有相同生长型、相同结构功能和相同食物链关系的一类生态系统。生态系统构成与格局分析的目的是了解并分析不同生态系统类型在空间上的分布与配置、数量上的比例等状况,为揭示生态状况提供基本数据。其中,生态系统构成是指不同类型区域中耕地、森林、草地、水域、建设用地和未利用地等生态系统的面积和比例;生态系统格局是指生态系统空间格局,即不同生态系统在空间上的配置,主要采用各类生态系统类型的空间分布特征和景观指数进行表征。

4.1.2.3　生态系统景观格局指数

景观格局指数是指景观格局与景观指数。景观格局通常是指景观的空间结构特征,具体是指由自然或人为形成的一系列大小或形状各异、排列不同的景观镶嵌体在景观空间的排列,它既是景观异质性的具体表现,又是包括干扰在内的各种生态过程在不同尺度上作用的结果。选取的景观格局指标香农多样性指数(SHDI)、边界密度(ED)、最大斑块指数(LPI)和景观分离指数(Division)等。利用景观格局软件 FRAGSTATS 4.2 进行景观格局指数计算。

1. 香农多样性指数

香农多样性指数(SHDI)是一种基于信息理论的测量指数,在生态学中应用十分广泛。该指标能反映景观异质性,特别是对景观中各斑块类型非均衡分布状况较为敏感,即强调稀有斑块类型对信息的贡献,这也是与其他多样性指数的不同之处。在比较和分析不同景观或同一景观不同时期的多样性与异质性变化时,SHDI 也是一个敏感指标。如在一个景观系统中,土地利用越丰富,破碎化程度越高,其不定性的信息含量也越大,计算出的 SHDI 值也就越高。景观生态学中的多样性与生态学中的物种多样性有紧密的联系,但并不是简单的正比关系,研究发现在一个景观中二者的关系一般呈正态分布。香农多样性指数的计算公式如下:

$$\mathrm{SHDI} = -\sum_{i=1}^{m}(P_i \ln P_i) \tag{4-1}$$

式中:SHDI 为香农多样性指数;P_i 为斑块类型 i 占整个景观的面积比例。其中,SHDI=0,表明整个景观仅由一个斑块组成;SHDI 增大,说明斑块类型增加或各斑块类型在景观中呈均衡化趋势分布。

2. 边界密度

边界密度(ED)是指单位面积上的斑块周长,反映土地类型斑块形状的简单程度。边界密度越小,单位面积上边界长度的数量越小,形状越简单;反之,形状越复杂。同时,也反映景观的破碎程度。边界密度由景观中所有斑块边界总长度除以斑块总面积来表征,计算公式如下:

$$\mathrm{ED} = \frac{\sum_{k=1}^{m} e_{ik}}{A} \quad 或 \quad \mathrm{ED} = \frac{E}{A} \tag{4-2}$$

式中:ED 为边界密度,$\mathrm{m/hm^2}$;e_{ik} 为第 i 类景观中第 k 块斑块的周长,m;E 为所有景观类型的周长,m;A 为所有景观类型的总面积,$\mathrm{hm^2}$。

3. 最大斑块指数

最大斑块指数(LPI)有助于确定景观的模地或优势类型等。其值的大小决定着景观中的优势种、内部种的丰度等生态特征;其变化可以改变干扰的强度和频率,反映人类活动的方向和强弱。最大斑块指数采用某一斑块类型中的最大斑块占据整个景观面积的比例来表征,计算公式如下:

$$\mathrm{LPI} = \frac{a_{\max}}{A} \times 100 \tag{4-3}$$

式中:LPI 为最大斑块指数(%);$a_{\max}$ 为景观或某一种斑块类型中最大斑块的面积,$\mathrm{m^2}$;A 为所有景观总面积,$\mathrm{m^2}$。

4. 景观分离指数

景观分离指数(Division)主要是度量某一类型景观斑块在空间上的离散分布程度,即斑块个体之间的隔离状态。当所有斑块面积相等时,Division 值最大(趋近于 1),表明斑块分布高度离散;若仅存在一个斑块(即无分割),则 Division 值为 0。分离指数值越高,表明某一景观类型的斑块分布越分散,景观破碎化程度越严重。景观分离指数采用某类景观中不同斑块面积和该类景观总面积比值的平方和来表征,计算公式如下:

$$\text{Division} = \sum_{i=1}^{n} \left(\frac{a_j}{A} \right)^2 \tag{4-4}$$

式中:Division 为景观分离指数;a_j 为景观或斑块类型 j 的面积,m^2;A 为某一景观或斑块类型的总面积,m^2。

4.1.2.4　生态系统演变格局驱动分析

斑块级土地利用变化模拟模型(patch-level land use simulation model,PLUS)是一种斑块生成土地利用变化模拟模型。该模型提出了一种新的用地扩张分析策略(land expansion analysis strategy,LEAS)来分析用地扩张,通过识别两期土地利用数据中各类用地增长区域来表征,其公式如下:

$$P_{i,k}^{d}(x) = \frac{\sum_{n=1}^{M} I = [h_n(x) = d]}{M} \tag{4-5}$$

式中:d 取值 0 或 1,其中 0 代表生态系统类型转变成 k 以外的其他生态系统类型,1 代表生态系统类型转变成 k 类生态系统类型;x 为所研究的驱动力因子组成的向量;函数 I 为决策树的指示函数;$h_n(x)$ 为向量 x 的第 n 个决策树预测类型;M 为决策树总数。

自然因子选取高程、坡向、气温、降水、距河流的距离等表征地形地势、气候条件和水的可利用性等指标,人为因子主要选取 GDP、距道路的距离等表征人类活动强度的指标。其中,距道路的距离能够反映人类活动的影响,不同道路等级对生态系统的影响不同,所以将道路进行分级后探讨距不同等级道路的距离和生态系统格局演变间的关系。

4.2　生态系统格局演变

生态系统构成和格局是指生态系统组成单元的类型、数目以及空间分布与配置,能够反映各类生态系统自身的空间分布和空间结构关系,是决定生态系统服务功能的重要因素,也是人类实施生态服务功能保护和利用的重要依据。目前,国内外对景观格局的研究集中在景观格局变化、景观格局变化驱动力、景观格局的尺度效应等方面,而随着近年来遥感技术、地理信息系统和全球定位服务等 3S 技术、景观格局理论和指数软件的发展,使得景观格局定量化研究成为可能,定量化研究景观要素的结构特征及其空间分布关系有助于更好地理解景观类型、格局及其变化过程,揭示景观演变规律,也是近年来探讨生态系统格局演变的重要手段。

4.2.1　生态系统类型和分布格局

黄河源区生态系统类型以草地(76.76%)为主,其次为未利用地(13.52%)和林地(7.25%),三者之和占黄河源区总面积的97.53%。占比较低的为水域(2.01%)、耕地(0.40%)和建设用地(0.06%)。从各类生态系统的构成和分布来看(见图4-1),草地主要以中、低覆盖度为主,高覆盖度草地占比最少,中、低、高覆盖度草地面积分别占草地总面积的43.51%、32.30%和24.19%;林地生态系统主要以灌木林为主(占林地总面积的87.72%),主要分布在源区中部和东南部。未利用地主要以沼泽湿地为主(占未利用地总面积的31.21%),主要分布在源区东南部若尔盖地区。水域中湖泊占比最高,其次为滩地(分别占水域总面积的63.08%和17.76%)。建设用地则以农村居民用地为主(占未利用地总面积的50.00%)。耕地则全部为旱地,无水田分布。从生态系统空间分布来看,黄河源区植被较为丰富,是黄河源区高寒植被的主要分布区域,城镇和居民点主要分布在源区东部和东南部海拔较低且地势开阔处。

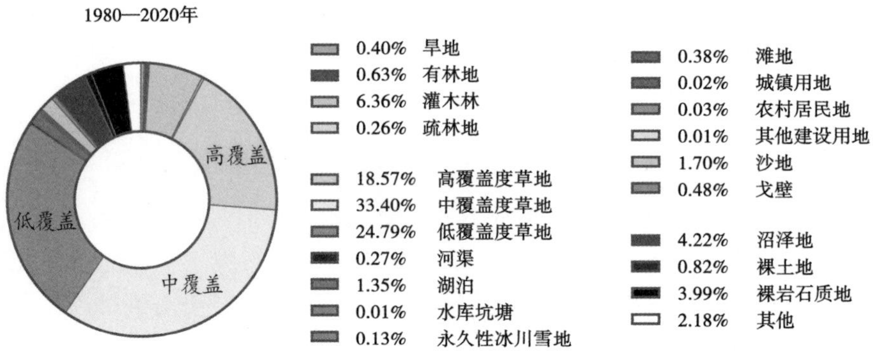

图4-1　1980—2020年黄河源区一级和二级生态系统类型占比

4.2.2　生态系统类型演变特征

整体来看,1980—2020年黄河源区综合土地利用动态变化幅度较小。相较于1980年,2020年黄河源区草地、林地、湖泊、沼泽湿地、耕地和建设用地面积均呈增加趋势,2010年前后变化最为剧烈(见图4-2)。从面积变化幅度来看,40年间建设用地增加幅度最为显著,其次为耕地,面积增幅分别为222.50%和29.88%。未利用地面积呈减少趋势,减少面积为5 260 km^2(面积减幅为29.82%)。从面积变化来看,黄河源区草地面积增加最多,增加了4 288 km^2(面积增幅为4.62%),主要增加的是低覆盖度草地面积,为5 718 km^2(面积增幅为19.77%);高、中覆盖度草地面积仍然呈减少趋势,分别减少了690 km^2和740 km^2,面积减少幅度分别为3.02%和1.81%(见表4-2)。

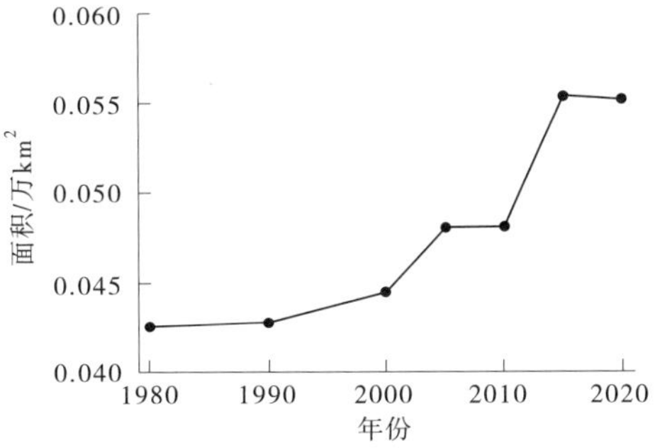

(a)耕地

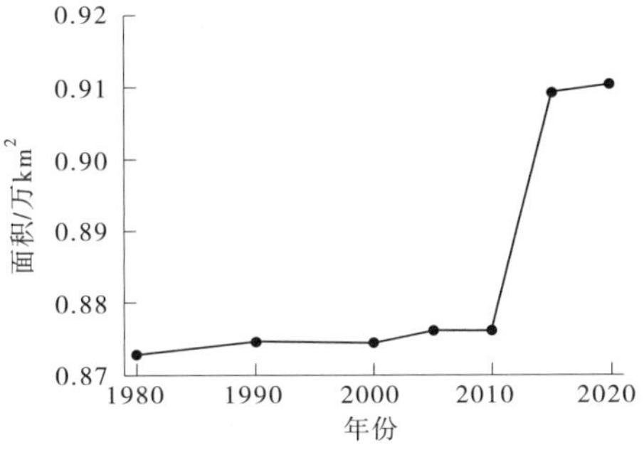

(b)林地

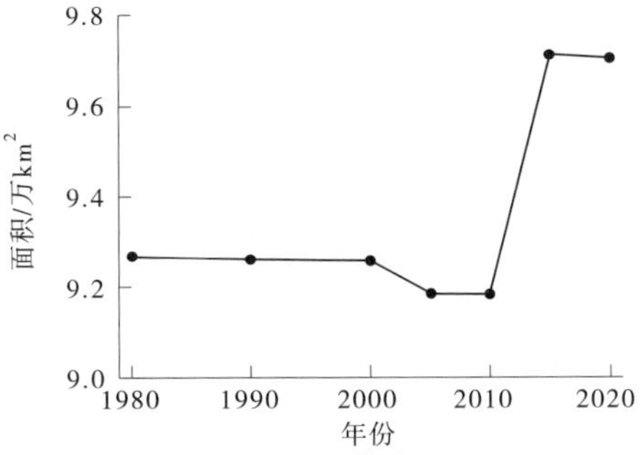

(c)草地

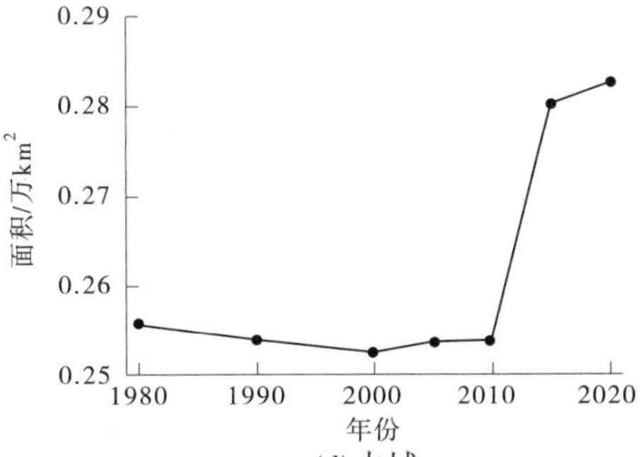

(d)水域

图 4-2　1980—2020 年黄河源区各生态系统类型面积变化量

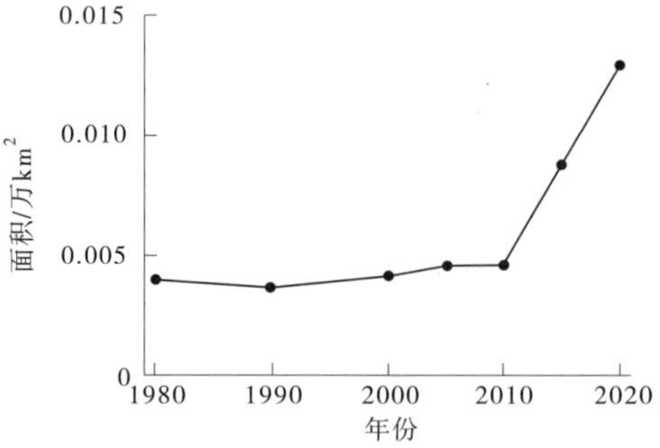

(e)建设用地

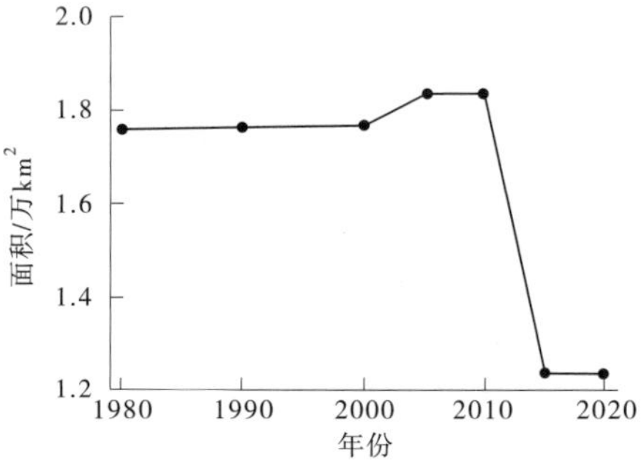

(f)未利用用地

续图 4-2

表 4-2　1980—2020 年黄河源区各时期土地利用类型变化面积　单位:万 km^2

用地类型		1980 年	1990 年	2000 年	2005 年	2010 年	2015 年	2020 年
耕地		0.042 5	0.042 8	0.044 5	0.048 1	0.055 6	0.055 3	0.055 2
林地		0.873 3	0.875 1	0.874 7	0.876 5	0.910 8	0.910 1	0.910 3
草地	高覆盖	2.283 7	2.307 6	2.300 5	2.295 1	2.184 7	2.184 8	2.214 7
	中覆盖	4.098 5	4.099 3	4.109 2	4.078 0	4.033 7	4.034 4	4.024 5
	低覆盖	2.892 4	2.862 7	2.856 0	2.818 3	3.498 4	3.497 7	3.464 2
	合计	9.274 6	9.269 6	9.265 7	9.191 4	9.716 8	9.716 9	9.703 4
水域		0.255 5	0.253 8	0.252 5	0.253 8	0.279 9	0.280 2	0.282 7
建设用地		0.004 0	0.003 7	0.004 2	0.004 6	0.007 8	0.008 8	0.012 9
未利用地		1.764 1	1.768 9	1.772 4	1.839 5	1.243 0	1.242 7	1.238 1

从转移矩阵来看,黄河源区 1980—2020 年草地和未利用地之间的转化最为剧烈,其次为水域和未利用地之间的转化,两者的净转化面积分别为 5 065.9 km^2 和 132.4 km^2。建设用地的增加主要是侵占了草地面积(转入面积为 88.0 km^2),两者间的净转化面积为 82.8 km^2,占建设用地转入总面积的 90.7%(见表 4-3)。

表 4-3　1980—2020 年土地利用类型面积转移矩阵　单位:km^2

土地利用类型	耕地	林地	草地	水域	建设用地	未利用地
耕地	404.6	0.1	13.4	3.3	3.1	0.1
林地	1.0	8 385.6	321.4	3.9	0.7	17.2
草地	141.4	675.2	88 569.7	183.3	88.0	3 010.5
水域	3.2	2.4	44.6	2 483.3	0.2	19.5
建设用地	0.6	0.2	5.2	1.3	32.0	0.1
未利用地	1.4	39.5	8 076.4	151.9	5.1	9 333.1

从时间尺度来看,黄河源区生态环境变化过程可分为 3 个阶段,分别为 1980—1990 年、1991—2005 年和 2006—2020 年,其生态环境状况相应地表现为“良好—破坏—恢复”的变化过程。2005—2010 年源区各类土地利用类型动态变化幅度均较大,该时期源区土地利用类型变化最为剧烈,之后变化趋于平稳,主要原因是 2000 年以来,国家实施了一系列重大生态保护和建设工程,有效遏制了黄河源区生态退化的趋势[50]。从空间分布来看,1980—2020 年除未利用地外,黄河源区各类土地利用类型在空间上的转化并不明显。黄河源区各时期土地利用类型的空间分布见图 4-3,在扎陵湖、鄂陵湖以上的源头区域,未利用地的面积明显增加,主要为沙化草地。1980—2020 年,黄河源区沙地面积呈减少趋势,共减少了 125.7 km^2,但扎陵湖、鄂陵湖以上的源头区域土壤沙化过程还在持续,黄河源区生态环境状况呈现出整体好转和局部退化的状态。

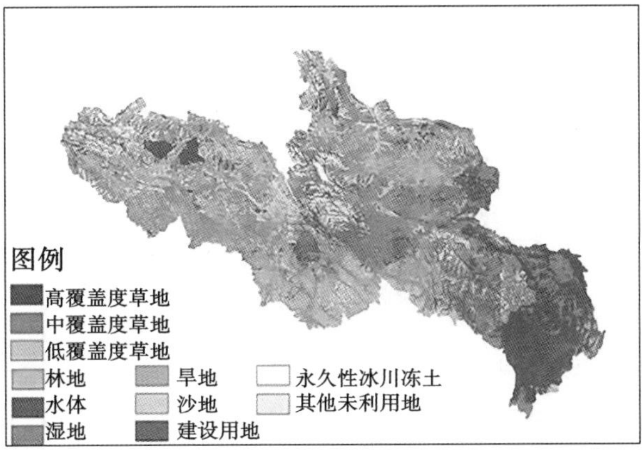

(a)1980年

图 4-3　1980—2020 年黄河源区土地利用类型空间分布

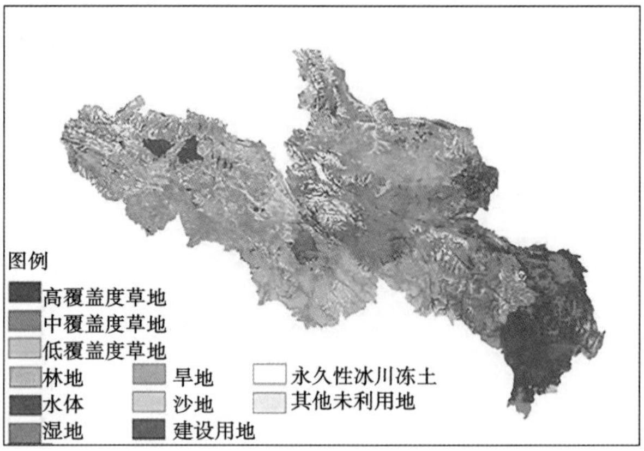

(b)1990年

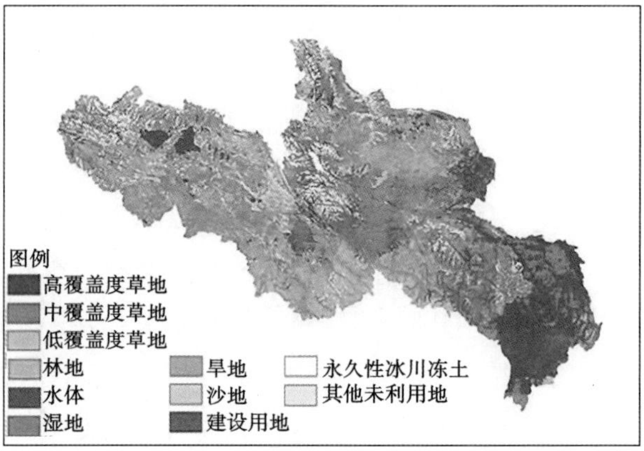

(c)2000年

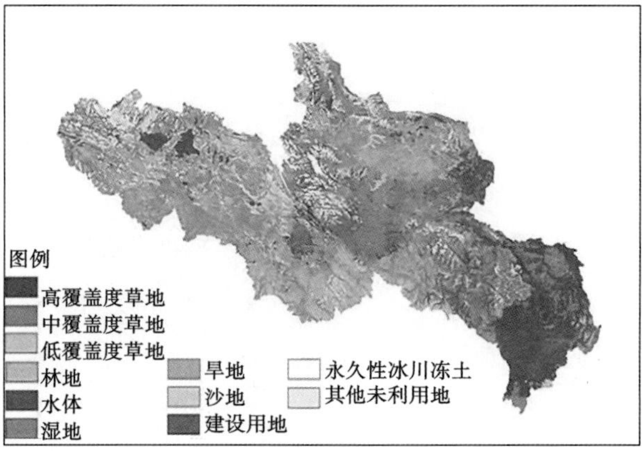

(d)2005年

续图 4-3

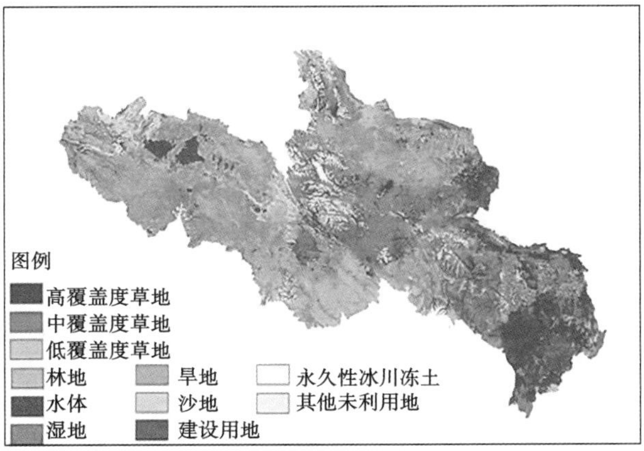

(e)2010年

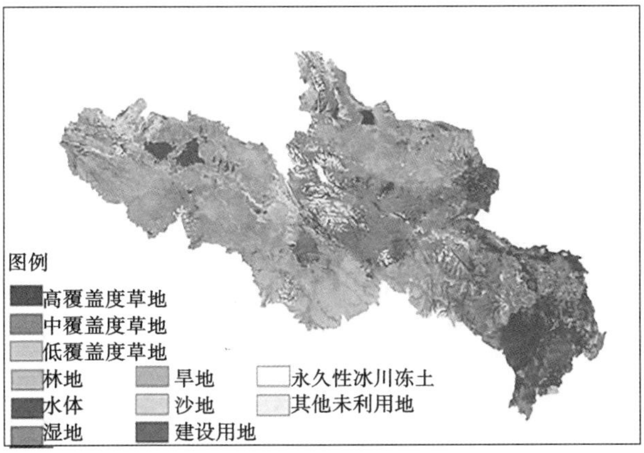

(f)2020年

续图 4-3

4.3　景观格局时空变化

图 4-4 为 1980—2020 年不同时期黄河源区表征景观格局特征的指标值。其中,反映景观多样性特征的 SHDI 指标值整体呈增加趋势,说明黄河源区景观类型增加或景观类型多样化,也反映出各类景观嵌块呈均衡化趋势发展。同样地,反映景观破碎化程度的 ED 和 Division 指标值整体也呈增加趋势,表明黄河源区景观格局总体表现为异质性增强,破碎化程度增加。反映景观优势类型的 LPI 指标值整体呈下降趋势,表明黄河源区将逐渐丧失优势景观类型。这种演变趋势的结果,在一定程度上体现了生态系统类型的多样性,但也可能会使得原有的以高寒草甸和草原化草甸为绝对优势的生态景观不复存在[51],导致区域生态平衡遭受较大挑战,需要施行更加精细化的管理和保护措施来维护黄河源区生态安全。从时间尺度来看,景观格局变化过程主要分为 3 个阶段:1990 年前景观格局向好,破碎化程度降低;1990—2005 年景观格局破碎化程度加剧;2005—2020 年

景观格局破碎化趋势趋于平缓。

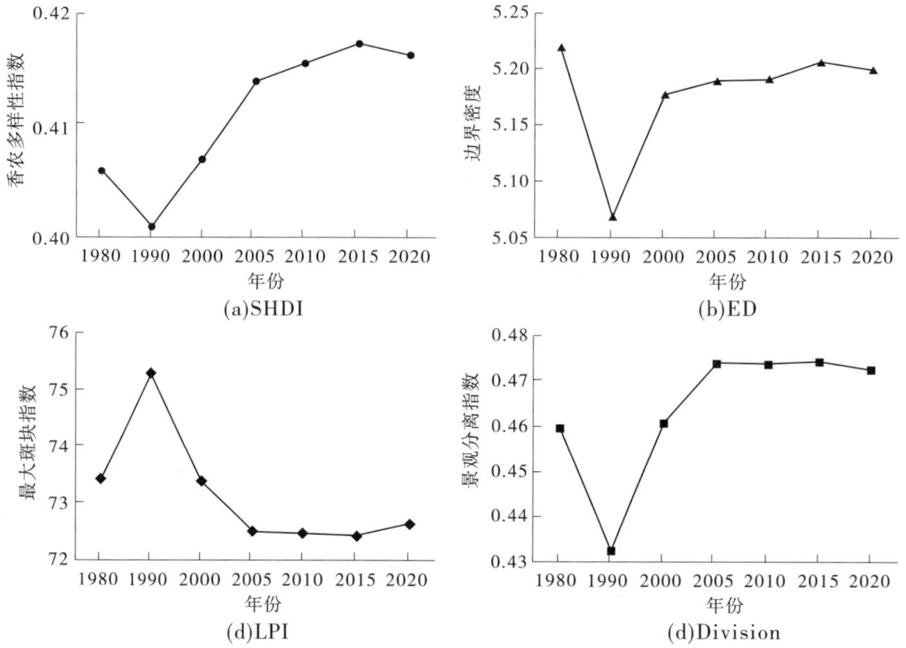

图 4-4　1980—2020 年黄河源区景观格局变化特征

4.4　生态格局演变驱动因素

采用生态系统类型面积实际变化和斑块级土地利用变化模拟模型两种方法来分析黄河源区生态格局演变驱动因素。通过计算由城市化侵占的自然生态系统和裸地的面积，自然生态系统的转入量(森林、灌丛、草地)，农田扩张造成的自然生态系统、城镇和裸地的减少和其他综合因素(自然退化、过度放牧、鼠患等)造成的自然生态系统减少，分别分析和比较城市化、生态保护和恢复政策、农业开发和其他因素等带来的生态系统的转变量，计算各驱动力下的生态系统变化量的占比，得出各驱动力对生态系统变化的贡献率[45]，见表 4-4。

表 4-4　驱动力影响下的生态系统格局变化

面积变化影响因素	不同类型生态系统的面积变化/km²							贡献率/%
	林地	草地	湿地	耕地	建设用地	未利用地	合计	
城镇扩张	−0.7	−88.0	0	−3.1	96.9	−5.1	96.9	0.78
生态保护	321.4	675.2	0	−13.5	−5.4	−8 115.9	9 131.4	73.50
农业开发	−1.0	−141.4	0	147.6	−0.6	−1.4	147.6	1.19
其他因素	−17.2	−3 010.5	0	−0.1	0	3 047.4	3 047.4	24.53

自 2003 年三江源国家级自然保护区建立以来，黄河源区相继实施了封沙育草、退牧还草、围栏封育、鼠患防御等生态保护工程和政策措施，促进了源区草地、林地的恢复和增加，总变化面积为 9 131.4 km^2，是影响黄河源区生态系统变化的第一驱动力，相对贡献率高达 73.50%，其中以草地的恢复为主。自然退化、过度放牧和鼠患等综合因素是黄河源区生态系统变化的第二驱动力，其导致源区林地和草地退化面积达 3 047.4 km^2，相对贡献率为 24.53%。农业开发和城镇扩张分别为黄河源区生态系统变化的第三、第四驱动力，其相对贡献率分别为 1.19%和 0.78%。

通过对黄河源区生态格局演变的驱动力进行分析（见图 4-5 和图 4-6），统筹考虑社会发展和景观格局变化特征。考虑到黄河源区景观格局在 2000 年和 2005 年前后变化较为显著，故以 2000 年为时间节点，将时间序列划分为两个阶段：①2000 年以前（1980—2000 年），海拔自然因子是驱动农田、林地、水域和聚落格局演变的关键驱动因子，降水自然因子是驱动草地和荒漠裸地变化的关键驱动因子。综合来看，2000 年以前黄河源区生态格局变化的主要驱动因子为海拔、降水和气温等自然因素。②2000 年以后（2000—2020 年），降水、气温和海拔自然因子分别是驱动黄河源区农田、林地和聚落演变的关键驱动因子，GDP 是驱动水域和荒漠裸地格局变化的关键驱动因子，距一级道路距离是驱动草地变化的关键驱动因子。从整个研究时间尺度来看，2000 年以后人类活动对黄河源区生态系统格局演变的驱动作用变强。

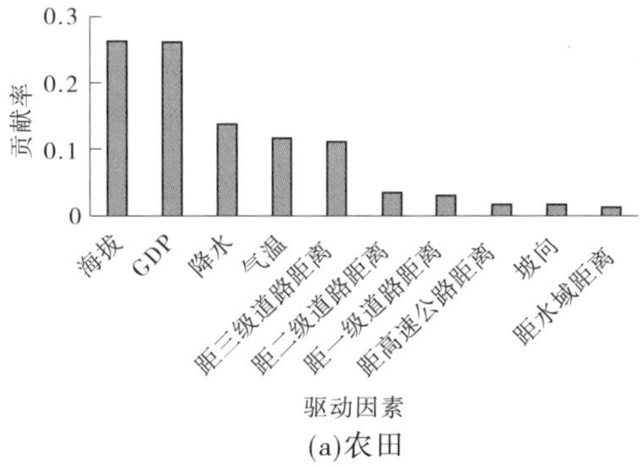

(a)农田

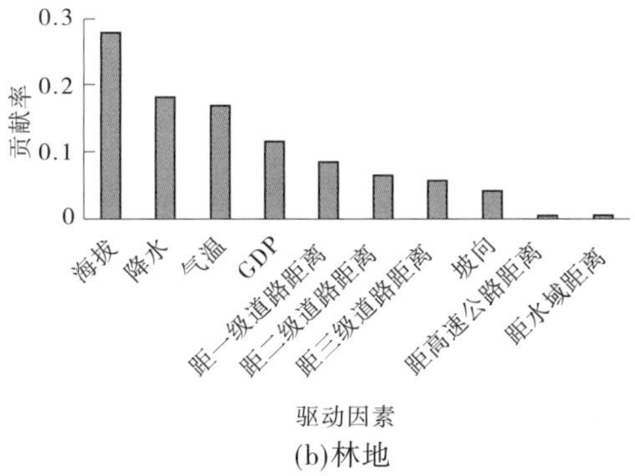

(b)林地

图 4-5　1980—2000 年黄河源区各生态系统格局变化驱动因素贡献率

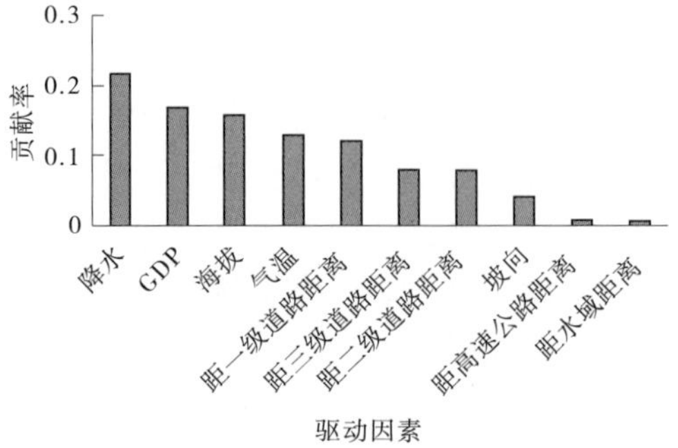

(c)草地

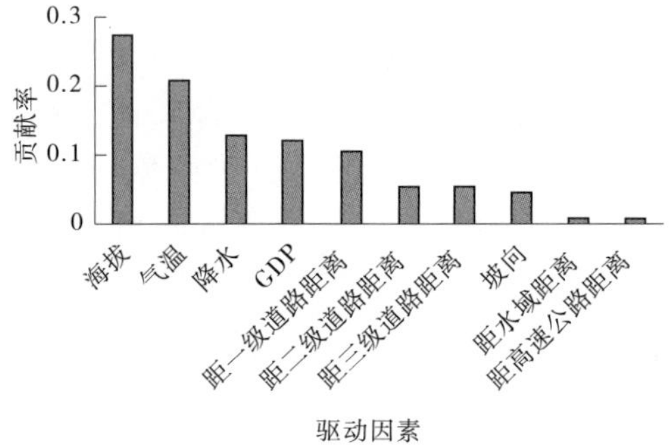

(d)水域

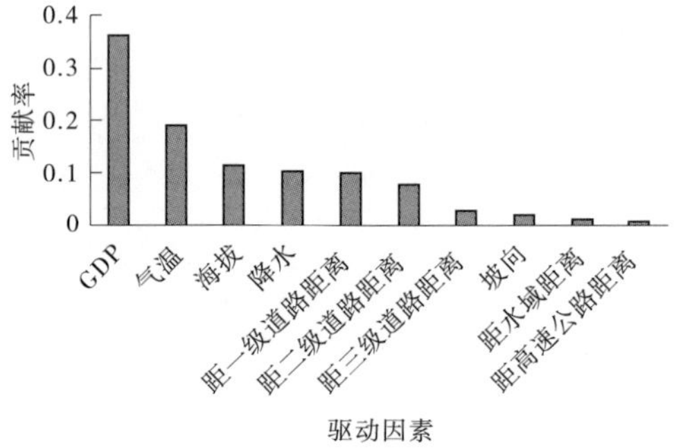

(e)聚落

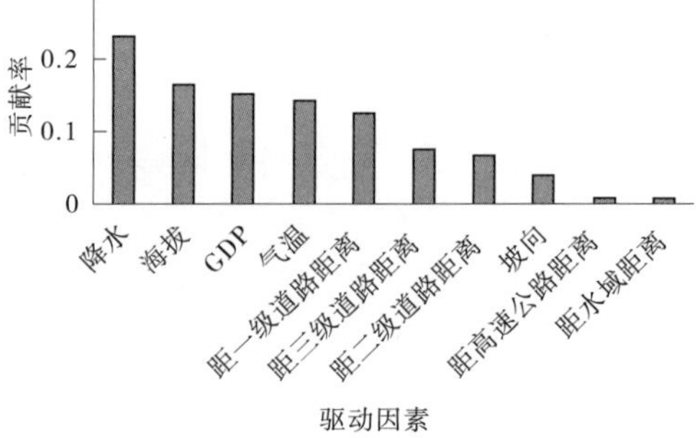

(f)荒漠裸地

续图 4-5

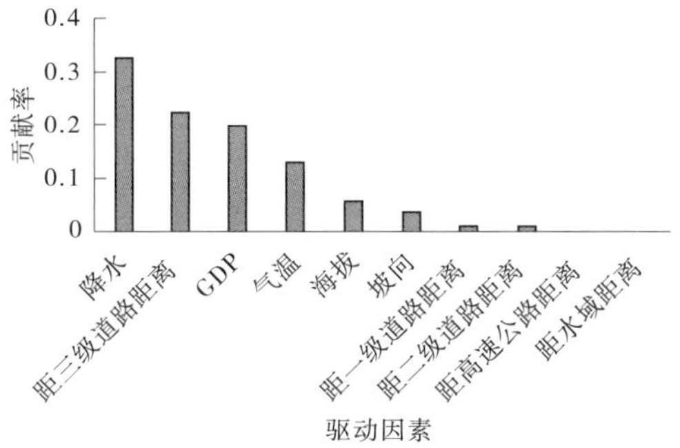

(a)农田

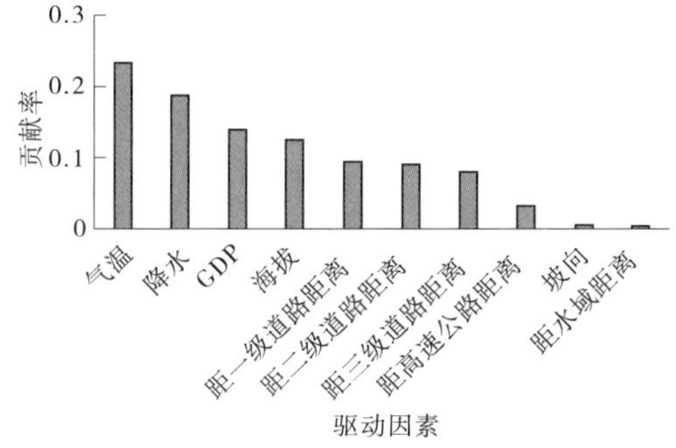

(b)林地

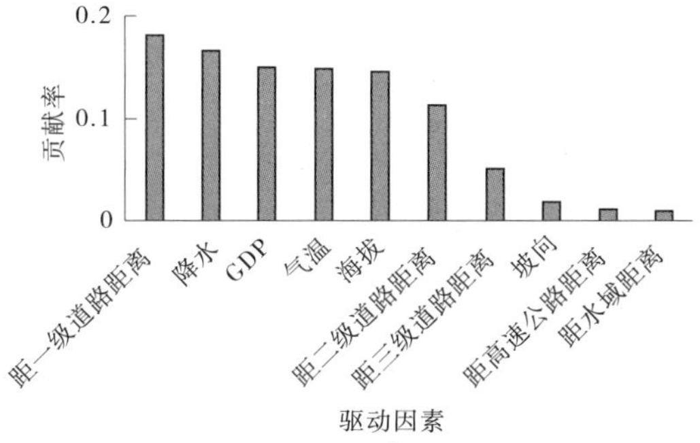

(c)草地

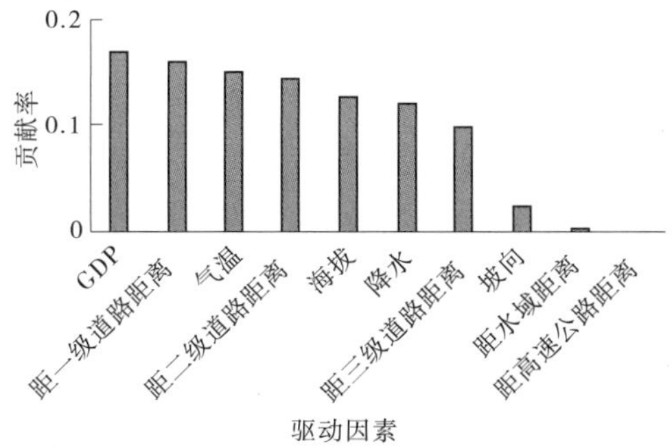

(d)水域

图 4-6　2000—2020 年黄河源区各生态系统格局变化驱动因素贡献率

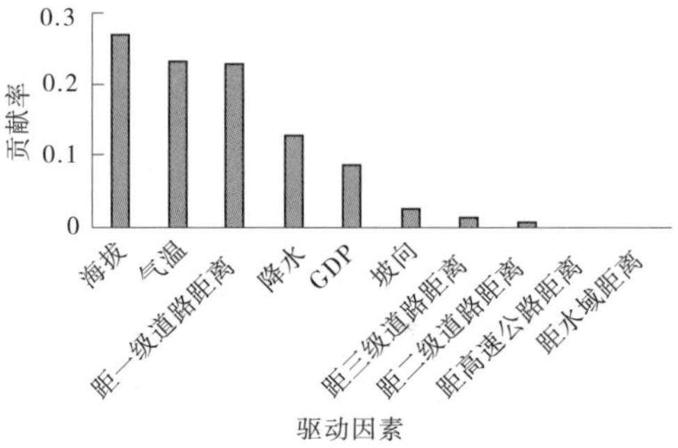

(e)聚落

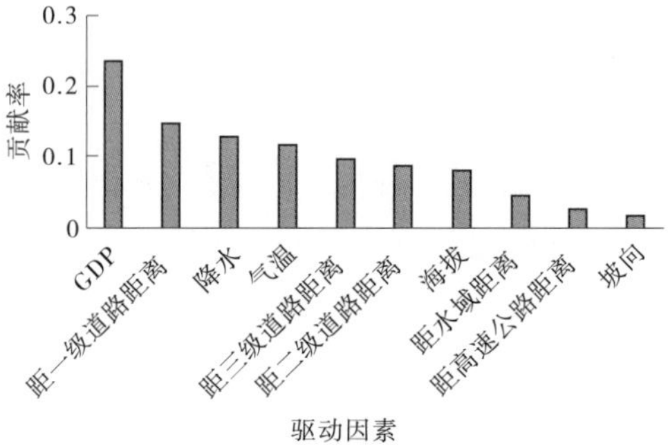

(f)荒漠裸地

续图 4-6

4.5 本章小结

本章主要对黄河源区的生态系统格局演变特征开展了系统而全面的研究与论述,主要得出以下结论:

(1)1980—2020 年黄河源区综合土地利用动态变化幅度较小,草地、林地、湖泊、沼泽湿地、耕地和建设用地面积均呈增加趋势,未利用地面积呈减少趋势,草地和未利用地之间的转化最为剧烈,黄河源区生态环境状况呈现整体好转和局部退化的状态。

(2)景观格局变化过程主要分为 3 个阶段:1990 年前景观格局向好,破碎化程度降低;1990—2005 年景观格局破碎化程度加剧;2005—2020 年景观格局破碎化趋势趋于平缓。景观生态格局总体表现为异质性增强,破碎化程度提高,连通度下降。

(3)自 2003 年三江源国家级自然保护区建立以来,黄河源区相继实施了封沙育草、退牧还草、围栏封育、草原植被恢复、鼠患防御等生态保护工程和政策措施,促进了源区草地、林地的恢复和增加,是影响黄河源区生态系统变化的第一驱动力。

(4)2000 年以前黄河源区生态系统格局变化关键驱动因子为海拔、气温和降水等自然因素,2000 年以后人类活动对黄河源区生态系统格局演变的驱动作用变强。

第 5 章　黄河源区生态系统服务功能评估

生态环境系统是一个有机整体，其分布格局和服务功能的变化能反映生态环境的整体变化情况，当前研究多从这两个方面对全球或区域的生态环境状况进行评估。2001 年联合国启动千年生态系统评估（millennium ecosystem assessment，MA）国际合作项目，得到世界各国的广泛响应[52]。随后欧美等发达国家也相继发表了各国（州）生态系统评估报告[53]。2012 年，经国务院批准，环境保护部和中国科学院联合开展了“全国生态环境十年变化（2000~2010 年）遥感调查与评估”项目，并于 2016 年发布了《全国生态环境十年变化（2000~2010 年）调查评估报告》，调查结果表明全国生态环境脆弱，生态系统质量和服务功能低[54]。此后，诸多研究者对不同区域和不同生态系统类型的分布格局和服务功能进行了评估，如有研究者对黄河源区、黄土高原和河口湿地等不同区域开展了相关研究[55-56]；也有学者对高原、草地、农田、河流、湖泊等单一生态系统的格局分布和服务功能演变情况进行了研究与评估[57-61]，均旨在掌握生态环境状况及其变化趋势、变化的时空分布特征和存在的主要问题，找出生态环境变化及问题出现的主要原因，提出新时期我国生态环境保护对策与建议。

2011 年国务院印发的《全国主体功能区规划》中将三江源定位于重点生态功能区，生态系统服务功能成为其主体功能之一。黄河源区主要的生态系统服务功能为水源涵养、碳汇、水土保持、生境质量和洪水调蓄等。本章主要研究黄河源区碳汇、水土保持、生境质量和洪水调蓄等 4 个生态系统服务功能的时空演变特征和驱动因素。考虑到水源涵养功能的重要性，该功能将单独作为一章来讨论。

5.1　碳储量

过度森林砍伐、大量化石燃烧以及不合理的土地开发布局造成的高碳排放，打破了原有生态系统的碳收支平衡，对陆地生态系统的碳循环和社会经济的高质量发展造成严重威胁和冲击。2020 年 9 月第七十五届联合国大会上，中国明确提出“二氧化碳排放力争于 2030 年前达到峰值，努力争取 2060 年前实现碳中和”，为减缓气候变化造成的极端自然灾害和直接经济损失提供战略支撑。碳汇功能是指生态系统对大气中二氧化碳的吸收并长期储存的能力，是生态系统的重要生态功能之一。增强碳汇功能，是减缓由于化石燃料燃烧和土地利用变化导致的大气二氧化碳浓度上升和全球气候变暖的有效途径。因而，定量评估研究区碳储量的变化趋势，探寻碳储量驱动因素以提高区域碳储量已成为世界各国政府和学者关注的焦点。

黄河源区作为我国重要的生态屏障，其碳汇功能在实现“双碳”目标中发挥着不可替代的作用。该区域拥有广袤的高寒湿地、草地和森林生态系统,具有强大的碳固定能力。研究表明,黄河源区生态系统每年可固定大量二氧化碳,是重要的陆地碳汇区。在全球气候变化背景下,充分发挥黄河源区的碳汇功能,不仅有助于减缓大气中温室气体浓度的增加,还能为全国碳达峰、碳中和目标的实现提供重要支撑。同时,黄河源区碳汇功能的维持与提升,对于保障区域生态安全、促进绿色发展具有重要意义。

开展黄河源区碳储量评估具有重要的科学价值和实践意义。准确的碳储量评估是科学认识区域碳汇能力的基础,也是制定碳管理政策的重要依据。通过系统评估黄河源区植被和土壤碳储量,可以全面掌握区域碳库现状及其空间分布特征,为优化生态保护修复措施提供科学支撑。同时,碳储量评估还能揭示气候变化和人类活动对生态系统碳循环的影响机制,为预测未来碳汇潜力提供理论依据。本节以黄河源区为研究对象,以土地利用数据为基础,收集空间碳密度数据,采用 ArcGIS 分析黄河源区近 40 年不同生态系统碳储量的时空演变特征,为黄河流域"双碳"目标的实现提供科学依据。

5.1.1　碳储功能核算方法

5.1.1.1　碳储量估算方法

基于生态系统各个碳库碳存储能力(林地、草地、湿地、耕地、未利用地和建设用地),计算生态系统碳汇功能。将生态系统碳库分为 4 个基本碳库:地上生物碳库(土壤以上所有存活的植物材料中的碳)、地下生物碳库(存在于植物活根系统中的碳)、土壤碳库(分布在有机土壤和矿质土壤中的有机碳)和死亡有机碳库(凋落物等中的碳)。根据土地利用的分类情况,分别对不同地类地上生物碳库、地下生物碳库、土壤碳库和死亡有机碳库的平均碳密度进行统计计算,后用各个地类的面积乘以其碳密度并求和,得出研究区的总碳储量。某一生态系统类型碳储量计算公式:

$$C_{itotal} = DC_{above} \times A_i + DC_{below} \times A_i + DC_{dead} \times A_i + DC_{soil} \times A_i \tag{5-1}$$

式中:C_{itotal} 为某一生态系统类型碳储量;DC_{above} 为地上生物碳密度,t/hm^2;DC_{below} 为地下生物碳密度,t/hm^2;DC_{dead} 为死亡有机碳密度,t/hm^2;DC_{soil} 为土壤碳密度,t/hm^2;A_i 为某种类型的面积,hm^2。

总生态系统碳汇功能等于各个类型碳储量之和:

$$C_{total} = C_{1total} + C_{2total} + \cdots + C_{ntotal} \tag{5-2}$$

式中:C_{total} 为生态系统类型碳储量,t/hm^2;C_{1total},C_{2total},…,C_{ntotal} 分别为林地、草地、湿地、耕地、未利用地和建设用地等各类型生态系统碳储量,t/hm^2。

5.1.1.2　黄河源区碳密度数据获取

耕地、林地和草地碳密度数据来源于国家生态科学数据中心的研究成果,通过克里金插值法形成空间碳密度数据;水域、建设用地、未利用地和凋落物碳密度数据根据碳密度修正公式进一步修正(见表 5-1)。

表 5-1　各土地利用类型碳密度　单位：t/hm²

土地利用类型	地上部分	地下部分	土壤	死亡有机物
耕地	0. 51	2. 42	—	0. 86
林地	—	—	—	1. 24
湿地	—	—	—	1. 24
草地	—	—	—	0. 64
建设用地	0. 01			
水域	0. 07	0. 82		
未利用地	0. 04		1. 90	

5. 1. 2　时空演变特征

碳储量是指生态系统中碳素的存留量，与生态系统中生物的现存量关系密切。碳储量作为衡量生态系统的初级生产力规模和数量的重要指标，是全球气候变化研究的核心内容之一，准确估算陆地生态系统碳储量对研究气候变化具有重要意义。通过研究发现，1980—2020 年黄河源区碳储量为 15. 60 亿～16. 22 亿 t，增长率为 0. 16 亿 t/10 a，2000 年以后增幅较大。黄河源区分布有大面积高寒草甸，其碳储量最高，占源区总碳储量的 90. 89%，其次为林地（6. 89%）和未利用地（1. 95%）（见表 5-2）。在所有碳储量类型中，土壤碳储量占比最高，其次分别为地下碳储量、凋落物碳储量和地上碳储量（见图 5-1）。碳储量在空间分布上和源区草地空间分布具有一致性（见图 5-2）。

表 5-2　1980—2020 年黄河源区各类型生态系统碳储量　单位：10^5 t

年份	耕地	林地	草地	水域	建设用地	未利用地
1980	37. 52	1 073. 61	14 146. 33	0. 22	0. 34	340. 86
2000	39. 33	1 075. 34	14 132. 83	0. 22	0. 36	342. 46
2020	48. 79	1 119. 50	14 810. 90	0. 25	1. 12	239. 65

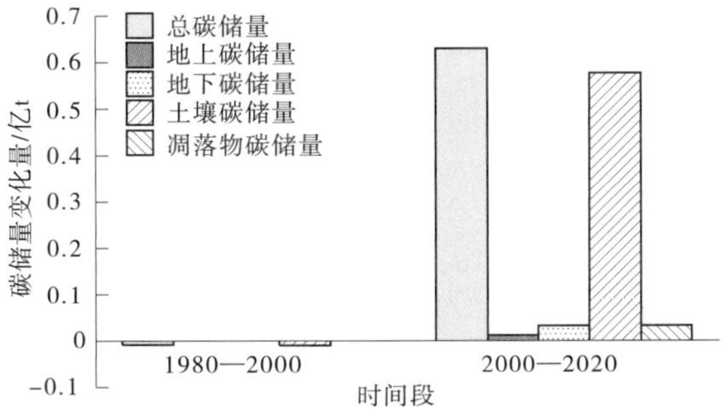

图 5-1　1980—2020 年黄河源区碳储量及不同土地利用类型碳储量变化

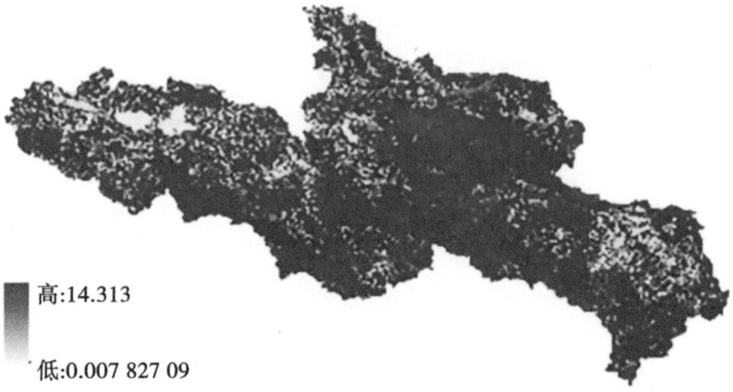

(a)1980年

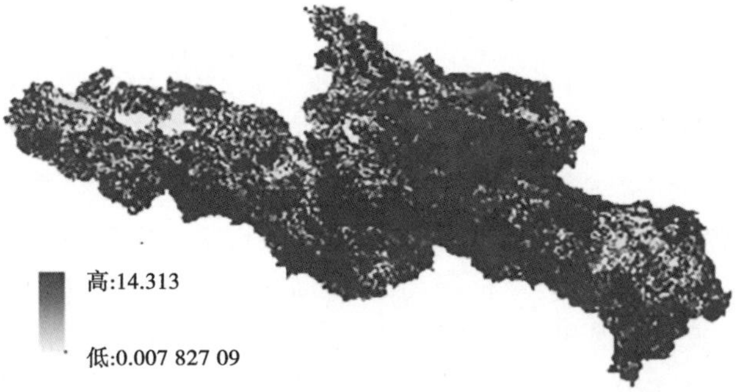

(b)2000年

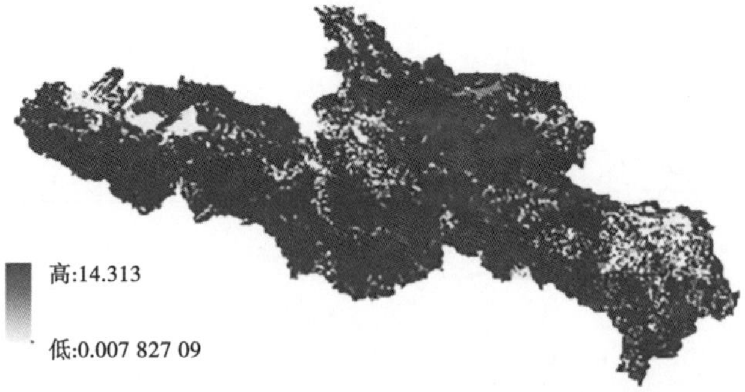

(c)2020年

图 5-2　1980—2020 年黄河源区碳储量空间分布

5.2　水土保持

5.2.1　评估方法

采用水土流失强度来评价水土流失状况，分级标准采用水利部发布的《土壤侵蚀分类分级标准》（SL 190—2007）。将侵蚀模数分为微度、轻度、中度、强烈、极强烈和剧烈 6 级，分级标准见表 5-3。

表 5-3　水力侵蚀强度分级标准

级别	平均侵蚀模数/[t/(km^2·a)]	平均流失厚度/(mm/a)
微度	<200	<0.15，<0.37，<0.74
轻度	200~2 500	0.15，0.37，0.74~1.9
中度	2 500~5 000	1.9~3.7
强烈	5 000~8 000	3.7~5.9
极强烈	8 000~15 000	5.9~11.1
剧烈	>15 000	>11.1

其中，土壤侵蚀模数采用通用土壤流失方程（USLE）法估算得到，计算公式如下：

$$A = R \times K \times LS \times C \tag{5-3}$$

式中：A 为土壤侵蚀量，t/(km^2·a)；R 为降雨侵蚀力因子；K 为土壤可蚀性因子；LS 为坡长坡度因子；C 为植被覆盖因子。

根据土壤侵蚀模数，进一步将水土流失程度合并为 5 个等级，即轻度、中度、强烈、极强烈与剧烈，微度为无侵蚀区。

采用风蚀强度来评价风力侵蚀状况，分级标准采用水利部发布的《土壤侵蚀分类分级标准》（SL 190—2007），将侵蚀模数分为微度、轻度、中度、重度、极重度 5 级，分级标准见表 5-4。

表 5-4　风力侵蚀强度分级标准

级别	平均侵蚀模数/[t/(km^2·a)]	平均流失厚度/(mm/a)
微度	<200	<2
轻度	200~2 500	2~10
中度	2 500~5 000	10~25
重度（强烈、极强烈）	5 000~15 000	25~100
极重度（剧烈）	>15 000	>100

风力侵蚀模数采用修正风蚀方程(RWEQ)估算得到。RWEQ 的计算公式如下:

$$S_L = \frac{2z}{S^2} Q_{\mathrm{MAX}} \mathrm{e}^{-(z/s)^2} \tag{5-4}$$

$$S = 150.71(\mathrm{WF} \times \mathrm{EF} \times \mathrm{SCF} \times K')^{-0.3711} \tag{5-5}$$

$$Q_{\mathrm{MAX}} = 109.8(\mathrm{WF} \times \mathrm{EF} \times \mathrm{SCF} \times K' \times C) \tag{5-6}$$

式中:S 为固沙量,$t/(km^2 \cdot a)$;S_L 为实际风力侵蚀量,$t/(km^2 \cdot a)$;Q_{MAX} 为最大转移量,kg/m;z 为最大风蚀出现距离,m;WF 为气候因子,kg/m;K' 为地表粗糙度因子;EF 为土壤可蚀因子;SCF 为土壤结皮因子;C 为植被覆盖因子。

5.2.2 时空演变特征

水土保持是黄河源区重要的生态系统服务功能之一。通过研究发现,1980—2020 年黄河源区整体为中度-轻度水蚀,轻度-微度风蚀(见图 5-3 和图 5-4)。从时间尺度来看,1980—2010 年黄河源区水蚀程度呈现减弱趋势,尤其是在中部地区,而 2010—2020 年水蚀程度增强,可能与黄河源区降水增加有关;1980—2020 年黄河源区风蚀在逐渐减弱,2000—2010 年间变化趋势最显著。从空间分布来看,水蚀相对严重区域位于黄河源区中部及偏东南一带,风蚀相对严重区域位于黄河源区中西部地区。整个研究时段,相较于风蚀,黄河源区水蚀空间变化不明显。整体来看黄河源区的水土保持功能在逐渐增强。

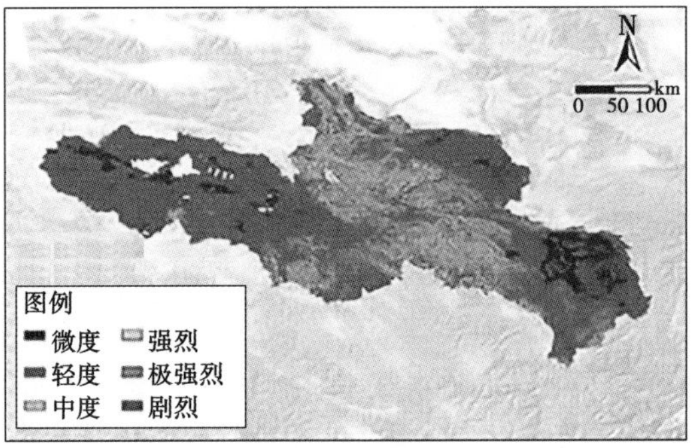

(a)1980—1990年

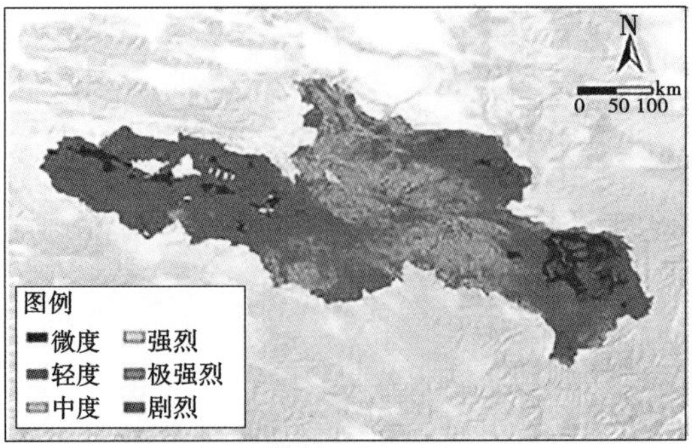

(b)1990—2000年

图 5-3　1980—2020 年黄河源区水蚀空间变化

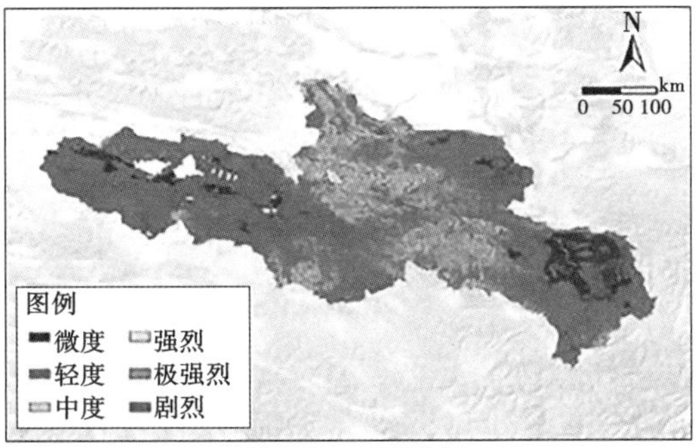

(c)2000—2010年

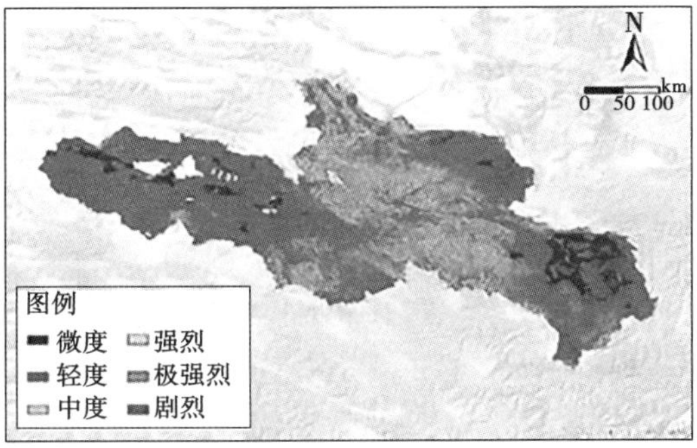

(d)2010—2020年

续图 5-3

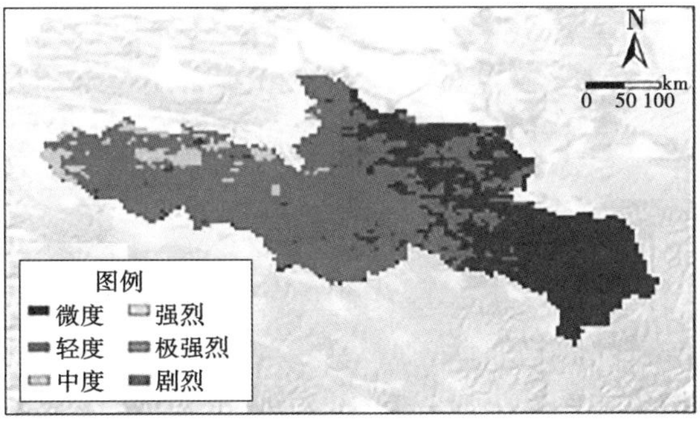

(a)1980—1990年

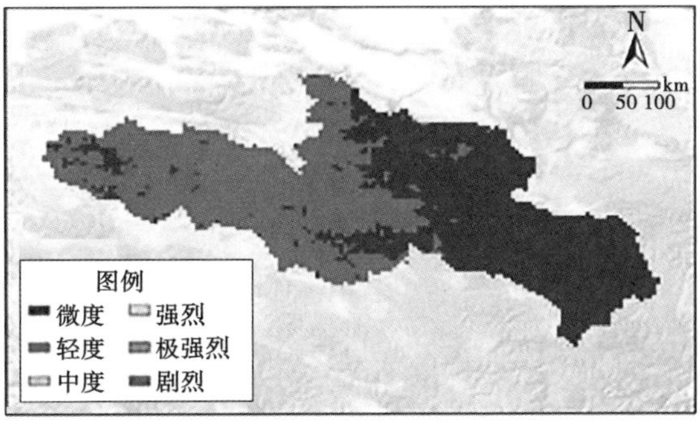

(b)1990—2000年

图 5-4　1980—2020 年黄河源区风蚀空间变化

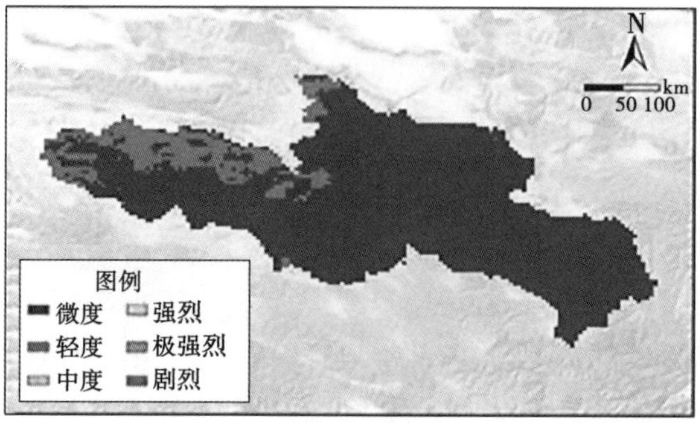

(c)2000—2010年

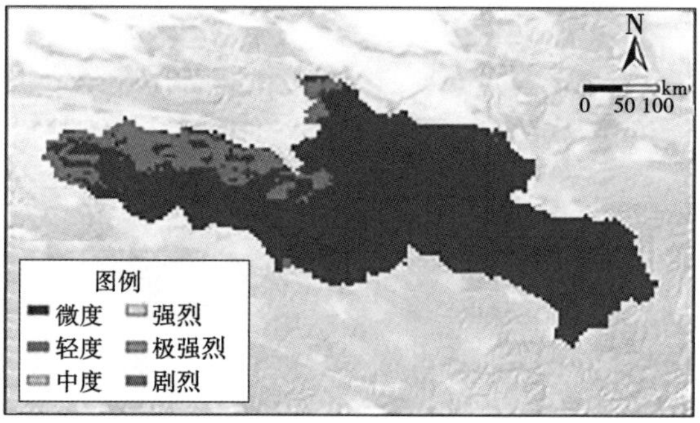

(d)2010—2020年

续图 5-4

5.3　生境质量

生境质量代表着在一定时空范围内,地域环境能为生物个体、种群或群落的持久永续生存及繁衍提供适宜条件的能力,被视为反映生物多样性、衡量生态稳定性,以及保障人类福祉的重要指标。土地作为自然环境和社会环境的物质基础与承载空间,其利用变化是人与自然交互过程中最直接的表现之一,也是引起生境质量发生改变的主要原因。

本节以黄河源区为研究对象,以其 1980 年、1990 年、1995 年、2000 年、2005 年、2010 年、2015 年和 2020 年 30 m 土地利用数据为基础,利用 InVEST 模型解析黄河源区生态系统生境质量的格局分布特征和时空演变规律,进而有助于探讨土地利用变化、城镇化和人口增长对区域生物多样性固持能力的影响机制。

5.3.1　评估方法

本节主要采用 InVEST 模型生境质量模块(habitat quality model)对黄河源区的生境质量进行评估。生境质量是指生态系统提供适宜个体与种群持续发展生存条件的能力,可以在一定程度上反映出区域的生物多样性状况。因此,可以通过生境质量评估开展区域生物多样性研究。生境质量和模型主要由 4 个因素组成:①每一种威胁的相对影响;

②每一种生境类型对每一种威胁的相对敏感性；③栅格单元与威胁之间的距离；④单元受到合法保护的水平。其相关的公式如下：

$$i_{rxy} = 1 - \left(\frac{d_{xy}}{d_{r\max}}\right) \tag{5-7}$$

$$i_{rxy} = \exp\left[-\left(\frac{2.99}{d_{r\max}}\right) d_{xy}\right] \tag{5-8}$$

$$D_{xj} = \sum_{r=1}^{r} \sum_{y=1}^{y_r} \left(\frac{W_r}{\sum_{r=1}^{R} w_r}\right) r_y i_{rxy} \beta_x S_{jr} \tag{5-9}$$

式中：D_{xj}、R、W_r、y_r、r_y 分别为生境退化度指数、威胁因子个数、威胁因子 r 的权重、威胁因子的栅格数和栅格上威胁因子的值；i_{rxy} 为栖息地与威胁源之间的距离及威胁对空间的影响；β_x 为通过各种保护政策来减轻威胁对栖息地影响的因素（即法律保护程度，受法律保护的区域为 0，其余区域为 1）；S_{jr} 为生境类型 j 对威胁因子 r 的敏感度；d_{xy} 为栅格 x 与栅格 y 的直线距离；$d_{r\max}$ 为威胁源 r 的最大威胁距离。

生境质量表达公式如下：

$$Q_{xj} = H_j \left[1 - \left(\frac{D_{xj}^x}{D_{xj}^x + k^z}\right)\right] \tag{5-10}$$

式中：Q_{xj} 为土地利用 j 中栅格 x 的生境质量指数；H_j 为生境类型 j 的生境适宜度，取值范围为 0~1；k 为半饱和常数，一般为生境退化度最大值的 1/2；z 为归一化常量，通常设置为 2.5。

生境质量得分值域为[0,1]，其中生境适宜度最高时生境质量得分为 1，最低时生境质量得分为 0。

本节参考 InVEST 模型用户指南手册和前人的研究成果进行设置，具体设置参数见表 5-5 和表 5-6。

表 5-5　威胁源的权重和最大影响距离

威胁因子	最大影响距离/km	权重	衰退类型
水田	2	0.5	线性
旱地	2	0.5	线性
城镇用地	10	1	指数
农村居住地	5	0.6	指数
其他建设用地	7	0.7	指数
裸地	3	0.3	指数

表 5-6　生境适宜度及其对威胁源的相对敏感度

土地利用类型		生境适宜度	敏感度					
一级类型	二级类型		水田	旱地	城镇用地	农村居民地	其他建设用地	裸地
耕地	水田	0.50	0	1.00	0.50	0.35	0.60	1
	旱地	0.40	1.00	0	0.50	0.35	0.60	1
林地	有林地	1.00	0.50	0.60	0.90	0.70	0.70	1
	灌木林	0.90	0.30	0.40	0.60	0.40	0.40	1
	疏林地	0.70	0.50	0.60	0.80	0.60	0.60	1
	其他林地	0.40	0.50	0.60	0.80	0.60	0.60	1
草地	高覆盖度草地	1.00	0.40	0.45	0.60	0.45	0.55	1
	中覆盖度草地	0.80	0.45	0.50	0.65	0.50	0.60	1
	低覆盖度草地	0.70	0.50	0.55	0.70	0.55	0.65	1
水域	河渠	1.00	0.50	0.60	0.80	0.60	0.70	1
	湖泊	0.90	0.55	0.65	0.85	0.65	0.75	1
	水库坑塘	0.90	0.60	0.70	0.90	0.70	0.80	1
	永久性冰川雪地	0	0	0	0	0	0	0
	滩涂	0.60	0.65	0.75	0.95	0.75	0.85	1
	滩地	0.60	0.65	0.75	0.95	0.75	0.85	1
建设用地	城镇用地	0	0	0	0	0	0	0
	农村居民点	0	0	0	0	0	0	0
	其他建设用地	0	0	0	0	0	0	0
未利用地	裸土地	0.10	0.10	0.10	0.20	0.20	0.20	1
	裸岩石质地	0	0	0	0	0	0	0
	盐碱地	0.10	0.10	0.10	0.20	0.20	0.20	1
	沼泽地	0.60	0.50	0.60	0.80	0.60	0.70	1
	其他	0	0	0	0	0	0	0

5.3.2　时空演变特征

生境质量反映了区域生态系统可提供给系统内动植物生存和延续所需的自然资源的质量,生境质量的高低是衡量生态环境水平好坏的重要指标。将相关参数导入 InVEST 模型中运行,得到黄河源区 1980 年、1990 年、1995 年、2000 年、2005 年、2010 年、2015 年、2020 年 8 期生境质量分布,计算不同年份的生境质量平均值(见图 5-5)。InVEST 模型通常用生境质量指数来表示生境状况。为了更加清晰明了地展现生境质量的空间演变规律,运用 ArcGIS 软件中的自然断点法将其分为 5 个等级(0~0.2 为低,0.2~0.4 为较低,0.4~0.6 为中,0.6~0.8 为较高,0.8~1 为高),统计了各等级生境质量占比。结果表明黄河源区平均生境质量指数为 0.725~0.761。整体来看,黄河源区生境指数的变化幅度较小,生境质量水平较高。从空间尺度来看,1980—2020 年生境质量总体空间格局较稳定。黄河源区大范围地区生境质量指数为高等级(0.8~1.0)与较高等级(0.6~0.8);低等级(0~0.2)主要分布在黄河源区西部与北部地区,呈现零星分布,其中阿尼玛卿山北侧分布面积较广。1980—2015 年,黄河源区生境质量指数在一定范围内波动,呈现相对稳定的特征,2020 年有大幅度上升,尤其是吉迈水文站以上的西部地区,说明 1980—2020 年黄河源区生境质量呈现向好的趋势。

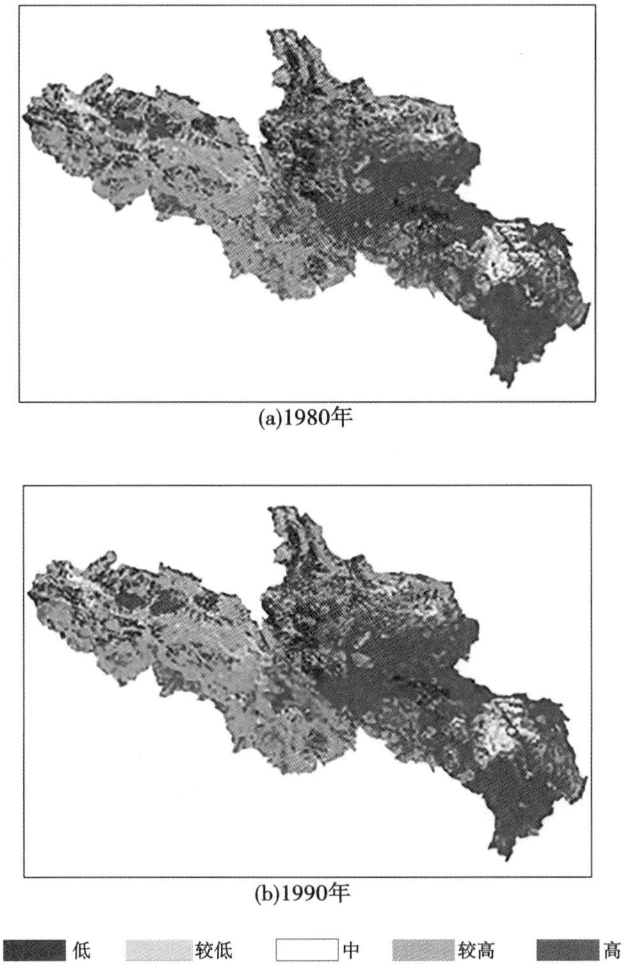

图 5-5　1980—2020 年黄河源区生境质量变化特征

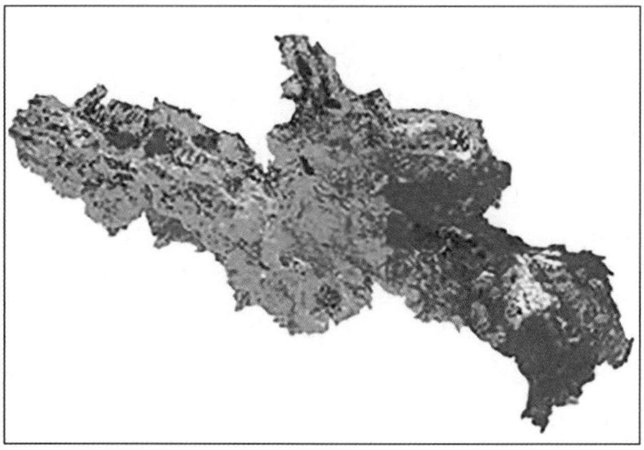

(c)1995年

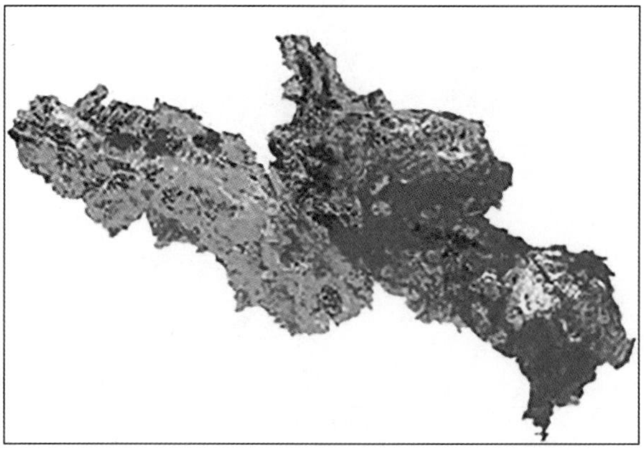

(d)2000年

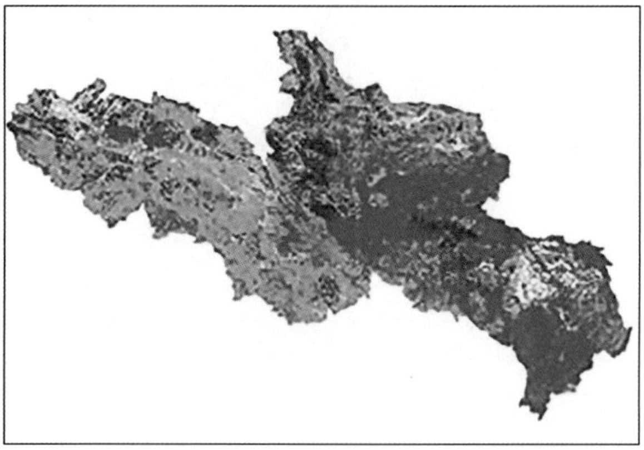

(e)2005年

续图 5-5

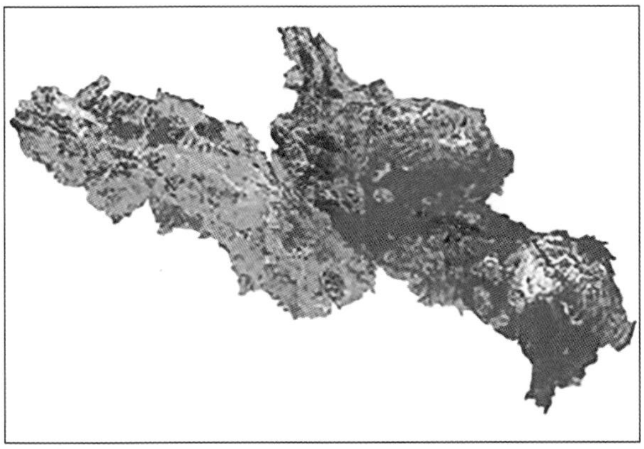

(f)2010年

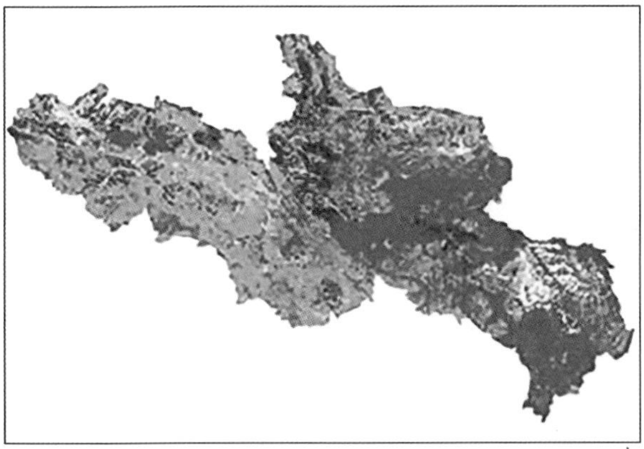

(g)2015年

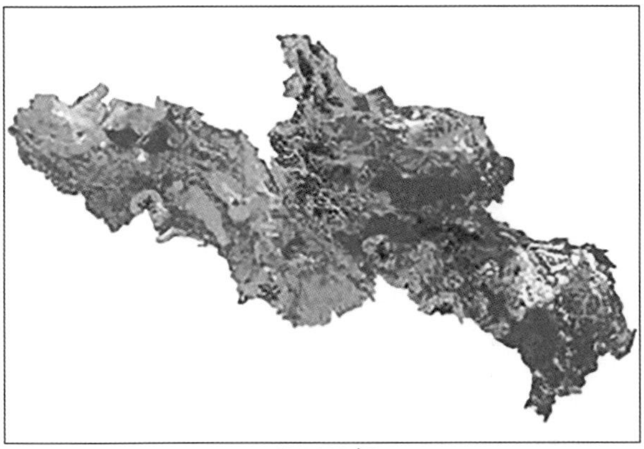

(h)2020年

续图 5-5

5.4　洪水调蓄

5.4.1　评估方法

湖泊和湿地可通过暂时蓄纳入湖洪峰水量，削减并滞后洪峰，从而减轻湖区水系的洪水威胁，是抵御河流水系洪水灾害的天然屏障[62]，而水库则是现代防洪工程体系的重要组成部分，二者在减少洪水灾害、保障区域防洪安全方面发挥着极为关键的作用[63]。洪水调蓄功能可通过计算水库的调节库容（正常蓄水位至死水位之间的水库容积）和湖泊湿地以及沼泽地的洪水调蓄量之和来表征。其中，沼泽地的洪水调蓄量计算较为困难，本研究参考现有研究成果，将沼泽地的蓄水深度简化为 1 m 进行计算[64]；而湖泊湿地洪水调蓄量则可采用经验模型来计算[63]，见式(5-11)。

青藏高原区：

$$\ln C_{\mathrm{r}}=0.678\ln A+6.636\quad (N=6, R^2=0.967)\tag{5-11}$$

式中：C_{r} 为可调蓄水量，$10^4\ \mathrm{m}^3$；A 为湖面面积，km^2。各湖泊洪水调蓄能力可通过相应模型估算得到。

一般大中型水库在设计阶段就明确有调节库容，无法获取调节库容数据的水库，则采用水库洪水调蓄功能评价模型计算，见式(5-12)。

$$C_{\mathrm{f}} = 0.35C_{\mathrm{t}}\quad (N = 460, R^2 = 0.810)\tag{5-12}$$

式中：C_{f} 为防洪库容，$10^4\ \mathrm{m}^3$；C_{t} 为总库容，$10^4\ \mathrm{m}^3$。各水库的洪水调蓄能力可通过其总库容估算得到。

5.4.2　时空演变特征

利用黄河源区 1980—2020 年土地利用类型数据计算了源区洪水调蓄功能，结果表明黄河源区洪水调蓄量为 60.88 亿~77.27 亿 m^3（见图 5-6），增长率为 3.93 亿 m^3/10 a。时

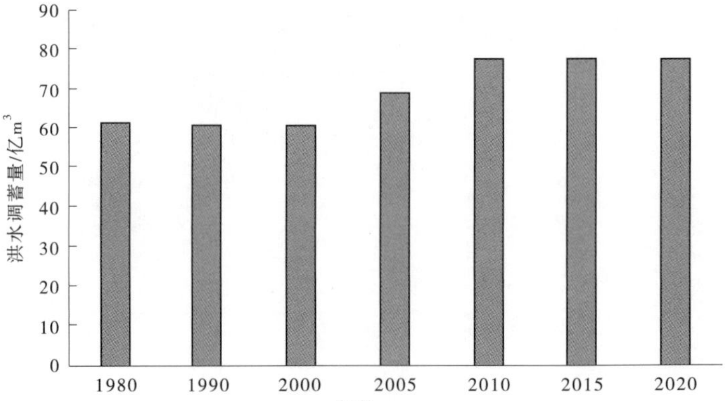

图 5-6　1980—2020 年黄河源区洪水调蓄能力变化

间尺度上源区洪水调蓄量呈现先降低后升高的趋势,其中 2000 年调蓄量最小,2000 年之后黄河源水电站(调蓄库容 8.4 亿 m^3)的建成蓄水与沼泽湿地的恢复导致源区洪水调蓄能力大幅提高(13.20%)。沼泽湿地对黄河源区洪水调蓄量贡献最大(72.59%),其次为湖泊(15.88%)和水库(11.53%)(见图 5-7)。从空间分布来看,黄河源区东南部若尔盖湿地对洪水的调蓄作用最大,其次为玛多县以上的源头区。

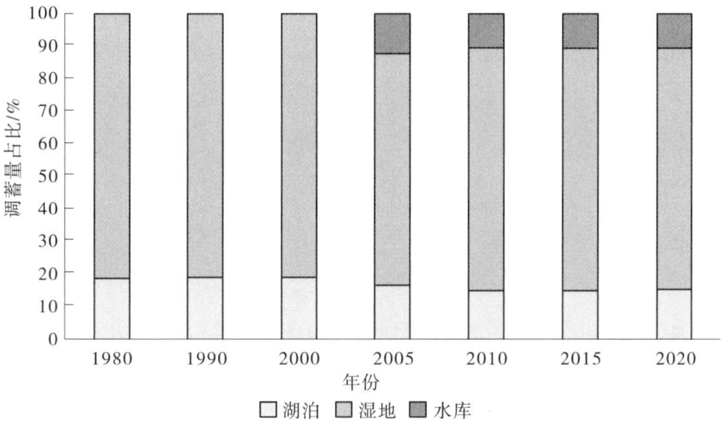

图 5-7 1980—2020 年黄河源区各要素洪水调蓄量变化

5.5 驱动因素

黄河源区碳储量的显著提升与国家重大生态保护措施的持续推进密不可分。自 2000 年以来,国家实施了一系列重大生态保护工程,如三江源生态保护和建设一期、二期工程,以及退牧还草、天然林保护等政策。这些措施有效遏制了草地退化和土地沙化趋势,促进了植被恢复和生态系统功能的提升。研究表明,生态保护工程的实施显著增加了植被覆盖度和生物量,同时通过土壤有机质的积累提升了土壤碳库储量。这些措施不仅改善了区域生态环境质量,还为碳储量的增加提供了重要保障。

有研究表明,年均气温和 NDVI 对黄河流域生态系统服务功能空间分异有较高的解释力[65]。黄河源区以草地生态系统为主,草地生态系统的恢复不仅是黄河源区碳储量提升的关键驱动因素之一,还是影响黄河源区生境质量提升和水土保持能力的重要因素。整体来看,碳储量、生境质量和水土保持在空间分布上和源区草地空间分布具有一致性。退牧还草、禁牧休牧等政策的实施,使得草地植被覆盖度和生产力显著提高。遥感监测数据显示,2000 年以来黄河源区草地面积呈现稳步增加趋势(增幅为 4.72%),植被指数(如 NDVI)也呈显著上升趋势,变化率为 0.16/10 a[66]。草地的恢复不仅增强了生态系统的碳固定能力，还通过根系活动和凋落物输入促进了土壤有机碳的积累。此外，草地恢复还改善了区域水土保持能力，进一步增强了生态系统的稳定性和生境质量，为碳储量的持续提升奠定了坚实基础。

气候变化，特别是气温升高和降水量增加的趋势，对黄河源区碳储量等生态系统服务功能的变化也产生了重要影响。由前文分析可知，1960—2020年黄河源区气温和降水都呈波动增加趋势，气温年均气候倾向率为0.37 ℃/10 a，降水量年均气候倾向率为11.31 mm/10 a。2000年以来，黄河源区气候呈现暖湿化趋势，这为植被生长提供了更为有利的条件[66]。气温升高延长了植被生长期，而降水的增加则缓解了水分限制，两者共同促进了植被生产力的提升，从而增强了生态系统的碳汇和水土保持等功能。然而，气候变化也可能带来潜在风险，如极端气候事件频发可能对碳汇和水土保持等功能产生不利影响。因此，在未来的生态保护和管理中，需要充分考虑气候变化的影响，采取适应性管理措施，以维持和提升黄河源区生态系统服务功能。

黄河源区洪水调蓄量的变化主要受湿地面积变化的影响。不同时期湖泊、湿地和水库洪水调蓄量的贡献率分别为3.67%~4.37%、18.33%~41.81%和48.74%~77.76%，平均贡献率分别为4.37%、21.16%和74.47%。从时间尺度来看，黄河源区在1980—1990年洪水调蓄能力增加最为显著，这主要是由于在此期间，黄河源区降水丰沛，湿地保留面积大，为源区提供了较大的潜在洪水调蓄空间。2005年后源区洪水调蓄能力增加主要是由于该时期黄河源区湿地、湖泊面积增加，另外黄河源水电站的建设蓄水，为黄河源区提供了8.4亿 m^3 的调蓄库容，从而大大提升了源区洪水调蓄能力。由此可见，影响黄河源区洪水调蓄功能的主要是湿地面积，其次为水库建设等人为活动的影响。

5.6 本章小结

本章主要对黄河源区的主要生态系统服务功能演变特征开展了系统而全面的研究与论述，主要得出以下结论：

(1)1980—2020年黄河源区碳储量为15.60亿~16.22亿 t，其中高寒草甸碳储量最高，占源区总碳储量的90.89%。在所有碳储量类型中，土壤碳储量占比最高。碳储量在空间分布和源区草地空间分布上具有一致性。

(2)1980—2020年黄河源区整体为中度-轻度水蚀，轻度-微度风蚀。受降雨影响，1980—2010年源区水蚀程度呈现减弱趋势，2010—2020年水蚀程度增强，1980—2020年源区风蚀在逐渐减弱，2000—2010年变化趋势最显著。

(3)1980—2020年黄河源区平均生境质量指数为0.725~0.761，研究期内变化幅度较小，总体空间格局较稳定。

(4)1980—2020年黄河源区洪水调蓄量为60.88亿~77.27亿 m^3，增长率为3.93亿

m^3/10 a。时间尺度上源区洪水调蓄量呈现先降低后升高的趋势,沼泽湿地对黄河源区洪水调蓄量贡献最大,尤其是若尔盖湿地。

(5)草地生态系统是黄河源区碳储量提升的关键驱动因素之一,也是影响源区生境质量提升和水土保持能力的重要因素。湿地面积是影响洪水调蓄功能的主要因素。

第6章　黄河源区水源涵养模型构建与功能评估

水源涵养能力是指某一区域或某一类型生态系统在水源涵养方面表现出来的能力，和温度、辐射、风速、蒸散发等气候条件及下垫面、土壤、地形等区域基底特征密切相关。而水源涵养量则和时空尺度有关，水源涵养量是指某一区域在某一时间尺度内的水源涵养总量[67]。水源涵养能力高的区域水源涵养量不一定高，但在相同的降水条件下即外部输入一致时，相同时间尺度内水源涵养能力高的区域，其水源涵养量也越高。气候变化和人类活动是影响黄河源区水源涵养能力的主要因素，而人类活动影响水源涵养能力的本质是改变了区域下垫面条件。因此，对黄河源区或其他区域来说，提升水源涵养能力，需要从气候条件和基底特征两个方面进行改善，但气候条件及土壤、地形等基底特征是无法通过人工进行调控的，只能通过改善下垫面来对水源涵养能力进行调节[14]。

近几十年来，气候变化和人类活动干扰导致河流水文的全球性变化[68]。同时，气候、土地利用、植被覆盖和土壤条件是水源涵养功能的重要影响因素[69]。定量化和空间可视化评估已成为生态系统水源涵养服务评价的最新趋势。水源涵养量化方法包括水文学法和水文模型法两大类[70-71]。水文学法主要有林冠截留剩余量法、降水储存法、年径流量法、冠层截留法[72-73]、综合蓄水量法[74-75]、水量平衡法[70,76]、降水贮存法[77]等。其中，水量平衡法适用于所有时空尺度，数据处理方法简单，易于操作，准确度高，是目前评估水源涵养服务最有效和应用最广泛的方法[78-79]。生态水文建模是理解水文过程和环境问题相互作用的不可或缺的工具[80]。目前，通过模型模拟定量化、精细化评估区域生态系统水源供给功能（产水功能）和水源涵养功能已成为学术界的通用方法。常见的模型包括 MIKE SHE（MIKE System Hydrological European）模型、Terrain Lab 模型[81]、WetSpass（Water and Energy Transfer between Soil，Plants and Atmosphere under quasi-steady state）模型、SWAT 模型[82]、InVEST 模型[83]、ARIES（Artificial Intelligence for Ecosystem Services）模型[84]、GUMBO 模型[85]等。InVEST 模型是目前应用最广泛的水源涵养评估模型，具有独特的优势性，但也存在一定的局限性，主要表现在：①在计算产水量时，忽略了地表径流和土壤水之间的动态作用，计算结果存在一定的误差；②时间尺度为年，不能反映水源涵养量的年内及洪枯水期变化特征；③产水量模块需要输入较多栅格数据和生物物理参数，对输入数据敏感，结果精度受输入数据影响较大[86]。水文模型特别是水土评价模型（soil and water assessment tool，SWAT）是由美国农业部农业研究中心（USDA-ARS）开发的流域尺度半分布式水文模型[87-88]，因其能较好地模拟生态系统的水分运动过程，物理机制明确，近年来在水文模拟及水源涵养研究领域发展迅速并广泛应用，效果良好[89-90]。SWAT 模型可以从年、月、天的时间尺度上模拟和分析拦截、蒸散、渗透、地表径流和地下水径流等水文过程的时空变化[91-93]。此外，SWAT 模型可以反映气候因素和下垫面的时空变化，并在水文研究中得到了广泛应用[94]。因此，SWAT 模型和水平衡方法相结合[95-97]，可以定量分析水源涵养的多时间尺度特征[94]。本章主要基于分布式水文模型（SWAT 模型）、校准和不确定性程序(SWAT-CUP)、水量平衡法等模型和方法,对黄河源区水源涵养时空变化特征进行定量化计算,阐明黄河源区水源涵养时空分布特征和周期性变化特征,分析黄河源区生态格局演变对水源涵养功能的影响,揭示影响黄河源区水源涵养演变特征的主要驱动因素。

6.1　水源涵养功能评估方法

水源涵养是指生态系统在一定的时空范围和条件下,将水分保持在系统内的过程和能力,在多种因素的作用下具有复杂性和动态性特征。降水是影响水源涵养量的主要因素,水源涵养体现为生态系统通过对降水的拦截和贮存,改变水在自然界中的运动变化过程,以达到减少无效水、增加有效水的目的。

6.1.1　SWAT 模型

SWAT 模型主要包括水文、土壤侵蚀和污染负荷 3 个子模型。Haas 等(2022)[98]和 Liu 等(2022)[99]对 SWAT 做了详细说明,本研究仅对水文子模型原理进行简要的介绍。

水量平衡的表达式为

$$SW_t = SW_0 + \sum_{i=1}^{t}(R_{day} - Q_{surf} - E_a - W_{seep} - Q_{gw}) \tag{6-1}$$

式中:SW_t 为土壤最终含水量,mm;SW_0 为土壤前期含水量,mm;t 为时间步长,d;R_{day} 为降水量,mm;Q_{surf} 为地表径流,mm;E_a 为蒸发量,mm;W_{seep} 为存在于土壤剖面底层的渗透量和侧流量,mm;Q_{gw} 为地下水含量,mm。

6.1.2　SWAT-CUP

SWAT-CUP 常用于 SWAT 模型参数的灵敏度分析、校准和不确定度评估[100]。SUFI-2 的校准过程通常用于校准和验证参数[101]。R^2、E_{NS} 和 PBIAS 用于评估校准和验证的效果。

选用模拟效率系数(E_{NS})、相关系数(R^2)和相对误差(Re)来评估模型适用性,计算公式如下:

$$E_{NS} = 1 - \frac{\sum_{i=1}^{n}(O_i - S_i)^2}{\sum_{i=1}^{n}(O_i - \overline{O})^2} \tag{6-2}$$

$$R^2 = \left\{\frac{\sum_{i=1}^{n}(O_i - \overline{O})(S_i - \overline{S})}{\left[\sum_{i=1}^{n}(O_i - \overline{O})^2\right]^{0.5}\left[\sum_{i=1}^{n}(S_i - \overline{S})^2\right]^{0.5}}\right\}^2 \tag{6-3}$$

$$PBIAS = \frac{\sum_{i=1}^{n}(S_i - O_i)}{\sum_{i=1}^{n}O_i} \times 100\% \tag{6-4}$$

式中:n 为数据序列总个数;$\overline{S}$ 为模拟平均值;O_i 为实测值;S_i 为模拟值;$\overline{O}$ 为实测平均值。

当 $R^2 \geq 0.6$、$E_{NS} \geq 0.5$ 和 $|PBIAS| \leq 20\%$ 时认为模型效果较好[102]。

6.1.3　水源涵养量计算方法

水文响应单元(HRU)是 SWAT 模拟蒸散、地表径流、壤中流、地下径流等的最小单元。水量平衡法在 HRU 上的表达式如下:

$$SW_{ij} = PRECIP_{ij} - ET_{ij} - WYLD_{ij} \tag{6-5}$$

$$WYLD_{ij} = SURQ_{ij} + LATQ_{ij} + GW\_Q_{ij} - TLOSS_{ij} \tag{6-6}$$

式中:i 为第 i 个 HRU;j 为时间;SW_{ij} 为水量,mm;$PRECIP_{ij}$ 为降水量,mm,ET_{ij} 为实际蒸散发量,mm;$WYLD_{ij}$ 为总径流,mm;$SURQ_{ij}$ 为地表径流,mm;$LATQ_{ij}$ 为壤中流,mm;GW_Q_{ij} 为地下径流,mm;$TLOSS_{ij}$ 为径流损失量,mm。

基于 SWAT 模型的流域水源涵养量的表达式如下:

$$\begin{aligned} WC_{ij} &= (SW_{ij} - YLOSS_{ij} + LATQ_{ij} + GW\_Q_{ij}) \times A_i \times 10^3 \\ &= (PRECIP_{ij} - ET_{ij} - SURQ_{ij}) \times A_i \times 10^3 \end{aligned} \tag{6-7}$$

$$WC = \sum_{j=1}^{n} \sum_{i=1}^{n} WC_{ij} \tag{6-8}$$

式中:WC_{ij} 为第 i 个 HRU 在 j 时间段内的水源涵养量,m^3;A_{ij} 为第 i 个 HRU 的面积,km^2;WC 为水源涵养总量,m^3。水源涵养量可以表示成水深,$WC(mmH_2O) = WC(m^3)/(A \times 10^3)$。

径流系数反映一个地区降水转化为径流的能力,值越大,表明降水转化为径流的量越大。为了更好地反映流域水源涵养量的变化情况,参照径流系数的定义,定义水源涵养系数(WCR)的概念,以更好地反映水源涵养功能及其变化,即水源涵养系数为水源涵养量与降水量的比值。在已知地区降水量的情况下,通过降水量与水源涵养系数的乘积,就可以直接推求一个地区平均水源涵养量,为研究地区水源涵养功能提供了重要参考。

$$WCR = WC/PRECIP \tag{6-9}$$

生态系统的水源涵养功能可以理解为生态系统提供的与水循环相关的服务功能,包括供给服务中的淡水供给,调节服务中的径流调节、水质净化和气候调节,支持服务中的水循环。在进行水源涵养功能评估时,通常对水源涵养量进行评估,不包括水质净化等其他功能。生态系统的水源涵养功能主要表现为拦蓄降水、涵蓄土壤水分、补充地下水和调节河川流量等。水源涵养功能具有明显的时间尺度特征,在场次降水过程中,水源涵养功能表现为拦蓄洪水;在长时间尺度上,表现为调节径流。水源涵养量对河流中流量的影响表现在以壤中流和地下径流对河流流量进行补给。

6.1.4　经验正交函数

经验正交函数(EOF)旨在提取主要数据特征并分析矩阵数据中的结构特征[103]。EOF 被广泛用于提取变异模式,并解释数据总方差中最重要的部分[104]。本研究利用 EOF 识别水源涵养量的空间分布特征。

6.1.5　层次分区分析

层次分区分析(hierarchical partitioning analysis,HPA)将单个变量的影响与其他变量

的相关性所产生的联合贡献分开[105]。利用 HPA 研究了模型输入因子对 WC 的贡献率。本研究使用了 HPA 的“hier. part”和“gtools”的 R 统计包[106-107]。

6.1.6　干旱指数

干旱指数(aridity index, AI)也称为布迪科指数,代表一个地区的干湿程度。干旱指数的表达式为潜在蒸散发量(PET)与降水量(PRECIP)的比值[108-109]。郑景云等[110]提出了 4 个分类,包括湿润(AI≤1.00)、半湿润(1.00<AI≤1.50)、半干旱(1.50<AI<5.00)和干旱(AI≥5.00)。

6.1.7　变异系数

变异系数(coefficient of variation, CV)是时间序列平均值的标准偏差比[111]。CV 可用于表征水源涵养量变化的分散程度,CV 值越大,波动越大[112]。

6.1.8　水源涵养功能重要性分级

根据生态环境部发布的《国家生态保护红线——生态功能基线划定技术指南(试行)》(环发〔2014〕10 号)中关于水源涵养功能关键区域划分的规定,利用 ArcGIS 软件中的分位数分类方法,将月水源涵养量和月水源涵养量变化系数分为 5 个等级[113]。重要性从低到高分为 5 组:一般重要、更重要、中等重要、高度重要和极重要。将极重要和高度重要的区域划分为水源涵养功能重要区。

6.2　水源涵养模型构建

6.2.1　参数取值分析

SWAT 模型是建立在物理机制上的半分布式模型,参数众多,且由于水文陆面过程中参数的空间差异较大,不同参数在不同区域对水文过程影响程度不一样。通过对参数的敏感性分析进行参数筛选,可以减少模型率定参数的数量,提高模型运行时间效率和减少参数的不确定性。基于 SWAT-CUP 工具,本研究利用黄河源区 11 个水文站点的月尺度径流观测数据对模型参数进行率定和验证,选用 SUFI-2 算法对模型进行校准,表 6-1 为模型率定和验证的参数最终取值。

6.2.2　率定和验证结果

黄河沿、吉迈、门堂、玛曲、军功、唐乃亥、黄河、久治、唐克、若尔盖和大水 11 座水文站月平均流量的模拟值与实测值的拟合过程如图 6-1 所示,结果表明,流量过程在率定期和验证期拟合结果较好,R^2 在 0.62 以上,E_{NS} 在 0.62 以上,PBIAS 在±20%范围内,本研究构建的模型可以用于黄河源区水文过程模拟。

表 6-1　模型参数取值

参数	干流						支流				
	黄河	黄河	黄河	黄河	黄河	黄河	热曲	沙柯曲	白河	黑河	黑河
	黄河沿	吉迈	门堂	玛曲	军功	唐乃亥	黄河	久治	唐克	若尔盖	大水
V__CN2. mgt	96.97	56.57	31.75	62.79	72.99	26.24	124.81	50.47	55.02	52.01	47.20
V__SOL_AWC. sol	0.59	0.21	1.46	0.50	0.60	0.82	0.80	0.71	0.81	1.82	0.17
V__GW_DELAY. gw	14.50	611.62	−88.99	397.06	100.92	138.62	47.49	270.93	273.17	−47.24	115.39
V__ALPHA_BF. gw	0.10	0.26	0.30	0.74	0.69	0.83	0.51	0.42	0.82	0.20	0.18
V__GWQMN. gw	1 915.00	6 413.17	2 977.61	3 676.47	2 006.43	3 218.50	2 450.62	2 020.48	568.45	2 202.95	2 076.81
V__ESCO. hru	0.87	0.39	0.93	0.32	0.84	0.21	0.89	0.47	0.68	0.87	0.31
V__SOL_K. sol	928.67	−1 569.52	−923.01	176.47	−321.67	132.16	1 067.90	−407.79	62.45	33.27	1 185.09
V__CH_K2. rte	412.83	449.32	−26.00	279.41	158.13	281.40	129.14	210.19	199.07	149.11	840.01
V__GW_REVAP. gw	0.09	0.02	−0.06	0.07	−0.01	0.06	−0.03	0.17	0.16	0.07	0.04
V__REVAPMN. gw	55.83	314.61	202.27	191.18	240.36	180.69	192.48	257.34	214.19	182.65	212.80
V__SOL_BD. sol	2.30	−0.44	1.38	0.95	1.90	0.72	3.07	2.25	1.22	1.70	2.85
V__CH_N2. rte	0.19	−0.13	0.15	0.13	0.16	0.18	0.14	0.09	0.11	−0.05	0.14
V__EPCO. hru	0.70	0.71	1.18	0.68	0.74	0.69	0.04	0.94	0.53	0.88	0.91
V__RCHRG_DP. gw	0.11	0.33	1.18	0.68	1.24	1.12	0.61	0.68	0.63	0.42	0.12
V__HRU_SLP. hru	0.03	0.10	−0.32	0.44	0.15	0.02	0.39	0.78	0.47	0.26	−0.15
V__TLAPS. sub	−8.43	10.01	16.29	3.53	1.16	4.42	0.53	−2.07	7.75	6.37	4.22

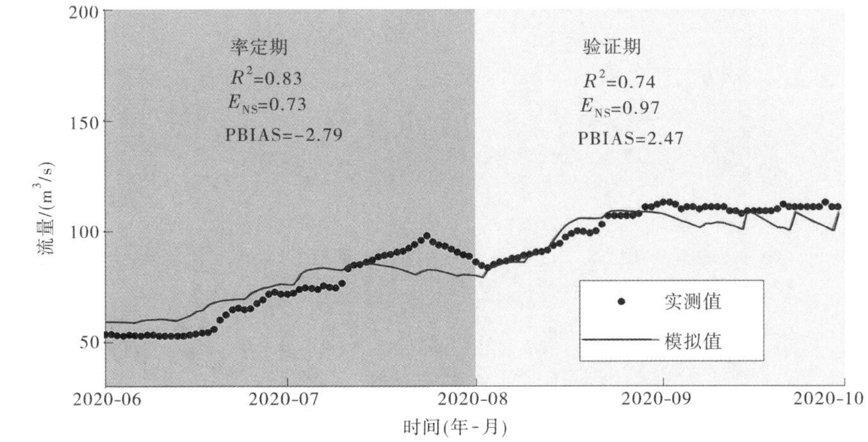

(a)黄河沿

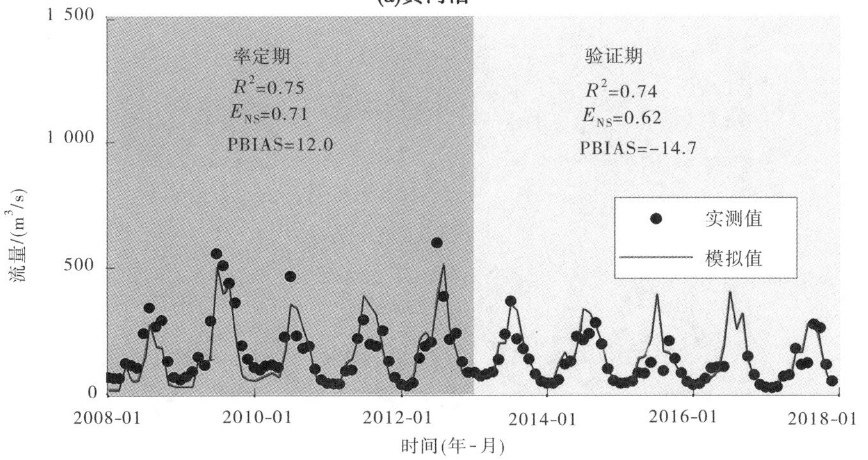

(b)吉迈

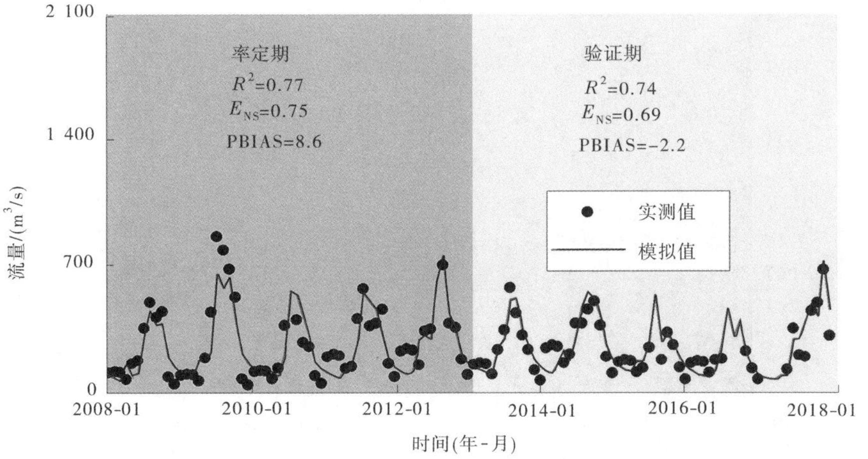

(c)门堂

图 6-1　径流率定期与验证期模拟值与实测值对比

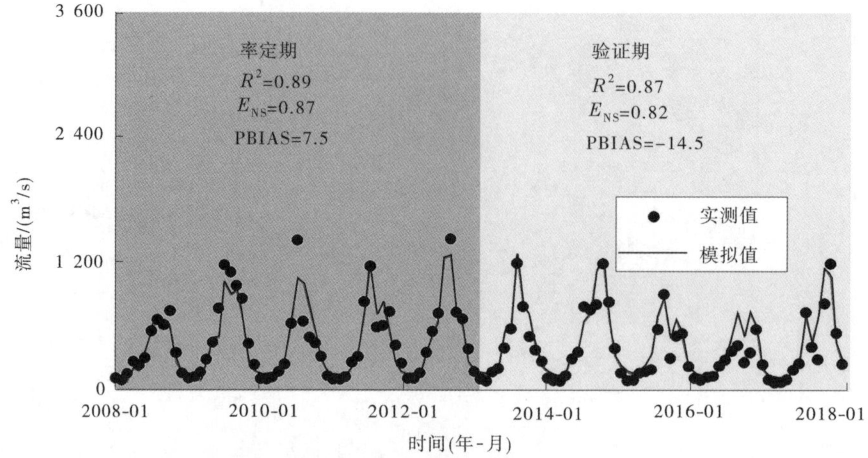

(d)玛曲

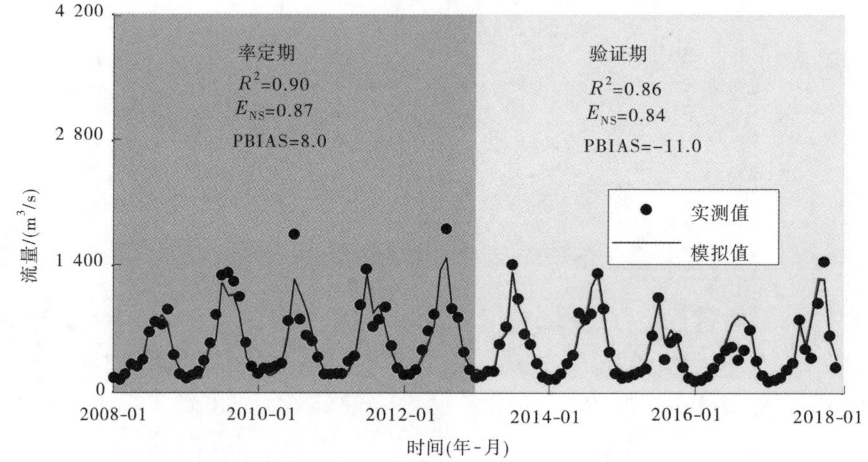

(e)军功

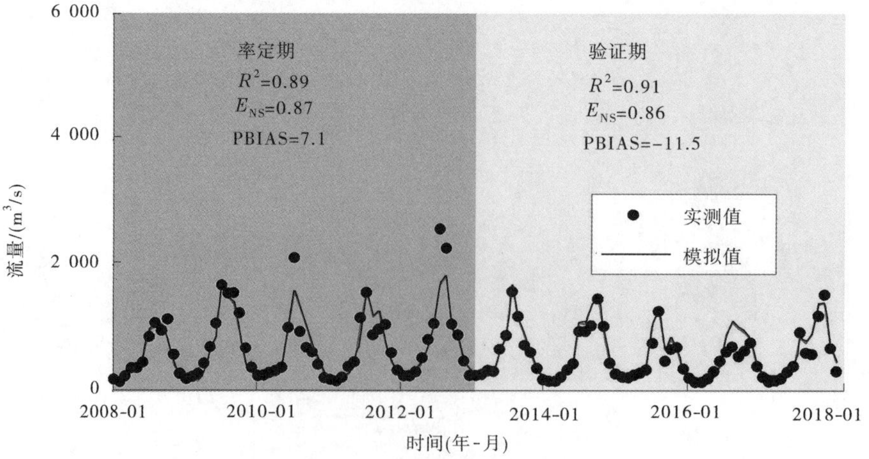

(f)唐乃亥

续图 6-1

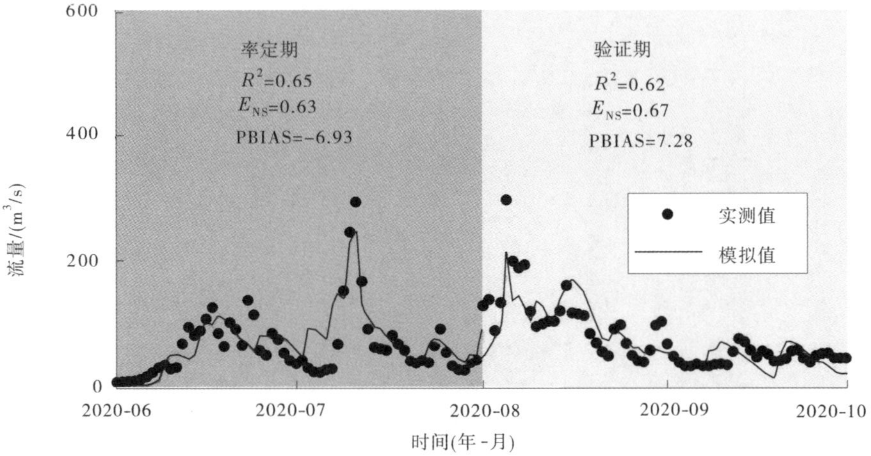

(g)黄河

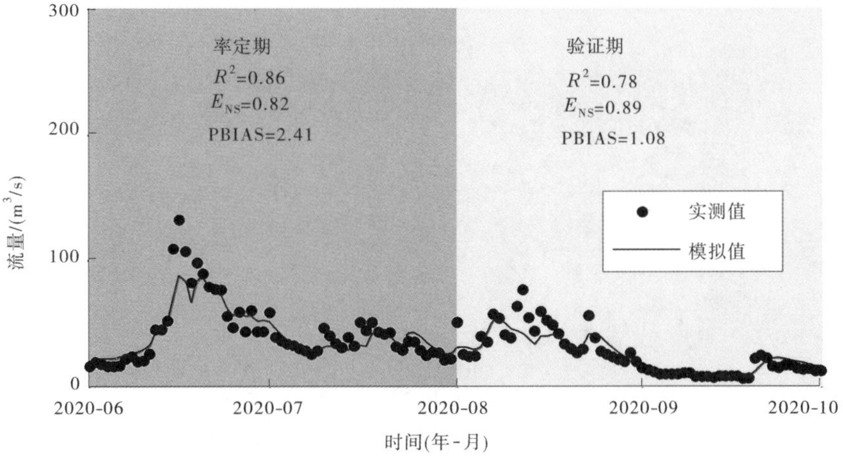

(h)久治

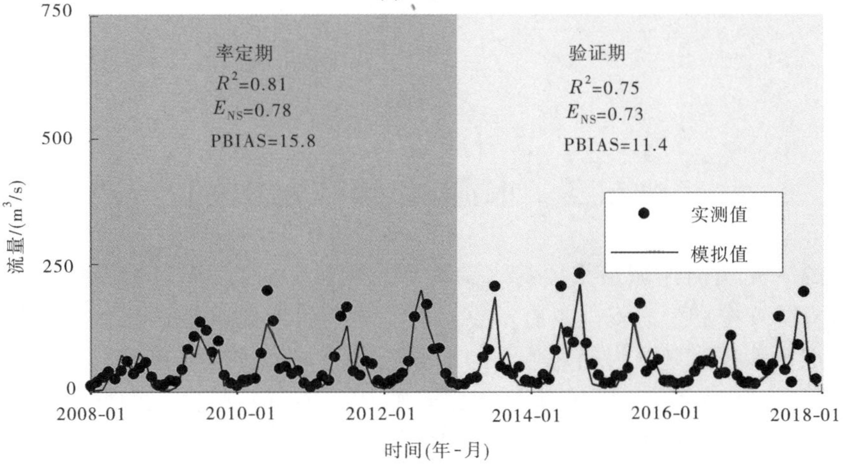

(i)唐克

续图 6-1

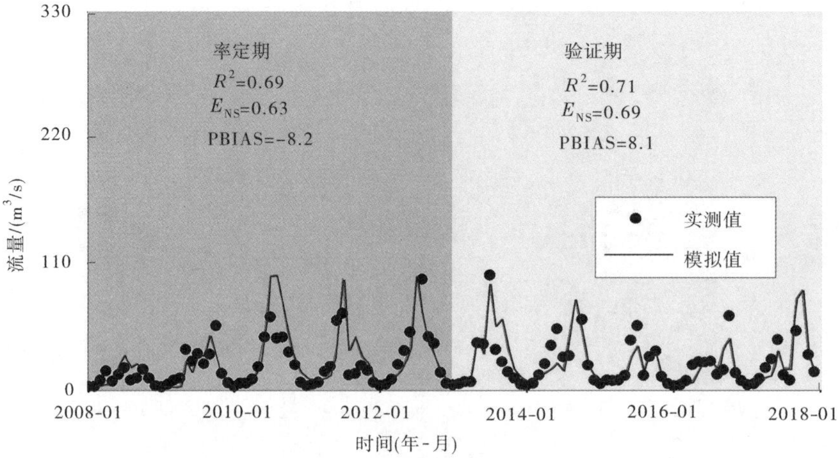

(j)若尔盖

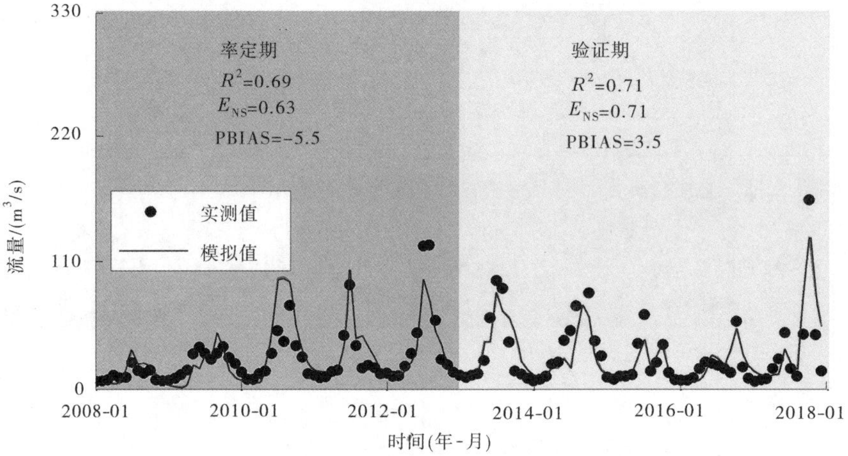

(k)大水

续图 6-1

6.3　水源涵养单元识别

黄河源区是黄河流域最重要的水源地和产流区，贡献了超过全流域37%的产流量，对流域水资源安全和生态安全具有重要意义。当前针对黄河源区水源涵养的研究，缺乏从空间上把黄河源区划分为相对独立的水源涵养区即水源涵养单元，根据水源涵养单元及其水源涵养功能变化，识别关键影响因素，提出具有针对性的水源涵养功能提升措施。鉴于黄河源区自然禀赋差异较大，空间异质性较强，需要采用一种更加科学的手段对黄河源区水源涵养单元进行识别，从子流域划分、各子流域特征向量构建、聚类算法等多方面来识别黄河源区水源涵养单元。首先根据DEM数据将黄河源区划分子流域，然后提取每个子流域的气候、植被、土壤、下垫面等指标属性占比，使用层次聚类法进行自下而上的相似性聚类。同时,为数据验证方便,参考专家知识,尽量将水文站所在位置处于水源涵养单元的出口。

层次聚类也叫作层次聚类分析(hierarchical cluster analysis, HCA),旨在得到样本簇结构的同时发现样本分布的层次结构。同时,层次聚类算法一般来说可以分为两种:一种是自下而上(bottom-up)的凝聚层次聚类(agglomerative clustering),另一种是自上而下的分裂层次聚类(divisive clustering),本研究选择自下而上的凝聚层次聚类法。其原理是:先让所有点分别成为一个单独的簇,然后通过相似性不断组合,直到最后只有一个簇。

6.3.1　子流域划分

地表水文数字分析是根据无洼地的DEM数据提取所含水文信息特征的过程。例如,提取地表径流模型所需的水流方向、长度、汇流累积量、河流网络,对研究区的流域进行分割等。通过基本水文分析得到基础水文因子信息,水流的流动过程便可以在DEM表面上可视化表现出来,满足水文分析的需要。本研究采用ArcGIS提供水文分析和地下水分析模块,其中水文分析是针对地表水分析的常用工具。通过该模块中的栅格填洼、流向计算、流量汇积,根据栅格计算器给定阈值提取河流栅格,对河流栅格进行重分类,做河流栅格的连接处理,再做流域分析和符号化处理,即可得到子流域分割结果。通过以上步骤,最终将黄河源区划分为50个子流域(见图6-2)。

图6-2　黄河源区子流域划分结果

6.3.2　特征向量构建

在多维空间中,个体可以使用一系列特征值表征,某个特定的特征值对应的特征向量表征了个体的空间特征。因此,在聚类算法中,经常通过构建个体的向量举证达到聚类识别的目的。由于黄河源区自然禀赋空间异质性较大,本研究选择地貌区划、下垫面、气候类型、植被分布、植被类型等15项区划数据图层,各图层平均有4个属性类别,最终特征矩阵由66个指标构成,特征矩阵的行列数为50(子流域个数)×66(特征指标),构建黄河源区子流域特征向量。例如,冻土区划包含两个指标,分别为永久冻土和季节性冻土。属性表的设置方法就是计算子流域所占的永久冻土和季节性冻土的面积的百分比。最终,每个子流域将包含66个属性。具体采用的区划数据和各区划数据包含的指标数量见表6-2。

表6-2 水源涵养单元识别聚类指标

区划图层	指标数量	区划图层	指标数量
地貌区划	8	植物地区	3
冻土	2	植物亚区	3
国家生态保护区	3	径流带	3
气候类型	3	径流分区	3
生态地理区划	5	中国气候区划	2
土地类型	6	中国植被区划	6
土壤区划	5	中国综合自然区划	4
植被分布图	10		

6.3.3 层次聚类

通过计算不同类别数据点间的相似度来创建一棵有层次的嵌套聚类树。在聚类树中,不同类别的原始数据点是树的最底层,树的顶层是一个聚类的根节点。层次聚类的合并算法通过计算两类数据点间的相似性,对所有数据点中最为相似的两个数据点进行组合,并反复迭代这一过程。简单地说,层次聚类的合并算法是通过计算每一个类别的数据点与所有数据点之间的距离来确定它们之间的相似性,距离越小,相似度越高。并将距离最近的两个数据点或类别进行组合,生成聚类树。本研究采用余弦相似性距离作为相似性判别标准,最终得到黄河源区子流域聚类谱系图。

6.3.4 专家知识修正

为数据验证方便,参考专家知识,尽量使得水源涵养单元内都包含1个水文站,并尽可能使水文站位于水源涵养单元的出口,以验证不同聚类数量下水源涵养单元空间分布是否满足要求。

6.3.5 水源涵养单元识别结果

综上,黄河源区共划分为10个水源涵养单元,其空间分布如图6-3所示。不同水源涵养单元的周长、面积、冻土分区、气候分区属性见表6-3。

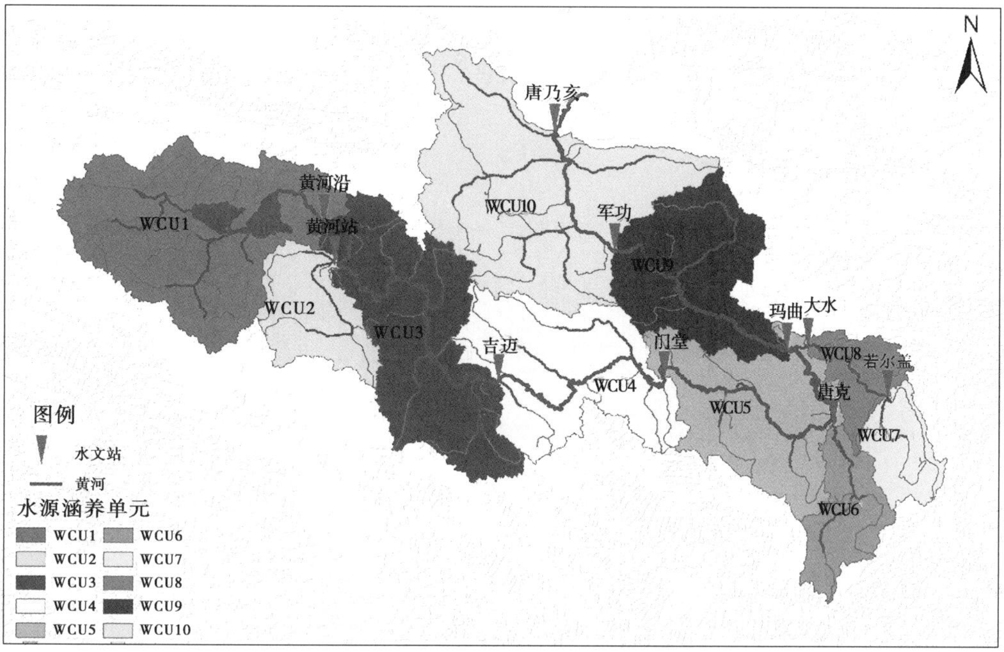

图 6-3　黄河源区水源涵养单元

表 6-3　黄河源区水源涵养单元基本属性

水源涵养单元	周长/km	面积/km^2	季节性冻土/km^2	永久冻土/km^2	温带草原气候/km^2	温带落叶阔叶林气候/km^2	温带森林草原气候/km^2	亚寒带草原气候/km^2
WCU1	2 577. 7	19 824. 8	1 081. 9	18 742. 9	613. 5	0	0	19 211. 3
WCU2	997. 2	6 430. 8	276. 9	6 153. 9	3 131. 2	0	0	3 299. 6
WCU3	4 639. 7	17 249. 8	5 565. 5	11 684. 3	16 845. 0	0	0	404. 8
WCU4	4 310. 9	14 282. 6	8 549. 9	5 732. 7	14 282. 6	0	0	0
WCU5	1 883. 3	13 274. 6	12 862. 5	412. 1	6 153. 4	0	7 121. 2	0
WCU6	640. 8	5 425. 4	5 374. 4	51. 0	0	0	5 425. 4	0
WCU7	481. 3	3 954. 8	3 954. 8	0	0	590. 4	3 364. 4	0
WCU8	514. 4	3 758. 4	3 758. 4	0	0	0	3 758. 4	0
WCU9	1 636. 6	12 367. 5	11 659. 3	708. 2	12 367. 5	0	0	0
WCU10	4 493. 5	2 4219. 1	15 347. 1	8 872. 0	24 219. 1	0	0	0

6.4　水源涵养演变过程

6.4.1　时间尺度

1970—2020 年黄河源区水源涵养量如图 6-4 所示，黄河源区 1970—2020 年平均水源

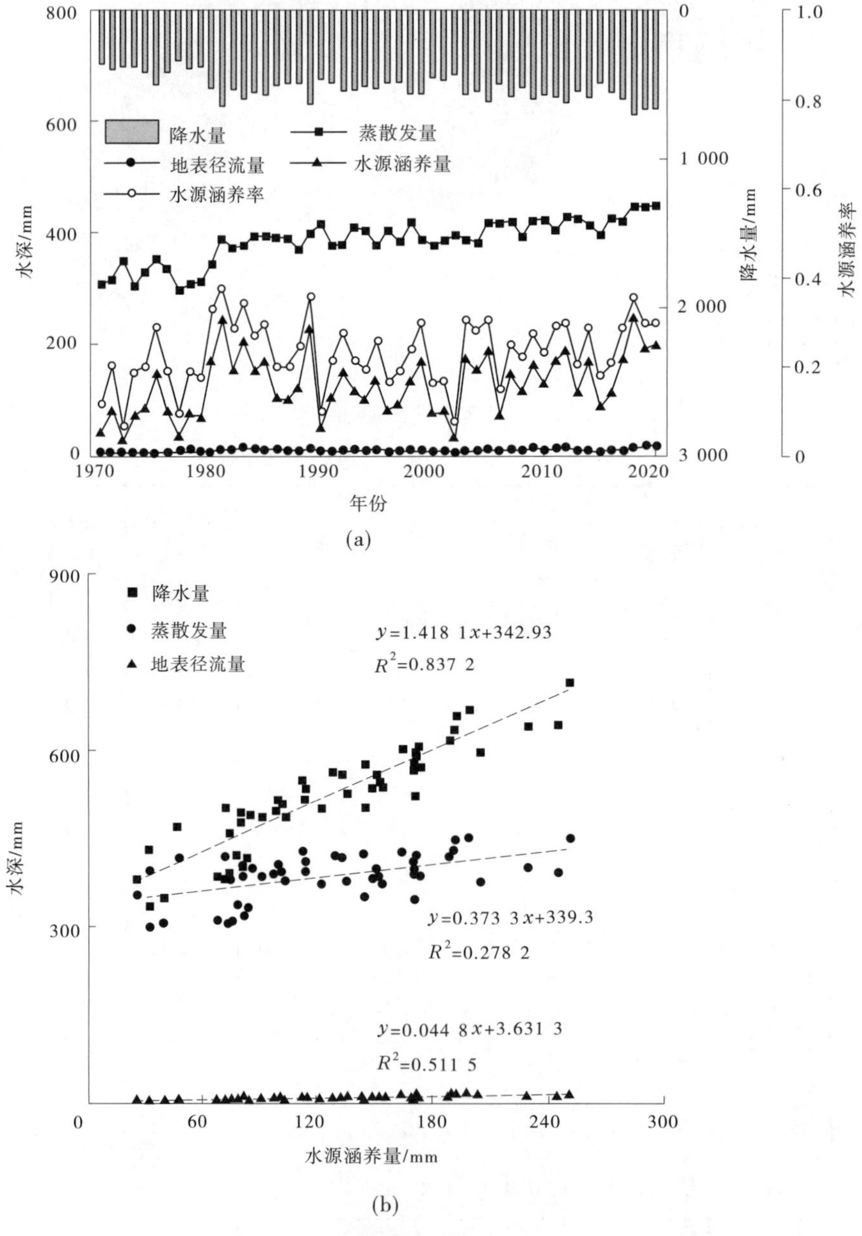

图 6-4　黄河源区水源涵养量 1970—2020 年变化趋势

涵养量为 126. 7 mm,最高是 2018 年的 250. 7 mm,最低是 1972 年的 25. 8 mm;年水源涵养量与年降水量的相关性最大,相关系数达 0. 837 2。

6. 4. 2　空间变化

6. 4. 2. 1　总量变化

黄河源区及不同水源涵养单元不同时段水源涵养量空间分布如图 6-5 所示,总体呈现出东多西少、南多北少的特征,空间差异明显。对于整个黄河源区不同水源涵养单元的水源涵养量呈现出 WCU6 > WCU7 > WCU5 > WCU4> WCU9 > WCU8 > WCU2 > WCU3 > WCU1 > WCU10,最大相差 314. 8 mm。对于不同时期而言,2010—2020 年水源涵养量最大,1990—2000 年水源涵养量最小。

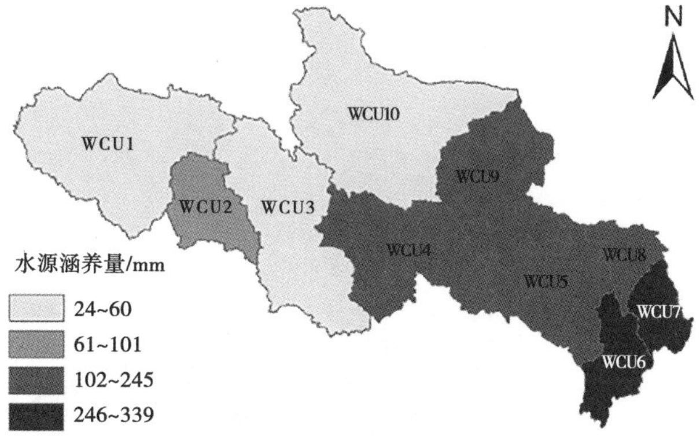

(a)1970—2020年

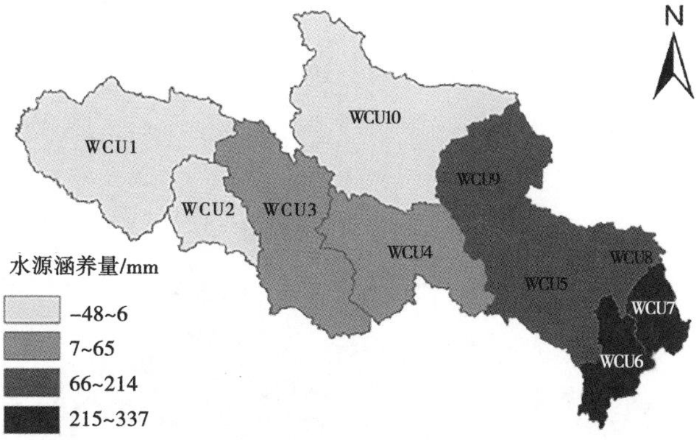

(b)1970—1979年

图 6-5　黄河源区及不同水源涵养单元不同时段平均水源涵养量空间分布

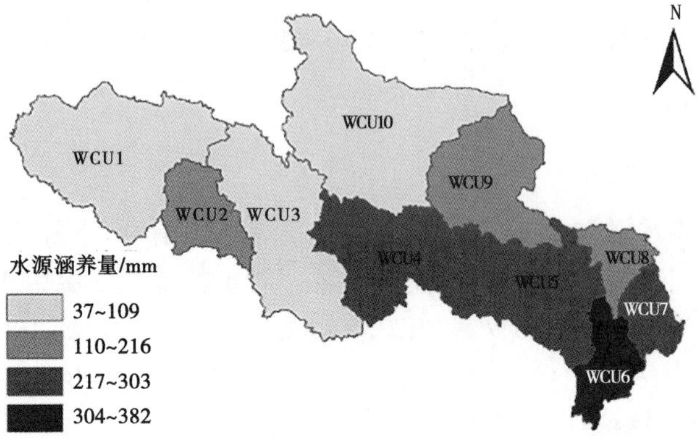

(c)1980—1989年

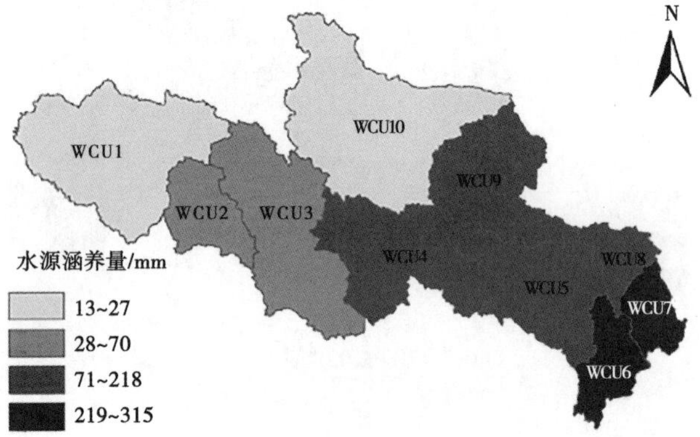

(d)1990—1999年

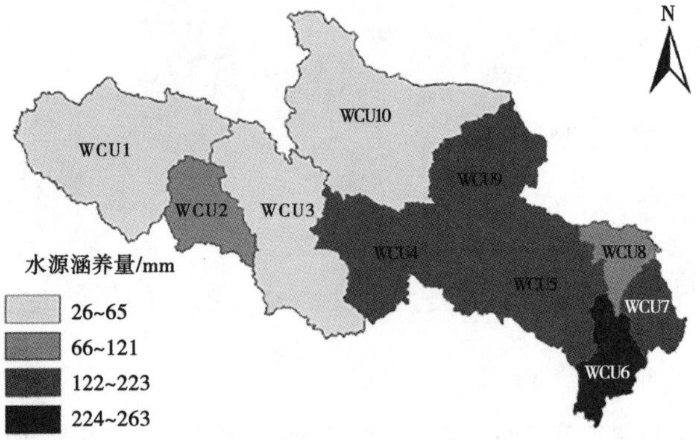

(e)2000—2009年

续图 6-5

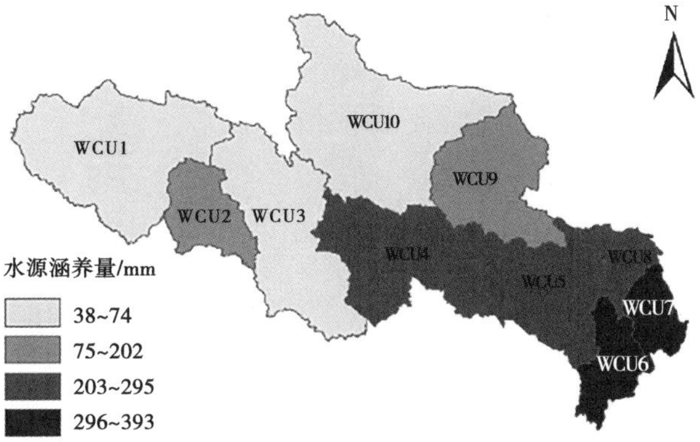

(f)2010—2020年

续图 6-5

6.4.2.2　基于 EOF 分析的空间格局变化特征

前两个主要成分的方差贡献率约为 79.63%，因此给出了前两个主要成分对应的空间和时间特征（见图 6-6）。EOF1 的方差贡献率为 71.47%。EOF1 的空间特征在整个区域是一致的和正的，表明水源涵养量的变化趋势是一致的。EOF2 的方差贡献率为 8.17%。EOF2 的空间特征与 EOF1 相反，反映了水源涵养量南北的空间差异。

6.4.2.3　水源涵养量周期变化特征

通过连续小波变换分析 WC 的周期性特征（见图 6-7），可知 WCU1～WCU10 的水源涵养量的 CWT 在该区域周围有一条明显的实心黑线。结合 GWS 可以发现，WCU1～WCU10 的水源涵养量有一个明显的主周期（12 个月）。

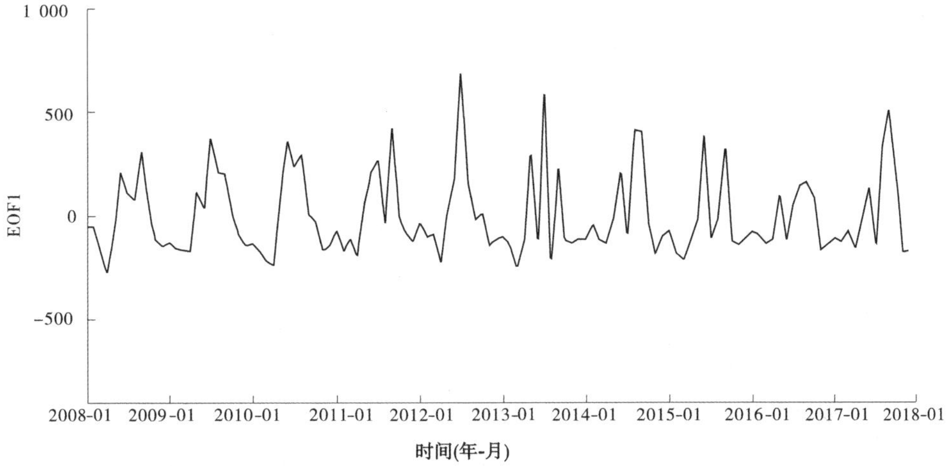

(a)EOF1

图 6-6　水源涵养量波动的 EOF 特征及其相应的变化

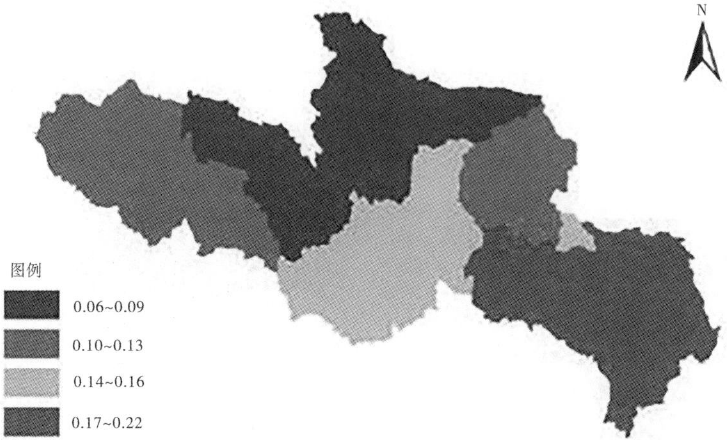

(b)EOF1(71.47%)

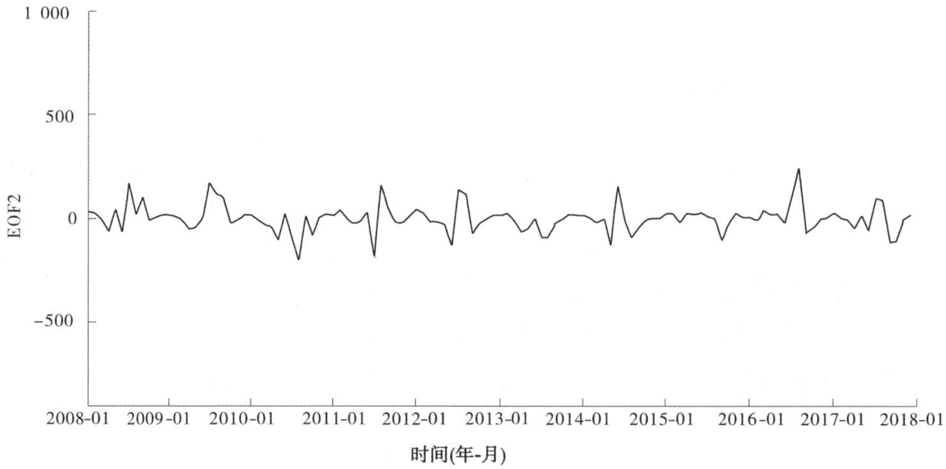

(c)EOF2

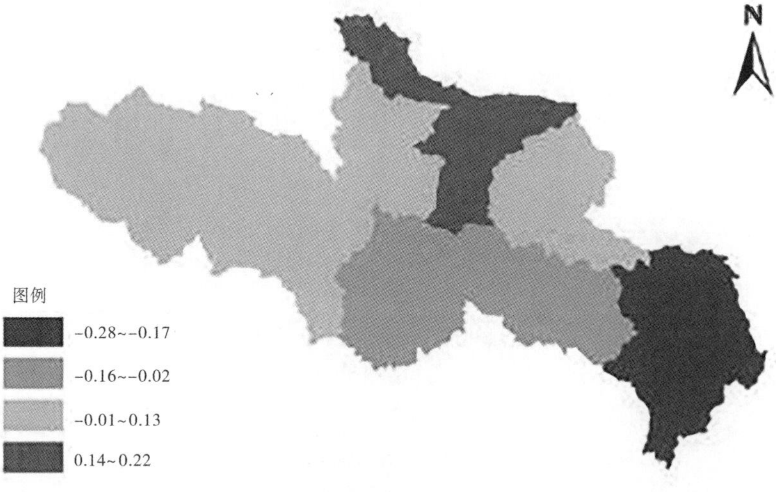

(d)EOF2(8.17%)

续图 6-6

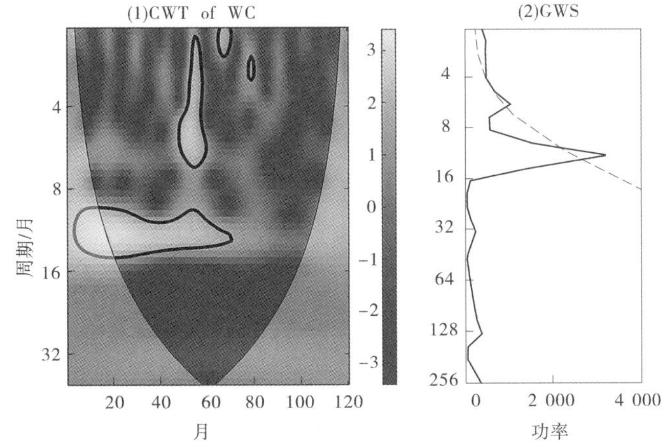

(a)WCU1

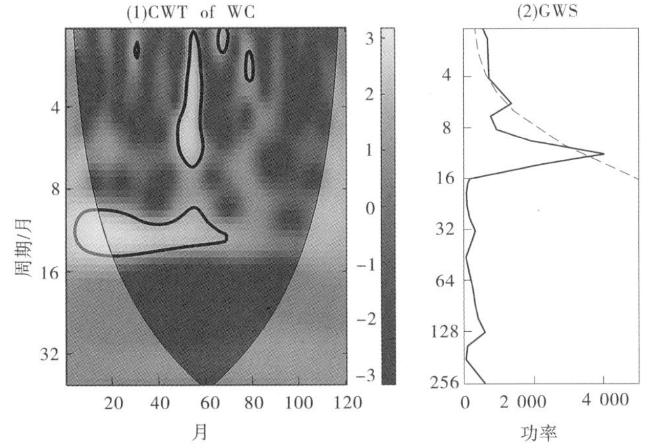

(b)WCU2

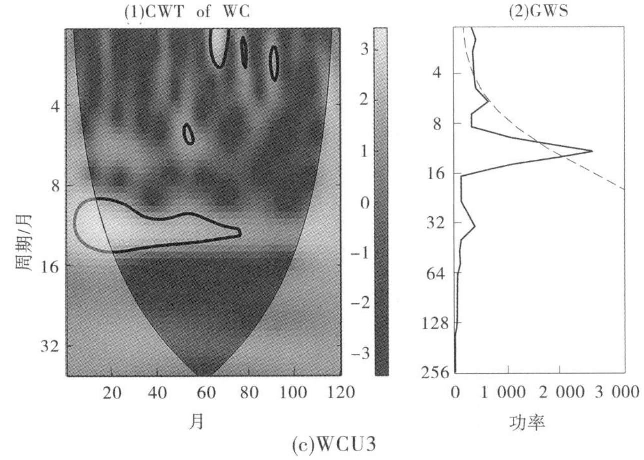

(c)WCU3

注:粗轮廓表示红色噪声的 5%显著性水平,影响锥(COI)为较浅的阴影[98]。

图 6-7　水源涵养量的交叉小波变换(CWT)和全局小波谱(GWS)

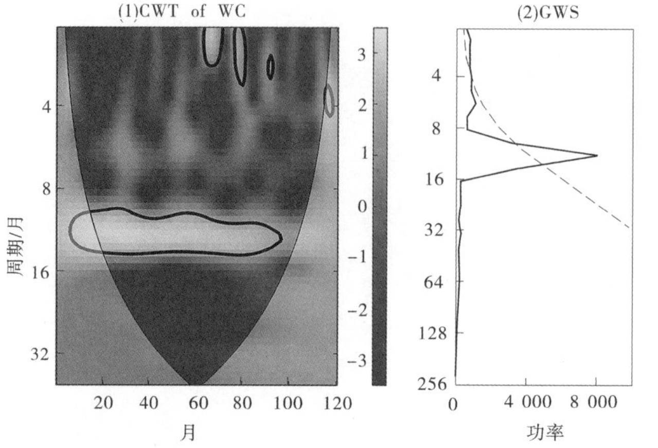

(d)WCU4

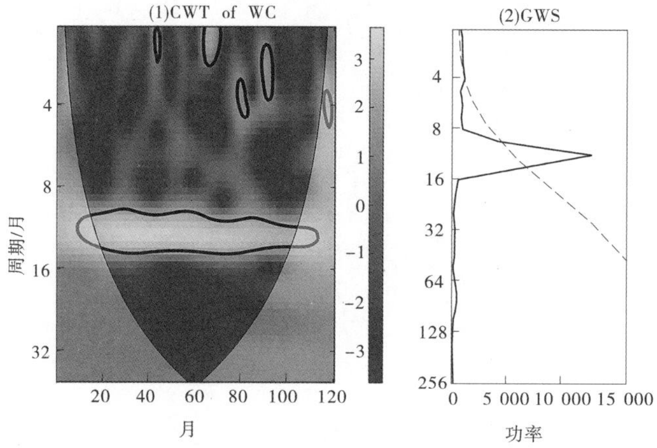

(e)WCU5

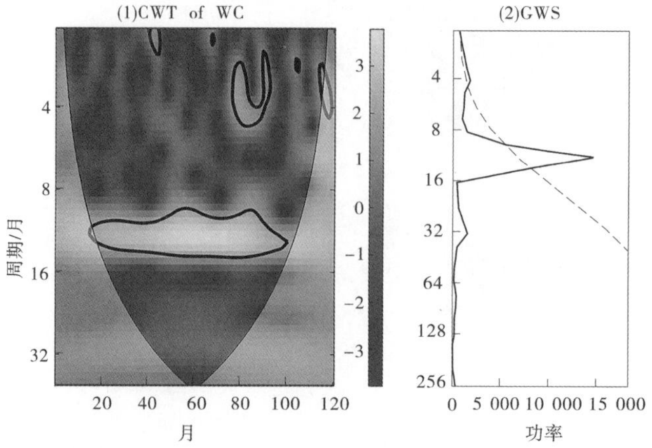

(f)WCU6

续图 6-7

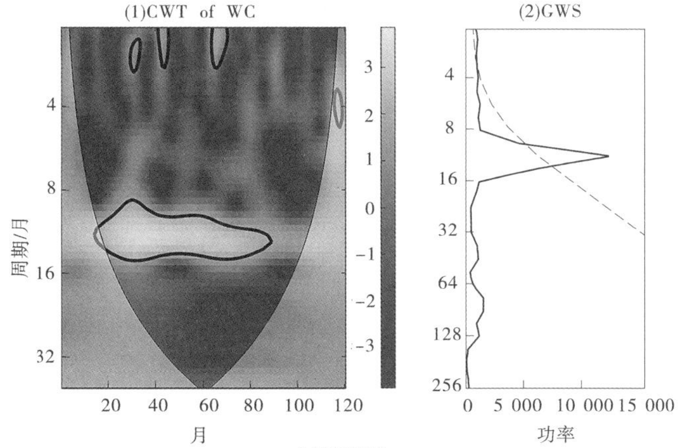

(g)WCU7

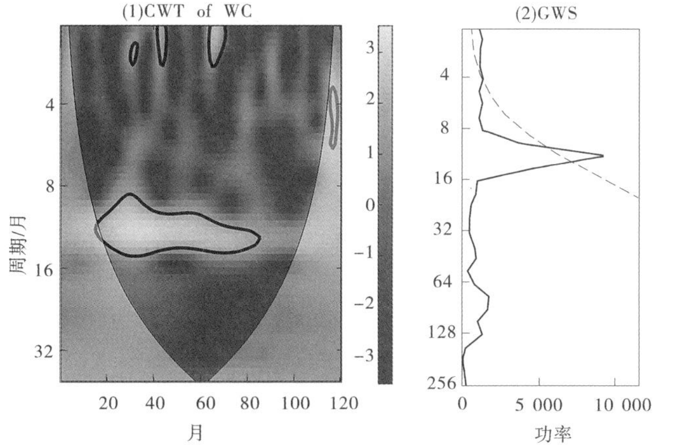

(h)WCU8

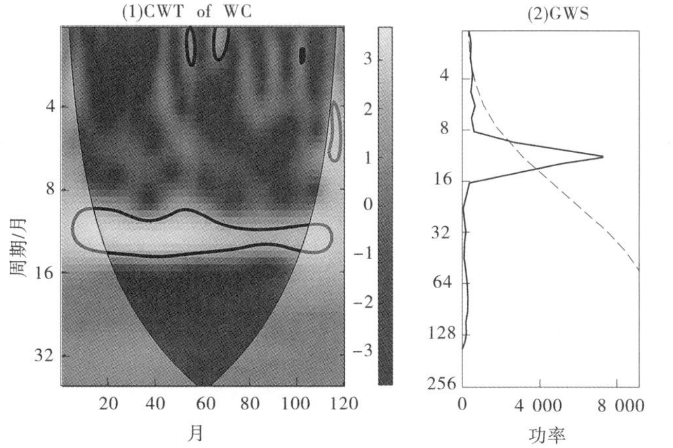

(i)WCU9

续图 6-7

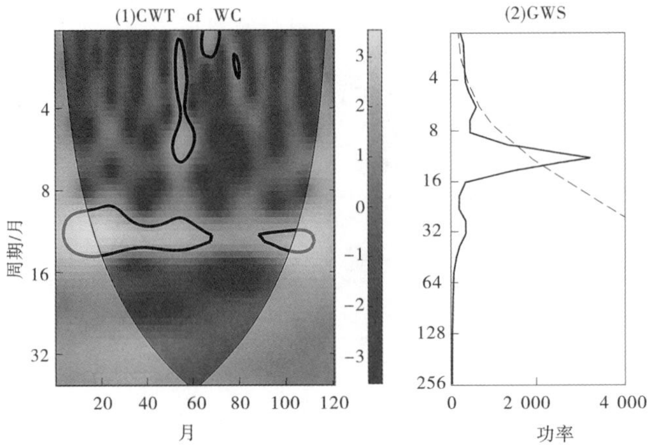

(j)WCU10

续图 6-7

6.4.3　生态系统水源涵养量变化

6.4.3.1　土地利用尺度

黄河源区土地利用类型主要包括耕地(AGRL)、林地(FRST)、高覆盖度草地(RNGB)、中覆盖度草地(RNGE)、低覆盖度草地(SWRN)、水体(WATR)、人造地表(URBN)、未利用土地(BARR)和湿地(WETL)9种土地利用类型。图6-8显示了按年平均和月平均分组的不同土地利用类型下降水量(PRECIP)、实际蒸散发量(ET)、地表径流量(SURQ)、水源涵养量(WC)和水源涵养率(WCR)的变化趋势。湿地是水源涵养量和水源涵养率中最大的土地利用类型,其次是林地和高覆盖度草地。在月尺度上,1—4月、11月和12月水源涵养量为负值,除5月的湿地外,其他土地利用类型的水源涵养量在5—10月为正值。当水源涵养量为正值时,其值远大于负值。湿地、林地和高覆盖度草地仍然是最重要的水源涵养生态系统。

6.4.3.2　土壤尺度

黄河源区土壤类型主要包括黑钙土(CHh)、栗钙土(KSl)、砂性土(ARh)、疏松岩性土(RGc)、黑土(PHh)、铁铝土(GLm)、有机土(HSs)、石膏土(HSf)、盐土(SCm)、薄层土(LPi)、雏形土(CMi)、高活性淋溶土(LVh)、水体(WR)。图6-9显示了不同土壤类型下降水量(PRECIP)、实际蒸散发量(ET)、地表径流量(SURQ)、水源涵养量(WC)和水源涵养率(WCR)的年平均和月平均变化。在年尺度上,除栗钙土外,其他土壤类型的水源涵养量和水源涵养率均为正。高活性淋溶土的水源涵养量和水源涵养率最大,其次是有机土、石膏土和砂性土。就月尺度而言,1—4月、11月和12月,不同土壤类型的水源涵养量和水源涵养率为负,其他月份为正。水源涵养率的变化趋势为1—5月递减后递增,6—10月基本不变,10—12月呈线性下降。高活性淋溶土、有机土和石膏土是最重要的土壤类型。

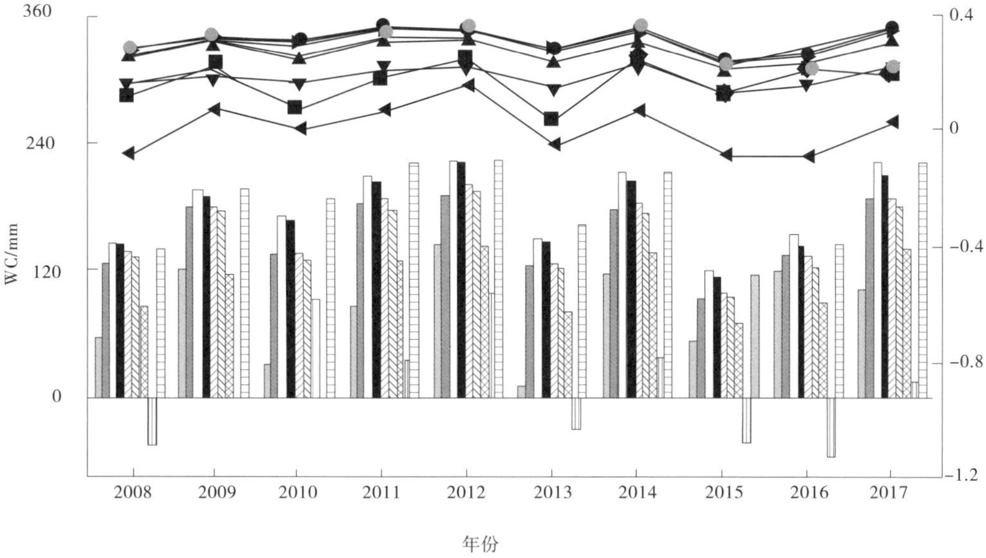

(a)年平均变化

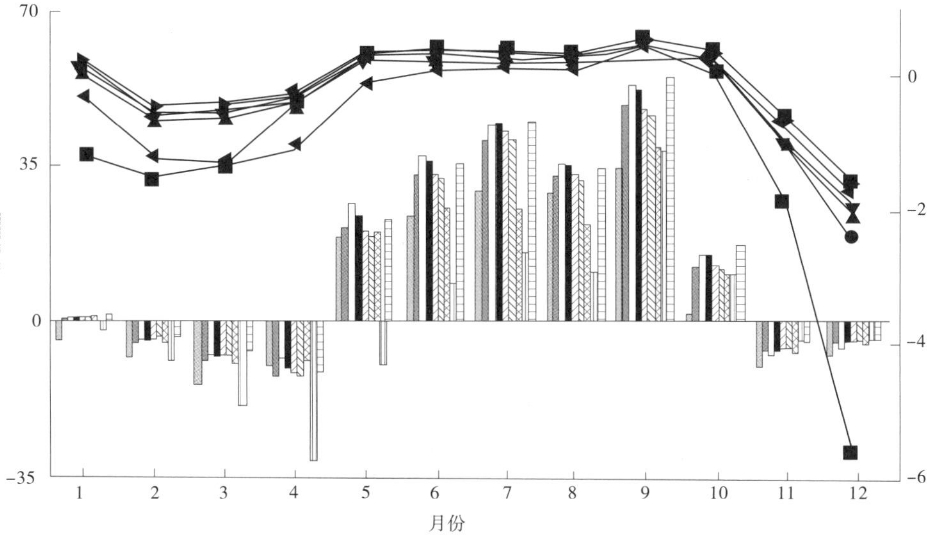

(b)月平均变化

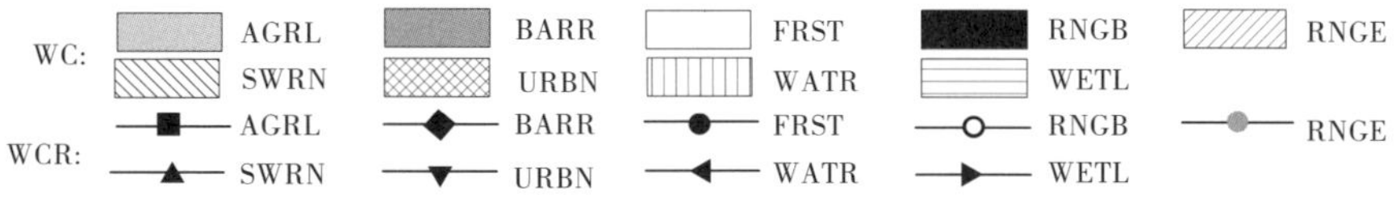

图 6-8　不同土地利用类型下水源涵养量(WC)和水源涵养率(WCR)的年平均变化及月平均变化

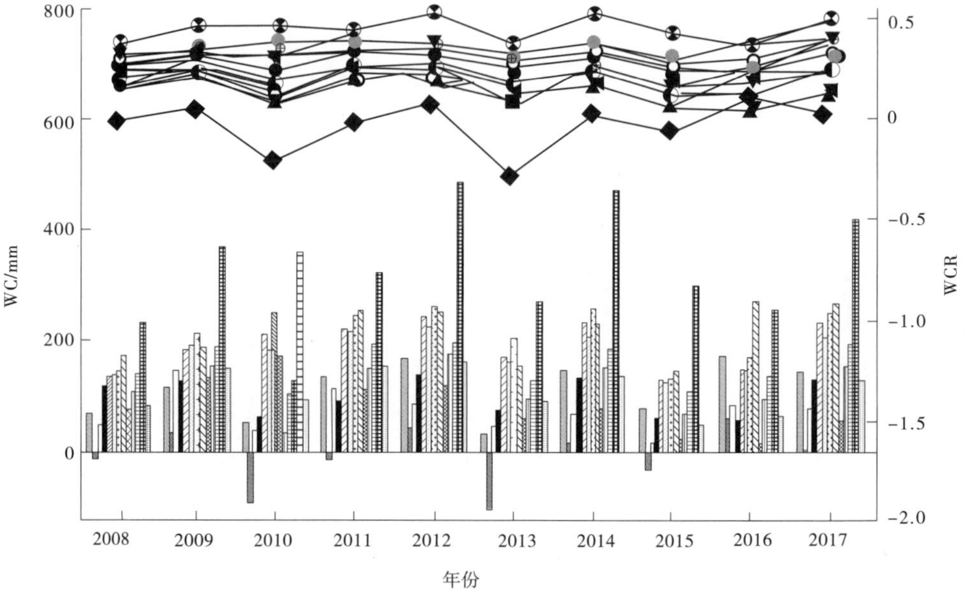

(a)年平均变化

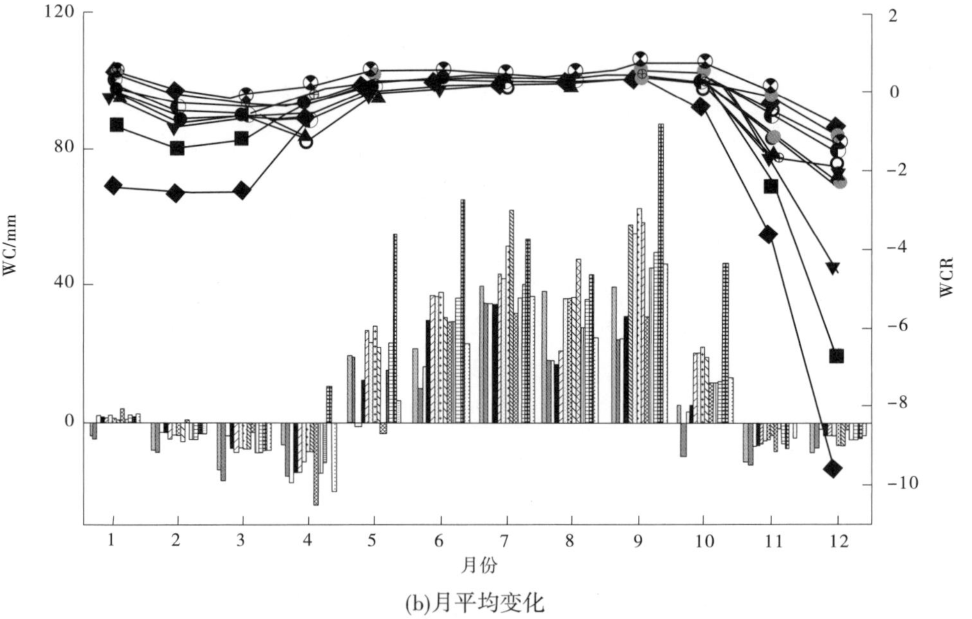

(b)月平均变化

图 6-9　不同土壤类型下水源涵养量(WC)和水源涵养率(WCR)的年平均变化及月平均变化

6.4.3.3　不同生态系统水源涵养量差异

土地利用和土壤生态系统对水源涵养量的影响不同[114-115]。9 种土地利用类型和 13 种土壤生态系统类型具有水源涵养功能。土地利用生态系统类型对水源涵养量的贡献最大的是湿地(12.57%),最小的是耕地(8.51%),两者差异为 4.06%。土壤生态系统类型中有机土(9.25%)对水源涵养量的作用最高,栗钙土(4.65%)最低,两者差异为 4.6%(见图 6-10)。土地利用生态系统类型是 3 个生态系统中人类活动最显著的[116]。草地(包括高覆盖度草地、中覆盖度草地和低覆盖度草地)占黄河源区总面积的 79.69%,占 WC 总量的 34.88%。林地和湿地分别贡献了 11.65%和 12.57%,占黄河源区总面积的

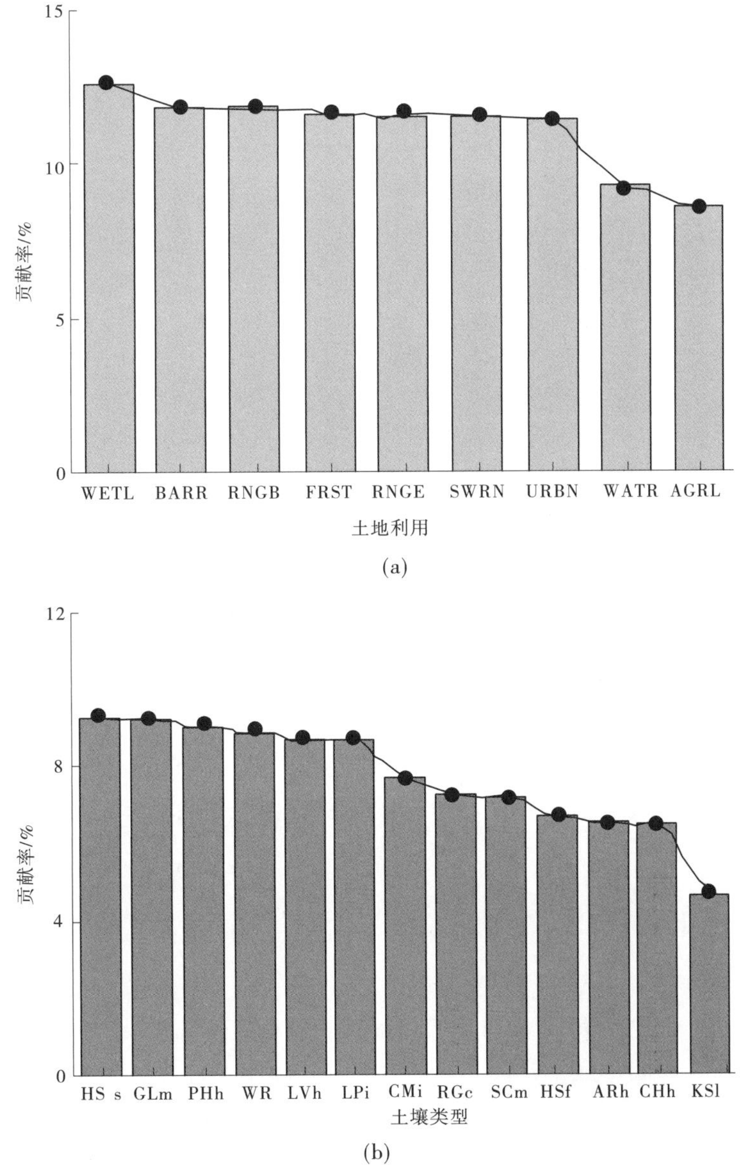

图 6-10　土地利用和土壤类型对水源涵养量的贡献率

7.35%和4.68%。保护草地、林地和湿地生态系统对于维持水源涵养非常重要。

6.4.3.4　水源涵养负值分析

在流域尺度上,降水和蒸散发是影响水源涵养量的主要气候因素[117]。降水是季风区盆地的补给源,通常与水源涵养量呈正相关[118]。蒸发蒸腾是地表水消耗的主要形式,受温度、蒸汽压、风速、太阳辐射和下垫面条件等多种因素的影响[119]。土壤蒸发和植被蒸腾是流域蒸发蒸腾的主要形式,消耗了流域内储存的水分,直接影响水源涵养量[120]。水源涵养率很好地反映了水源涵养功能的变化。当黄河源区处于旱季时,1月出现了负水源涵养率。负水源涵养率可能是由长期干旱引起的。黄河源区中大多数干旱指数对应湿润和半湿润等级。因此,本研究使用干旱指数(AI)来探索干旱对水源涵养率的影响。干旱指数曲线反映了降水量和潜在蒸散发量之间的关系。在研究期间,干旱指数曲线与水源涵养率之间存在良好的一致性(R^2=0.928 1)(见图6-11),表明水源涵养率的降低是由干旱引起的。

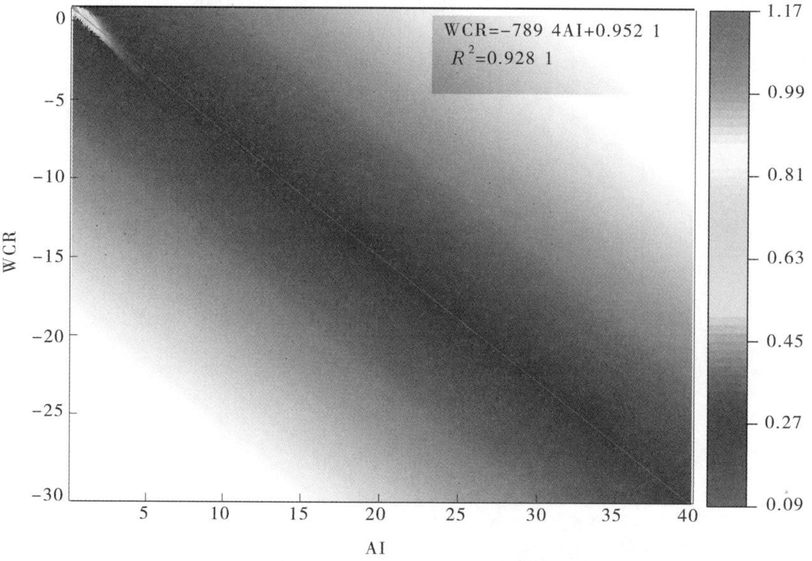

图6-11　干旱指数(AI)与水源涵养率(WCR)的关系

6.5　水源涵养演变驱动因素

6.5.1　气候变化

气温、降水量、潜在蒸散发量等气候因素变化是导致水源涵养量和水源涵养率增加的重要原因之一。图6-12为黄河源区及不同水源涵养单元气温变化趋势,整个源区气温呈现显著递增趋势,递增率为0.37 ℃/10 a;WCU1～WCU10气温均呈现增加趋势,越靠近上游,海拔越高的水源涵养单元气温递增趋势越显著,最大递增率为0.46 ℃/10 a。降水量和蒸散发量呈不显著,降水增加量大于蒸散发量有利于水源涵养量的增加。

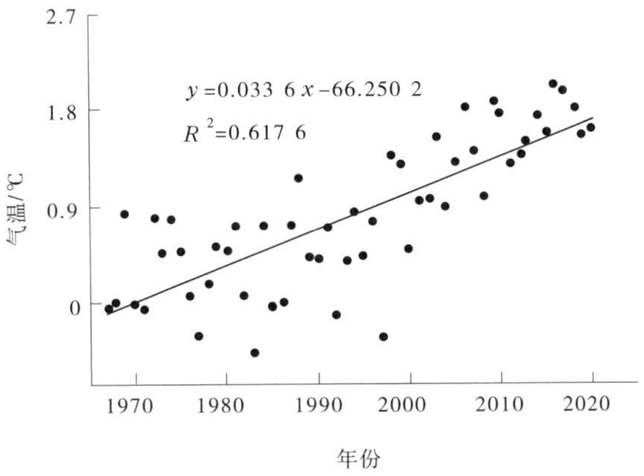

(a)黄河源区

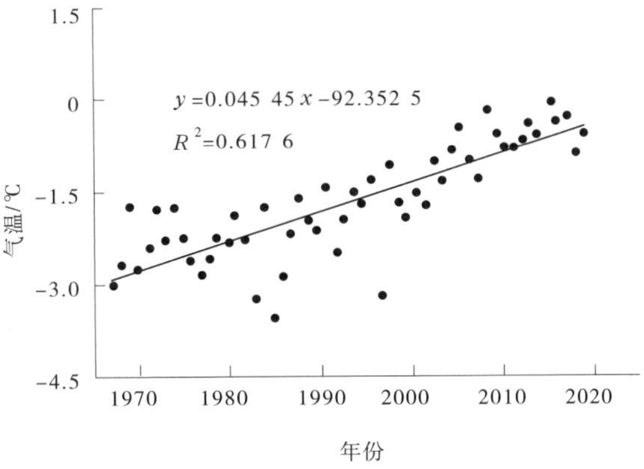

(b)WCU1

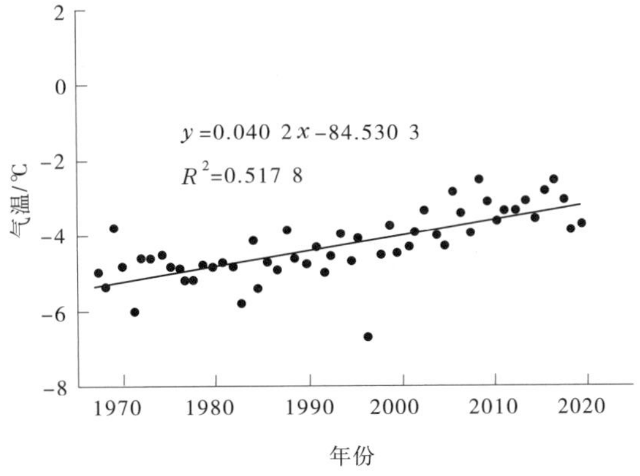

(c)WCU2

图 6-12　黄河源区及不同水源涵养单元气温变化趋势

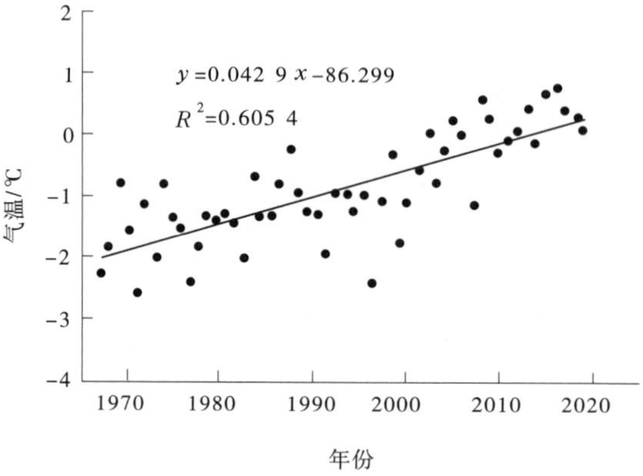

(d)WCU3

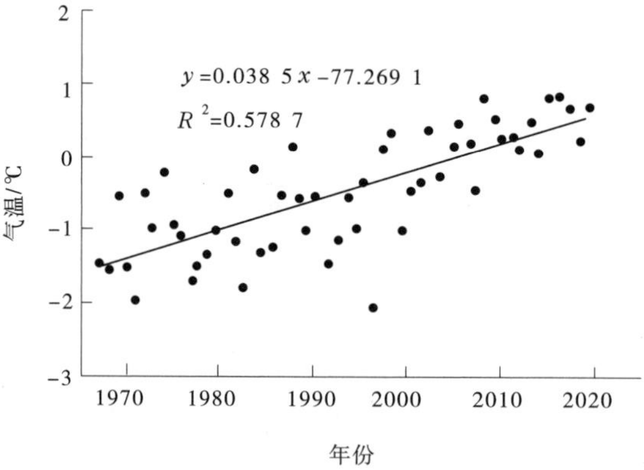

(e)WCU4

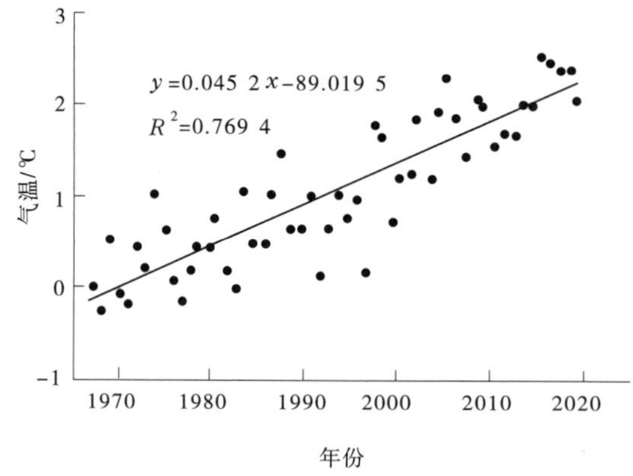

(f)WCU5

续图 6-12

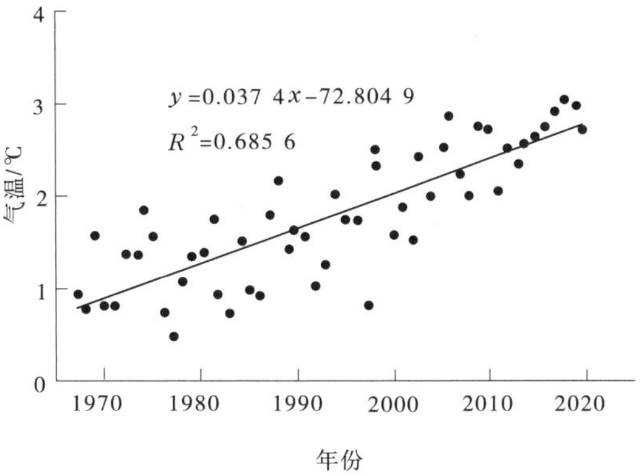

(g)WCU6

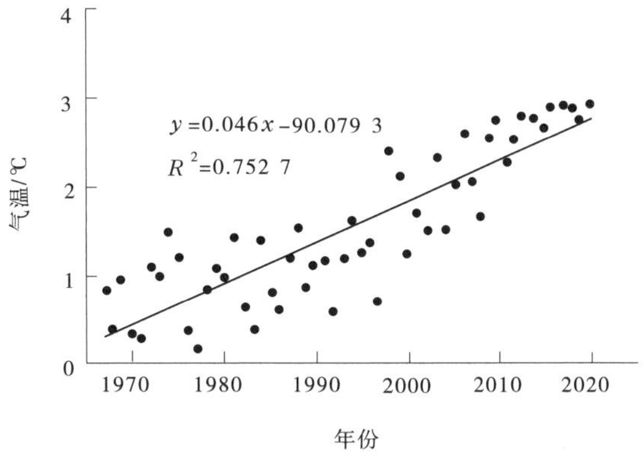

(h)WCU7

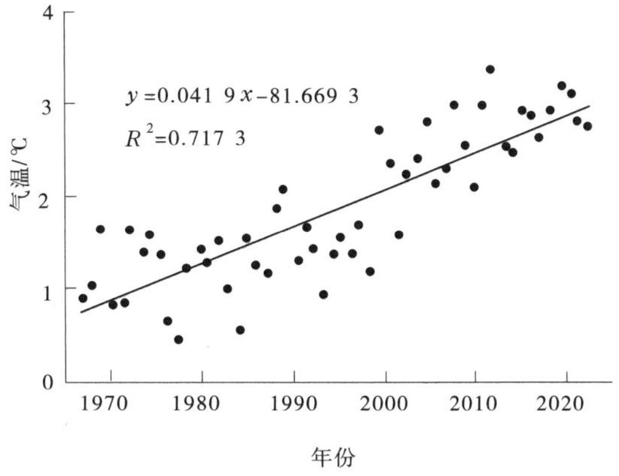

(i)WCU8

续图 6-12

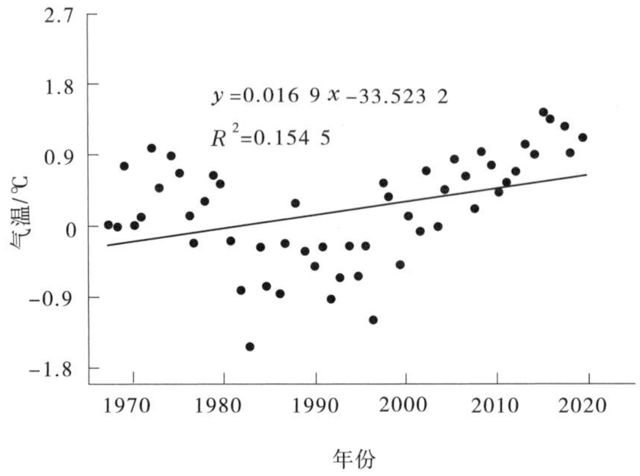

(j)WCU9

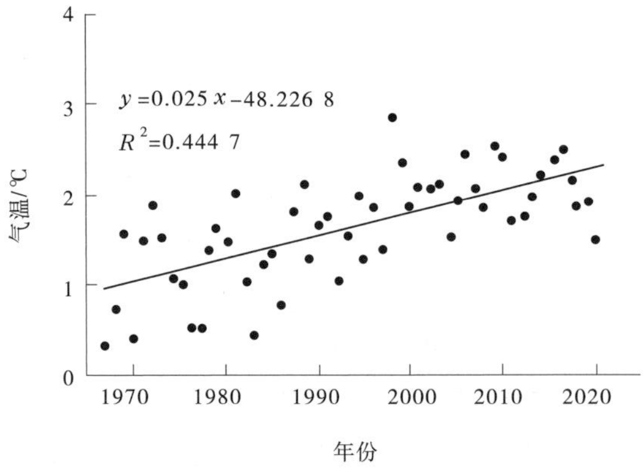

(k)WCU10

续图 6-12

6.5.2 土地利用变化

人类活动是导致黄河源区水源涵养量功能变化的另一重要因素。图 6-13 是以黄河源区 1980 年、1990 年、1995 年、2000 年、2005 年、2010 年、2015 年、2020 年 8 期卫星遥感调查成果绘制的土地利用变化图和转移矩阵。按对水源涵养功能影响程度的不同，将土地覆盖类型划分为三类：一是主要涵养植被土地，主要有林地（包括林地、灌木、疏林）、草地（包括高、中、低覆盖度草地）、河湖湿地（包括河渠、湖泊、水库、冰川积雪、沼泽）；二是次要涵养植被土地，主要有耕地（包括山区耕地、丘陵耕地、平原耕地、滩地）、建设用地（城镇用地、农村居民点用地、工矿建设用地）；三是荒漠裸地，主要有沙地、戈壁、盐碱、裸土、裸岩、荒漠。1980—2020 年的 40 年间，主要涵养植被土地面积由 104 034 km^2 增加至 108 964 km^2，增加了 4 930 km^2，增幅为 4.74%，其中林地增加了 370 km^2，高、中、低覆盖度草地增加了 4 288 km^2，河湖湿地增加了 272 km^2；次要涵养植被土地面积由 465 km^2 增加至 681 km^2，增加了 216 km^2；荒漠裸地面积减少了 5 260 km^2。

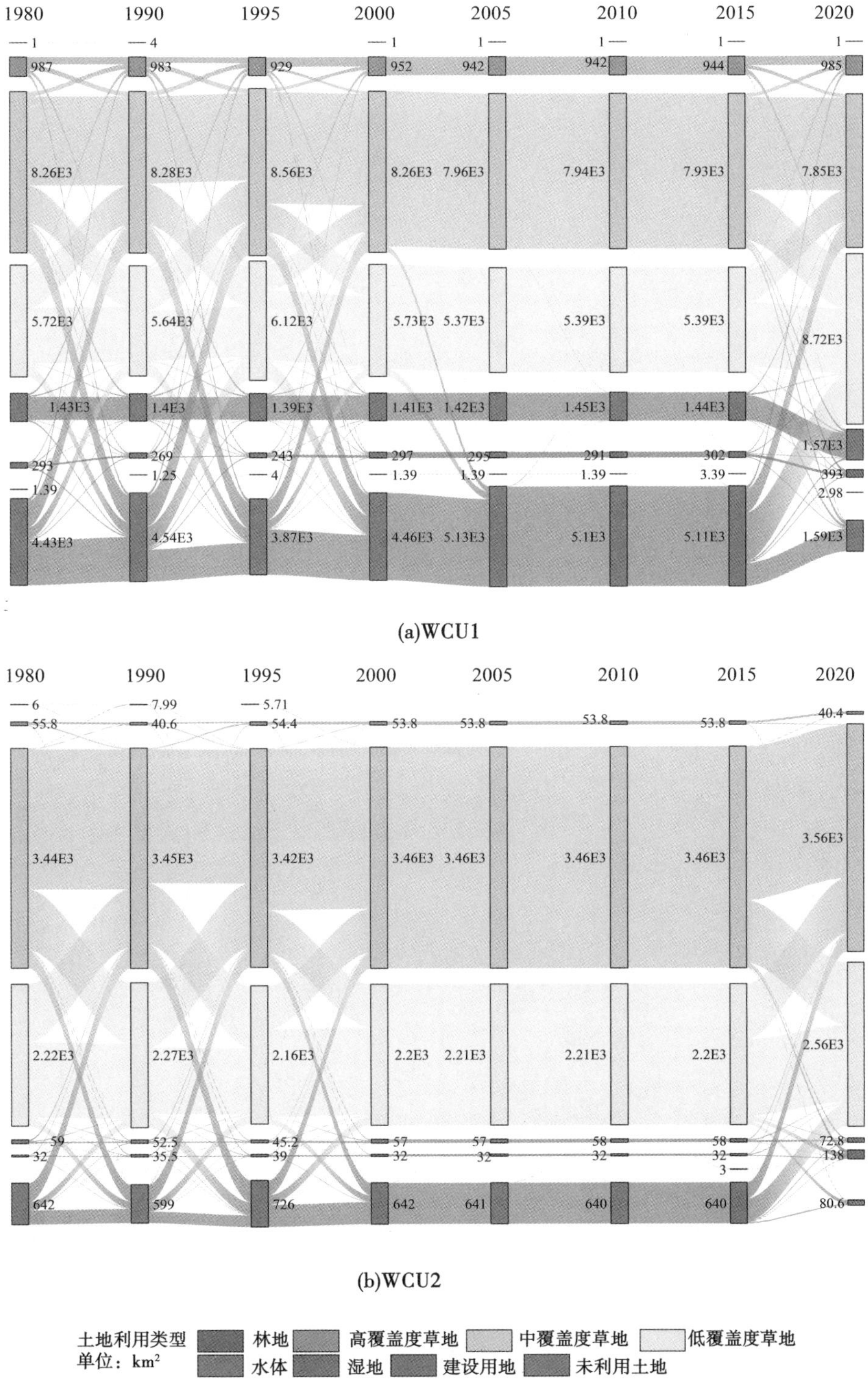

图 6-13　黄河源区 1980—2020 年不同水源涵养单元转移矩阵

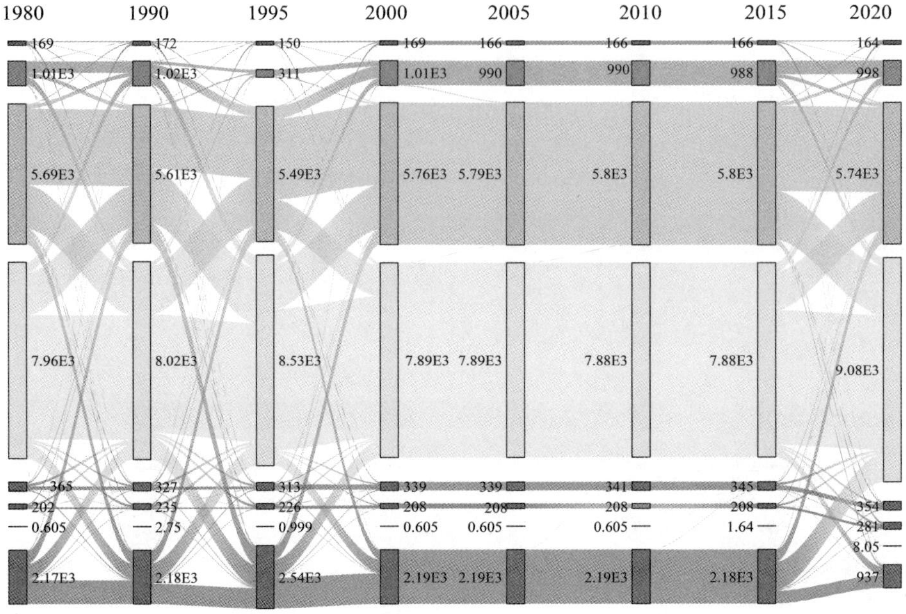

(c)WCU3

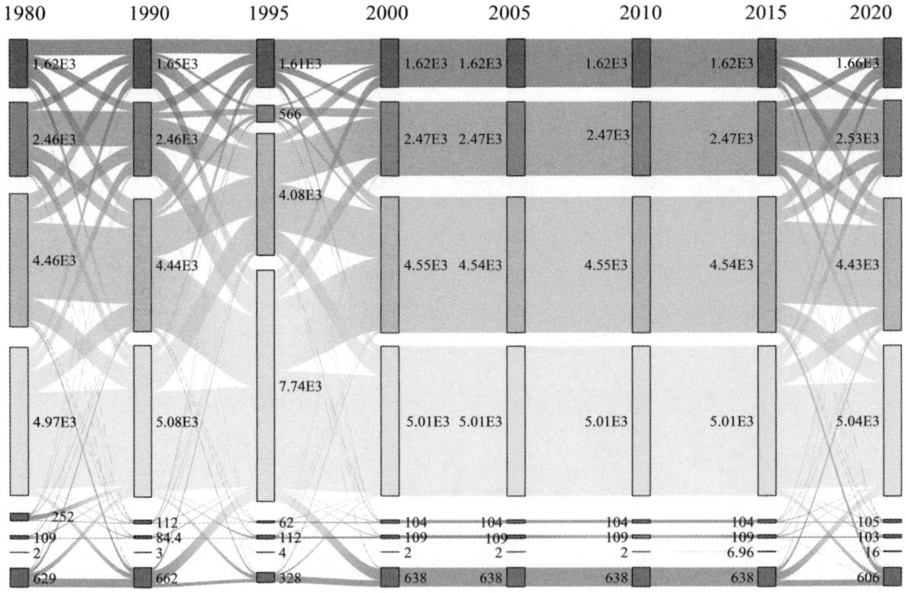

(d)WCU4

续图 6-13

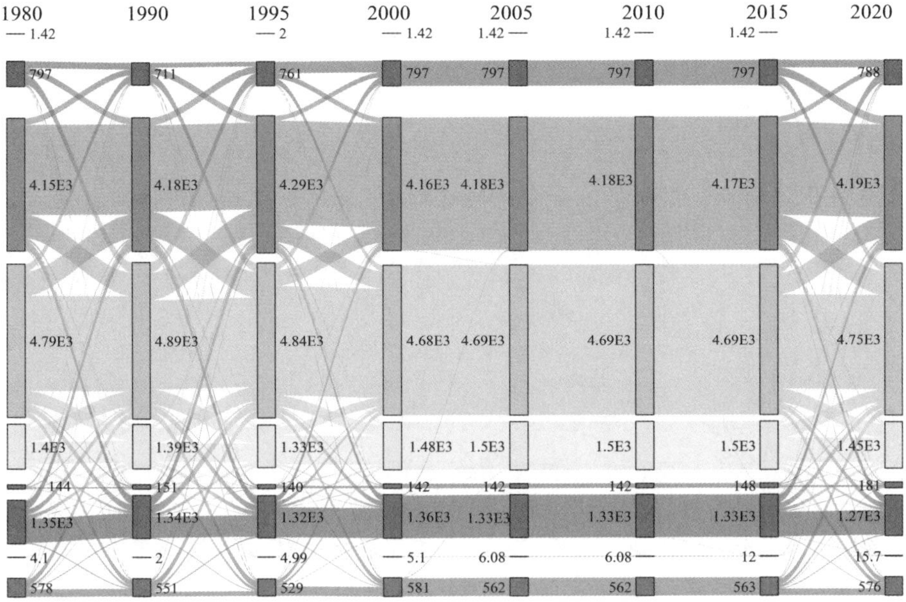

(e)WCU5

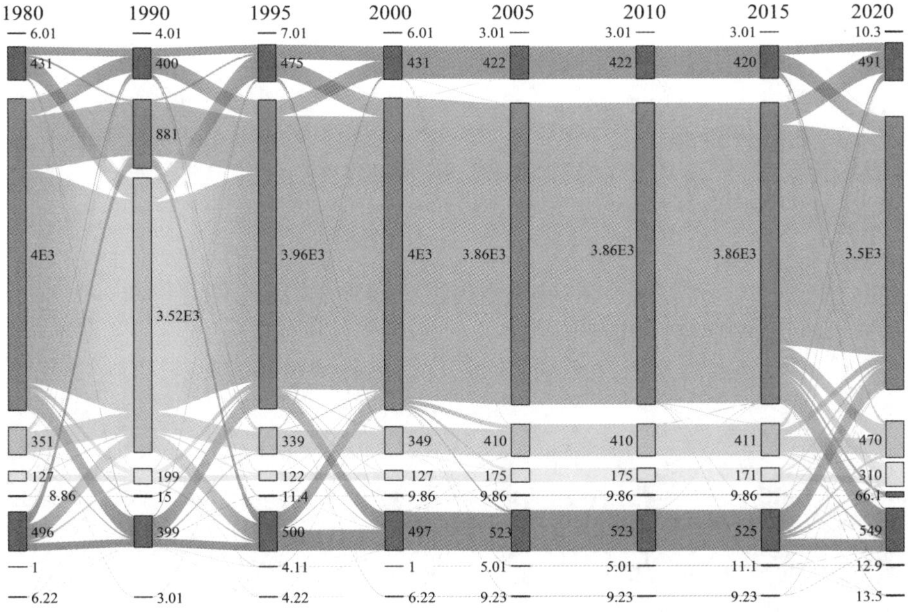

(f)WCU6

续图 6-13

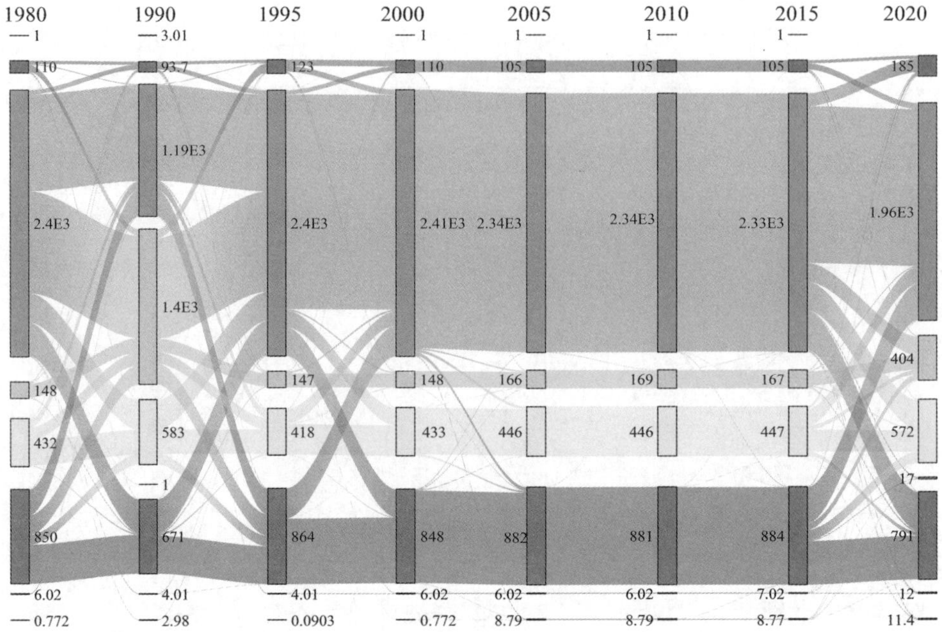

(g)WCU7

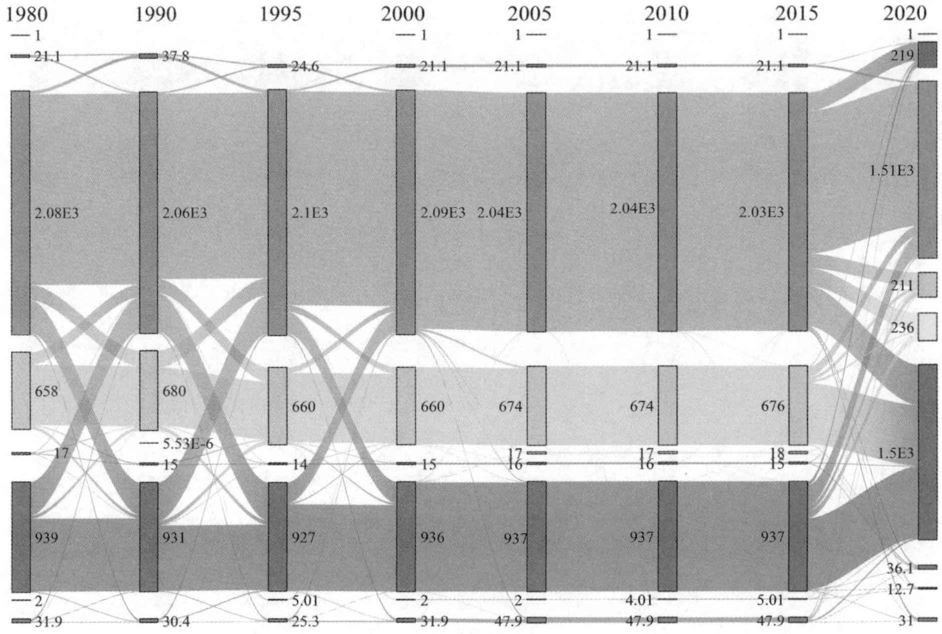

(h)WCU8

续图 6-13

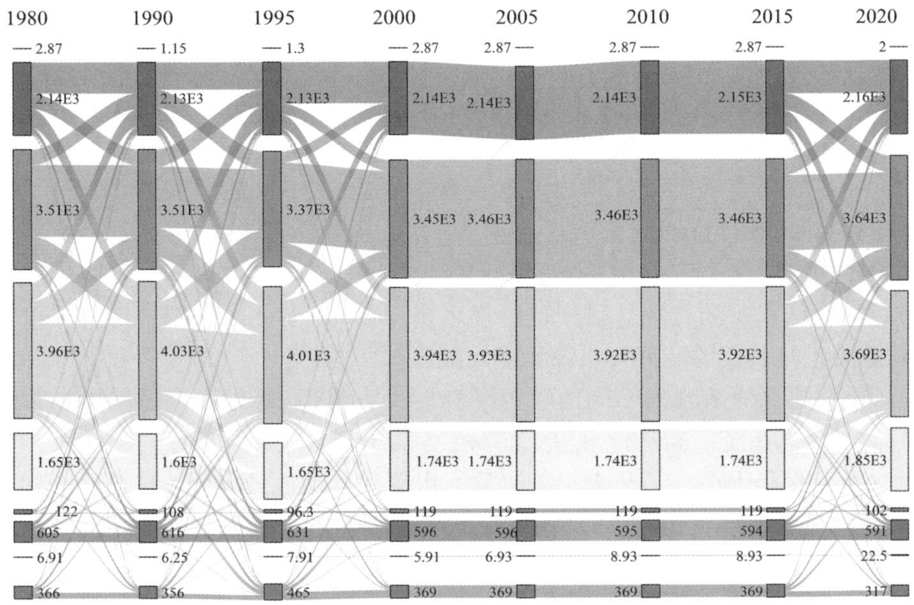

(i)WCU9

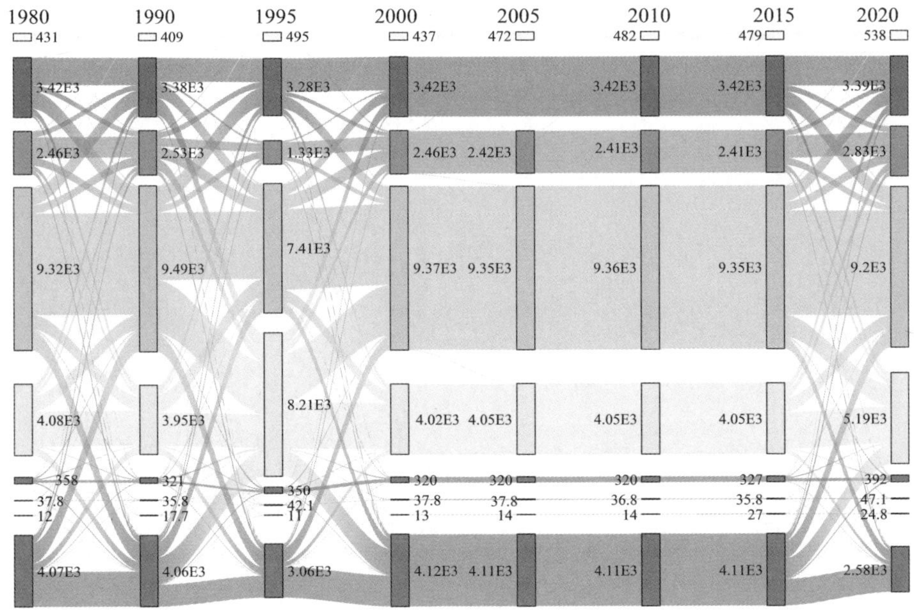

(j)WCU10

续图 6-13

6.6　本章小结

(1)基于子流域划分、特征向量构建、层次聚类、专家知识修正识别了黄河源区水源涵养单元。

(2)1970—2020年黄河源区平均水源涵养量为126.7 mm,存在显著的以年为周期的变化特征;水源涵养量与降水量的相关性最大,相关系数达0.837 2。水源涵养量出现负值主要由干旱引起。

(3)黄河源区水源涵养量空间分布呈现东多西少、南多北少的特征,空间差异明显,其中若尔盖湿地是黄河源区重要水源涵养功能区。

(4)不同生态系统表现出不同的水源涵养能力。湿地、林地和高覆盖度草地是最重要的水源涵养生态系统。高活性淋溶土、有机土和石膏土是最重要的土壤类型。

(5)气候变化和人类活动是影响黄河源区水源涵养功能的重要因素,降水量增加、蒸散发量减少均有利于水源涵养量的增加,主要水源涵养植被的土地面积增加也可促进水源涵养量增加及涵养能力提升。

第 7 章　黄河源区生态保护与水源涵养提升对策

黄河源区生态环境脆弱,20 世纪 80 年代以来,受全球气候变化与人类活动加剧的影响,黄河源区生态环境遭到一定破坏,土地利用发生显著变化。2005 年起,国家加强三江源地区生态环境保护工作,先后设立三江源自然保护区和三江源国家公园,实施一系列生态保护和修复工程,有效遏制了黄河源区生态退化趋势,生态环境状况逐步稳定并稳步改善。气候变化与人类活动是影响黄河源区生态环境及水源涵养功能的主要因素。未来一段时期,气候变化的影响仍将持续,由此引发的冰川退化、冻土消融等问题仍将存在,只能通过采取相应措施减缓影响程度。对人类活动而言,随着生态环境保护理念不断深入人心,一些不合理的人类活动正在不断得到调整,人类活动将更趋于规范、合理。结合黄河源区生态保护实践,未来可从生态保护、监测体系、科技支撑、区域协同、法治保障等方面采取相应措施,保护黄河源区生态环境,提升其水源涵养功能。

7.1　持续开展生态保护修复

7.1.1　开展退化草地治理

近年来,黄河源区实施了退牧还草、沙化退化草地综合治理、草原鼠害防控等一系列草地治理措施,黄河源区中高覆盖度草地面积持续增加。针对当前存在的草地沙化、“黑土滩”和草原鼠害等问题,未来需持续推进治理工作;通过构建以三江源国家公园为主体的自然保护地体系,强化黄河源区生态保护红线内草地封禁保护,实施以禁牧、围栏封育为主的自然修复措施;严格落实轮牧制度,规范畜牧活动,保持草蓄平衡;推广人工种草和草场改良技术,持续推进沙化土地、“黑土滩”综合治理;推广人工洞穴、人工鹰巢等生物防治措施,有效控制黄河源区草地鼠害,促进退化草地恢复。

7.1.2　加强湿地保护修复

自 2005 年《青海三江源自然保护区生态保护和建设总体规划》实施以来,黄河源区持续开展湿地保护工作,全面建立河湖长制、林草长制,黄河源区湖泊数量由原来 4 077 个增至 5 849 个,湿地面积增加 104 km^2。《中华人民共和国青藏高原生态保护法》和《中华人民共和国黄河保护法》对黄河源区湿地保护作出明确规定。未来应完善黄河源区河湖长制、林草长制体制机制,严格落实河湖管理保护要求,加强自然保护地体系下河湖湿地生态空间保护;以黄河源头湿地和甘南若尔盖湿地为重点,强化天然湿地保护,推进退化湿地恢复,遏制沼泽湿地的萎缩趋势,提升高寒湿地生态系统结构完整性和功能稳定性。

7.1.3 谋划重大生态修复工程

《全国重要生态系统保护和修复重大工程总体规划(2021—2035 年)》提出,以青藏高原生态屏障区、黄河重点生态区等“三区四带”为核心的全国重要生态系统保护和修复重大工程总体布局,部署了青藏高原生态屏障区生态保护和修复重大工程等九大工程。黄河源区属青藏高原生态屏障区的重要组成部分,要以推动高寒生态系统自然恢复为导向,加快建立健全以国家公园为主体的自然保护地体系,加大沙化土地封禁保护力度,科学开展天然林草恢复、退化土地治理、矿山生态修复和人工草场建设等人工辅助措施,筑牢黄河源区生态安全屏障。

7.2 不断完善源区监测体系

7.2.1 完善水文监测体系

黄河源区是黄河的主要产水区和水源涵养区,年径流量占全流域径流量的 37%以上。黄河源区径流在黄河源区乃至全流域生态系统稳定维持和水资源保障中具有重要地位。受气候和地形条件影响,黄河源区水文站数量较少,密度不到流域水文站网平均密度的 1/4。近年来,黄河源区暖湿化使区域径流增加,为准确掌握黄河源区径流空间变异规律,需在现有水文站网的基础上,选择较大支流和重要水资源区新建水文测站,进一步完善黄河源区水文监测体系;同时改善水文测站监测条件,提升自动化监测能力,为黄河源区“四预”(预报、预警、预演、预案)能力建设提供精细化水文数据支撑。

7.2.2 加强冰川冻土监测

冰川冻土固态水是黄河源区重要的战略水资源,对于黄河源区径流调节具有重要意义。目前,黄河源区冰川冻土监测以中国科学院观测站体系为主,存在测站数量少、监测范围小、自动化监测水平低等问题。亟须加强黄河源区冰川冻土监测体系建设,构建高覆盖度的冰川冻土监测站网,强化黄河源区冰川冻土储量和冻融变化监测,为黄河源区水源涵养变化研究提供数据支撑。

7.2.3 完善生态遥感监测

生态系统结构完整性和功能稳定性是维持黄河源区生态安全格局和水源涵养能力的生态基础。遥感技术是监测区域生态格局演变、评估生态系统服务功能的重要技术手段。完善生态遥感监测体系,因地制宜推广卫星遥感、北斗定位、电子围栏、视频监控、无人机巡测等现代化监测技术应用,动态监测黄河源区草地、林地、耕地和湿地等生态系统类型变化,动态评估林草湿地生态保护、气候变化和人类活动对黄河源区生态格局的影响,指导黄河源区重要生态系统保护和修复重大工程规划实施。

7.3　深化强化科技支撑作用

7.3.1　深化重大科学问题研究

生态环境演变方面,全面评估气候变化和人类活动对黄河源区生态环境系统的定量影响,提升对生态系统演变机理、生态安全格局及气候变化影响等关键领域的认知能力。开展未来不同情景下黄河源区生态环境演变趋势研究,构建相应的预测模型,评估未来黄河源区生态环境演变趋势与演变特征,为提升源区生态环境质量提供理论支撑。

径流变化演变方面,开展气候变化和人类活动影响下黄河源区径流变化演变特征与驱动机制研究,构建黄河源区径流预测模型,预测不同气候模式下黄河源区径流变化趋势;揭示气候变化和人类活动对黄河源区径流变化的驱动特征,明晰气候暖湿化对黄河源区径流的影响趋势和强度。

水源涵养方面,开展黄河源区水源涵养变化机理研究,揭示多要素、多过程、多尺度下黄河源区水源涵养变化驱动机制,构建源区水源涵养演变计算模型,定量评估黄河源区水源涵养能力及历史与未来演变特征,为水源涵养能力提升提供理论支撑。

7.3.2　研发生态修复关键技术

针对黄河源区沙化退化草地治理、黑土滩综合治理、草地鼠害防治、河湖湿地保护等生态保护修复重点任务,研发高寒地区沙化退化草地治理、黑土滩综合治理、鼠害生物防治、河湖湿地保护和生物多样性保护等关键技术体系,为黄河源区生态保护修复提供技术支撑。

7.3.3　构建黄河源区大数据平台

黄河源区生态环境本底数据是评估黄河源区生态环境质量、谋划生态系统保护和修复重大工程的基础支撑。亟须整合黄河源区内气象、水文和生态环境等观测站点,合理布局、建设新的监测站,开放数据共享机制。面向源区生态环境保护和科学决策需求,应用 3S 技术(遥感技术、地理信息系统和全球定位系统)、无人机巡查技术和人工采样监测,集成大数据、云计算、人工智能和数字孪生等技术,打造黄河源区生态环境“监测-模拟-预警”一体化数据平台,全方位动态掌握生态环境状况,并对生态环境风险进行预警。

7.3.4　明晰黄河源区空间管控策略

空间管控策略是黄河源区生态系统保护和修复顶层设计的核心内容。亟须研究黄河源区生态环境演变、水源涵养功能变化的空间分布特征,明确不同空间和区域变化的主导因子,确定自然恢复和人工修复的空间布局。基于黄河源区精确化管理的需求,对生态功能分区进行调整,实现科学动态管控。

7.4　优化区域协同保护机制

7.4.1　推进多部门协同共治

完善河湖长制、林草长制协同机制，因地制宜统筹设立河湖长与林草长。积极探索基层河湖管护队伍合并制度，借鉴海北州海晏县基层河湖管护队伍“五员合一”，将生态管护员、河湖管护员、林业管护员、草原管护员和村级保洁员统一合并。推动青海、四川、甘肃毗邻地区协同推进水源涵养和生态保护修复，建设黄河源区生态保护和水源涵养中心区。支持甘肃、青海共同开展祁连山生态修复和黄河上游冰川群保护。推动黄河源区与长江源区生态保护合作，实施三江源协同保护和修复，加强生态保护政策、项目、机制联动。强化河湖岸线与自然保护区管理保护衔接，实现自然保护地河湖长与林草长合一，通过园区生态管护员开展巡河，共同维护保护区内河湖生态环境。

7.4.2　建立生态补偿机制

目前，黄河源区生态补偿机制以中央财政资金转移支付为主体的纵向生态补偿为主。亟须健全流域上下游生态补偿协商机制，设立跨省（区）水生态补偿专项资金，探索跨行政区的纠纷调节机制。开展流域水权交易、碳汇交易、排污权交易等区域试点，探索综合性补偿办法。探索建立健全差异化、多元化省界断面水质、上游水电开发等生态补偿机制，逐步加大下游对黄河源区的资金支持力度。构建科学有效的监测评估考核体系，把生态补偿资金支付与生态保护成效紧密结合起来，确保当地农牧民在参与生态保护中获得应有的补偿。

7.4.3　探索生态产品价值实现途径

黄河源区生态产品价值实现途径目前处于探索阶段，基础较为薄弱，生态产品以物质产品和旅游产品为主，且市场未得到有效整合。亟须通过开展自然资源统一确权登记，明确黄河源区生态产品权责归属。推动黄河源区生态产业多样化发展，发展壮大绿色有机农畜产品、中藏药、特色农畜产品、生态旅游等生态产业，引导生态产品相关主体开展质量认证，培育形成黄河源区特色鲜明的生态产品区域公用品牌。推动以西宁、玉树、玛曲、红原为节点建设黄河源区生态产品交易网络，建立生态资产与生态产品市场化交易体制机制。

7.5　加强法治与资金保障

7.5.1　强化黄河源区法治保障

黄河源区法律法规逐步完善，但配套法规制度和联合执法机制有待进一步健全。认真落实《中华人民共和国青藏高原生态保护法》《中华人民共和国黄河保护法》《三江源国家公园条例(试行)》对黄河源区管理保护的各项规定,谋划制定并出台省级《若尔盖国家湿地公园条例》、青海省《冰川冻土保护条例》,完善黄河源区配套法规制度。建立生态环境执法、水行政执法与刑事司法衔接、与检察公益诉讼协作等机制,加大对破坏黄河源区生态环境行为的打击力度,强化对黄河源区河湖联合执法监管。

7.5.2　加大多元资金投入

黄河源区生态系统保护与修复工程投资主要为中央资金转移支付为主,以地方政府为主导的多元资金投入机制尚未建立。应把握《中华人民共和国青藏高原生态保护法》《中华人民共和国黄河保护法》和《全国重要生态系统保护和修复重大工程总体规划(2021—2035 年)》实施,以及三江源国家公园建设等有利时机,谋划黄河源区山水林田湖草一体化保护与修复、林草湿地保护修复、水土保持等重大项目,积极争取中央资金。完善以地方政府债券、国有银行贷款和社会资本为主体的多元资金筹措机制,统筹黄河源区生态保护等各类基金,逐步建立以黄河流域上下游横向生态补偿资金为主的黄河源区横向生态补偿基金。鼓励企业和个人依法依规开展林权、草权等使用权抵押、产品订单抵押等绿色信贷业务,鼓励金融机构构建绿色信贷、绿色债券、绿色基金、绿色保险等多种金融工具多元服务、互为补充的生态产品金融服务体系。

参考文献

[1] 宋芊. 黄河源区土地利用/覆被变化的生态环境效应及生态安全研究[D]. 北京:中国地质大学,2022.

[2] 王蕊. 黄河源区冻土环境变化及其对植被的影响[D]. 北京:北京林业大学,2017.

[3] 姚秀萍,谢启玉,黄逸飞. 中国三江源地区降水研究的进展与展望[J]. 大气科学学报,2022,45(5):688-699.

[4] 侯冰飞. 黄河源区气候变化与径流补给的关联性分析[D]. 北京:北京林业大学,2020.

[5] 文莉娟,吕世华,韦志刚,等. 南水北调西线引水区与黄河上游降水过程的水汽特征分析[J]. 冰川冻土,2006,28(2):157-163.

[6] 温丽叶,靳莉君,刘静,等. 黄河源区降水特点及气象成因分析[J]. 人民黄河,2022,44(1):21-25,57.

[7] 张一然,周德刚,郭晓峰. 变暖背景下黄河源区气候响应特征及对径流的影响[J]. 中国科学:地球科学,2024,54(3):862-873.

[8] 曹振江,姬广兴,杨瑞婷,等. 黄河源实际蒸发和径流变化多时间尺度归因分析[J]. 水土保持研究,2025,32(1):209-217.

[9] 谷源泽, 李庆金, 杨风栋, 等. 黄河源地区水文水资源及生态环境变化研究[J]. 海洋湖沼通报,2002(1):18-25.

[10] 陈琼, 张镱锂, 刘峰贵, 等. 黄河流域河源区土地利用变化及其影响研究综述[J]. 资源科学,2020, 42(3): 446-459.

[11] 郑子彦,吕美霞,马柱国. 黄河源区气候水文和植被覆盖变化及面临问题的对策建议[J]. 中国科学院院刊,2020,35(1):61-72.

[12] 张镭, 黄建平, 梁捷宁,等. 气候变化对黄河流域的影响及应对措施[J]. 科技导报, 2020, 38(17): 42-51.

[13] 肖风劲, 徐雨晴, 黄大鹏, 等. 气候变化对黄河流域生态安全影响及适应对策[J]. 人民黄河,2021, 43(1): 10-14,52.

[14] 田世民,韩冰,梁帅,等. 黄河源区水源涵养有关问题探讨[J]. 水利水运工程学报,2022(1):19-27.

[15] CHENG G D, JIN H J. Permafrost and groundwater on the Qinghai-Tibet Plateau and in northeast China [J]. Hydrogeology Journal, 2013,21(1): 5-23.

[16] 张镱锂, 刘林山, 王兆锋, 等. 青藏高原土地利用与覆被变化的时空特征[J]. 科学通报, 2019,64(27): 2865-2875.

[17] 孙华方, 李希来, 金立群, 等. 生物土壤结皮对黄河源区人工草地植被与土壤理化性质的影响[J]. 草地学报,2020,28(2):509-520.

[18] 牛岳. 基于决策树模型的黄河源湿地信息提取[D]. 北京: 中国地质大学, 2020.

[19] 李丽, 高俊琴, 雷光春, 等. 若尔盖不同地下水位泥炭湿地土壤有机碳和全氮分布规律[J]. 生态学杂志,2011,30(11):2449-2455.

[20] 蒋宗立, 刘时银, 郭万钦, 等. 黄河源区阿尼玛卿山典型冰川表面高程近期变化[J]. 冰川冻土,2018,40(2):231-237.

[21] 郜国明, 田世民, 曹永涛, 等. 黄河流域生态保护问题与对策探讨[J]. 人民黄河,2020,42(9):

112-116.
[22] 尹云鹤, 吴绍洪, 赵东升, 等. 过去30年气候变化对黄河源区水源涵养量的影响[J]. 地理研究, 2016, 35(1): 49-57.
[23] 三江源国家公园管理局. 三江源国家公园公报(2019)[N]. 青海日报,2020-03-04(6).
[24] 蓝永超,朱云通,刘根生,等.黄河源区气候变化的季节特征与区域差异研究[J].冰川冻土,2016, 38(3):741-749.
[25] Milly P C, Dunne K A, Vecchia A V. Global pattern of trends in streamflow and water availability in a changing climate[J]. Nature, 2005, 438: 347-350.
[26] Lan Y, Zhao G, Zhang Y, et al. Response of runoff in the source region of the Yellow River to climate warming[J]. Quaternary International, 2010, 226(1-2): 60-65.
[27] Ji G X, Wu L Y, Wang L D. Attribution analysis of seasonal runoff in the source region of the Yellow River using seasonal Budyko hypothesis[J]. Land, 2021, 10(5) : 542.
[28] Guo Y, Huang S, Huang Q, et al. Propagation thresholds of meteorological drought for triggering hydrological drought at various levels[J]. Sci. Total Environ, 2020, 712:136502.
[29] Ren K, Huang S, Huang Q, et al. A nature-based reservoir optimization model for resolving the conflict in human water demand and riverine ecosystem protection[J]. J. Clean. Prod. 2019, 231, 406-418.
[30] Wu X, Zhang X, Xiang X, et al. Changing runoff generation in the source area of the Yellow River: mechanisms, seasonal patterns and trends[J]. Cold Regions Science and Technology, 2018, 155: 58-68.
[31] Li Z, Lyu S, Chen H, et al. Changes in climate and snow cover and their synergistic influence on spring runoff in the source region of the Yellow River[J]. Science of The Total Environment, 2021, 799: 149503.
[32] 王道席,田世民,蒋思奇,等.黄河源区径流演变研究进展[J].人民黄河,2020,42(9):90-95.
[33] 高宇,张丽媛,杨文通.华北地区干旱时空变化及其对植被 NDVI 的影响[J].中国农业气象,2024, 45(4):374-389.
[34] 张媛,李常斌,王刘明,等. 几种河川径流序列突变检验方法的对比[J]. 水利水电技术, 2020,51(2):38-47.
[35] 廖美玉,方秀琴,蒋心远,等.黄河流域近40年土地利用/覆被时空变化特征[J].水土保持学报, 2024,38(2):165-177,189.
[36] 许美娇,程学俊,权全,等.1960—2019年黄河源区径流演变及其驱动因素分析[J].中国水土保持, 2023(1):63-67.
[37] Torrence C, Compo G P. A practical guide to wavelet analysis[J]. Bulletin of the American Meteorological Society, 1998, 79(1): 61-78.
[38] Grinsted A, Moore J C, Jevrejeva S. Application of the cross wavelet transform and wavelet coherence to geophysical time series[J]. Nonlinear Processes in Geophysics, 2004, 11(5-6): 561-566.
[39] Yang H , Yang D , Lei Z , et al. New analytical derivation of the mean annual water-energy balance equation[J]. Water Resources Research, 2008, 44.
[40] Schaake J C. From climate to flow[A]. Climate Change and U. S. Water Resources. New York: John Wiley, 1990, 177-206.
[41] 杨大文,张树磊,徐翔宇.基于水热耦合平衡方程的黄河流域径流变化归因分析[J].中国科学:技术科学,2015,45(10):1024-1034.
[42] 梁鹏飞,李宗杰,辛惠娟,等.黄河源区径流变化特征及影响因素研究[J].水资源与水工程学报,

2022,33(4):64-71.
[43] 张献志,汪向兰,王春青,等.黄河源区气象水文序列突变点诊断[J].人民黄河,2020,42(11):22-26.
[44] 张鸣,朱奎,鲁帆,等.黄河源区水文要素变化及驱动因素分析[J].人民黄河,2023,45(10):30-37.
[45] 孔令桥,张路,郑华,等.长江流域生态系统格局演变及驱动力[J].生态学报,2018,38(3):741-749.
[46] Liu J Y, Zhang Z X, Xu X L, et al. Spatial patterns and driving forces of land use change in China during the early 21st century[J]. Journal of Geographical Sciences, 2010, 20(4): 483-494.
[47] Carreño L, Frank F C, Viglizzo E F. Tradeoffs between economic and ecosystem services in Argentina during 50 years of land-use change[J]. Agriculture, Ecosystems & Environment, 2012, 154: 68-77.
[48] Goldstein J H, Caldarone G, Duarte T K, et al. Integrating ecosystem-service tradeoffs into land-use decisions[J]. Proceedings of the National Academy of Sciences of the United States of America, 2012, 109(19): 7565-7570.
[49] 章予舒,王立新,张红旗,等.疏勒河流域土地利用变化驱动因素分析:以安西县为例[J].地理科学进展,2003,22(3):170-178.
[50] 蒋冲,李芬,高艳妮,等.1956—2012年三江源区河流流量变化及成因[J].环境科学研究,2017,30(1):30-39.
[51] 王根绪,郭晓寅,程国栋.黄河源区景观格局与生态功能的动态变化[J].生态学报,2002(10):1587-1598.
[52] FINLAYSON C M, D'CRUZ R, DAVIDSON N. Millennium Ecosystem Assessment: Wetlands and Water Synthesis Report[R]. Washington D C: World Resources Institute, 2005:15-18.
[53] 欧阳志云,王桥,郑华,等.全国生态环境十年变化(2000—2010年)遥感调查评估[J].中国科学院院刊,2014,29(4):462-466.
[54] 中华人民共和国生态环境保护部.全国生态环境十年变化(2000—2010年)调查评估报告[R].2016.
[55] 杜芬玲,张朝辉,余盼盼.陕北黄土高原地区生态系统服务功能价值变化分析[J].安徽农业科学,2015,43(30):247-249.
[56] LI M, YANG W, SUN T. Effects of Freshwater Releases on the Delivery of Ecosystem Services in Coastal Wetlands of the Yellow River Delta Using an Improved Input-State-Output Approach[J]. Wetlands, 2016, 36:103-112.
[57] 张瑜,赵晓丽,左丽君,等.黄土高原生态系统服务价值动态评估与分析[J].水土保持研究,2018,25(3):170-176.
[58] 娄佩卿,付波霖,刘海新,等.锡林郭勒盟草地生态系统服务功能价值动态估算[J].生态学报,2019,39(11):3837-3849.
[59] 李林蔚,王龙昌,吴伊雪,等.重庆市北碚区农田生态系统服务功能评价[J].三峡生态环境监测,2021,6(2):8-16.
[60] 昝欣,张玉玲,贾晓宇,等.永定河上游流域水生态系统服务价值评估[J].自然资源学报,2020,35(6):1326-1337.
[61] 曹生奎,曹广超,陈克龙,等.青海湖湖泊水生态系统服务功能的使用价值评估[J].生态经济,2013(9):163-167,180.
[62] Richardson C J. Ecological functions and human-values in wetlands—A framework for assessing forestry impacts [J]. 1363 Wetlands, 1994, 14(1): 1-9.

[63] 饶恩明,肖燚,欧阳志云.中国湖库洪水调蓄功能评价[J].自然资源学报,2014,29(8):1356-1365.

[64] 梁芳源,李鹏,程维金,等.武汉城市湿地景观格局及生态系统服务功能演变轨迹与驱动机制[J].环境工程, 2023, 41(1):105-111.

[65] 张初蕊,陈立欣,王丽群,等.黄河流域生态系统服务价值时空异质性及驱动因素分析[J].北京林业大学学报,2024,46(6):70-81.

[66] 管晓祥,刘翠善,鲍振鑫,等.黄河源区植被 NDVI 演变及其与降水、气温的关系[J].水土保持研究,2021,28(5):268-277.

[67] 乔飞, 富国, 徐香勤, 等. 三江源区水源涵养功能评估[J]. 环境科学研究,2018,31(6):1010-1018.

[68] Cohen S, Kettner A J, Syvitski J P M. Global suspended sediment and water discharge dynamics between 1960 and 2010: Continental trends and intra-basin sensitivity[J]. Global and Planetary Change, 2014, 115: 44-58.

[69] Pamukcu P, Erdem N, Serengil Y, et al. Ecohydrologic modelling of water resources and land use for watershed conservation[J]. Ecological Informatics, 2016, 36: 31-41.

[70] Leh M D K, Matlock M D, Cummings E C, et al. Quantifying and mapping multiple ecosystem services change in West Africa[J]. Agriculture Ecosystems & Environment, 2013, 165: 6-18.

[71] Jiang G Q, Bi L M, He Y Q. Spatiotemporal variation of water conservation and its influencing factors in Zoige wetland[J]. Sciene Technology and Engineering, 2021, 21(29): 12688-12694.

[72] Davies-Barnard, Valdes P J, Jones C D, et al. Sensitivity of a coupled climate model to canopy interception capacity[J]. Climate Dynamics, 2014, 42(7-8): 1715-1732.

[73] Peng H H, Zhao C Y, Feng Z D, et al. Canopy interception by a spruce forest in the upper reach of Heihe River basin, Northwestern China[J]. Hydrological Processes, 2014, 28(4): 1734-1741.

[74] Liu L L, Cao W, Shao Q Q. Water Conservation Function of Forest Ecosystem in the Southern and Borthern Pan River Watershed[J]. Sci. Geogr. Sin, 2016, 36:603-611.

[75] Tang Y Z, Shao Q Q. Dataset of Water Conservation of Forest Ecosystem in the Upper Reaches of Wujiang River, China[J]. J. Glob. Change Data Discov, 2018, 2:433-441.

[76] Dai E F, Wang Y H. Attribution analysis for water yield service based on the geographical detector method: A case study of the Hengduan Mountain region[J]. Journal of Geographical Sciences, 2020, 30(6): 1005-1020.

[77] Goldstein J H, Caldarone G, Duarte T K, et al. Integrating ecosystem-service tradeoffs into land-use decisions[J]. Proceedings of the National Academy of Sciences of the United States of America. 2012, 109(19): 7565-7570.

[78] Xu J, Xiao Y, Xie G D. Analysis on the Spatio-temporal Patterns of Water Conservation Services in Beijing[J]. Journal of Resources and Ecology, 2019, 10(4): 362-372.

[79] Zhang B, Li W H, Xie G D, et al. Water conservation function and its measurement methods of forest ecosystem[J]. Chinese Journal of Ecology, 2009, 28(3): 529-534.

[80] Tan M L, Gassman P W, Yang X Y, et al. A review of SWAT applications, performance and future needs for simulation of hydro-climatic extremes[J]. Advances in Water Resources, 2020, 143: 103662.

[81] Chen J M, Chen X Y, Ju W M, et al. Distributed hydrological model for mapping evapotranspiration using remote sensing inputs[J]. Journal of Hydrology, 2005, 305(1-4): 15-39.

[82] Baker T J, Miller S N. Using the Soil and Water Assessment Tool (SWAT) to assess land use impact on water resources in an East African watershed[J]. Journal of Hydrology, 2013,486: 100-111.

[83] Benra F, De Frutos A, Gaglio M, et al. Mapping water ecosystem services: Evaluating InVEST model predictions in data scarce regions[J]. Environmental Modelling & Software, 2021, 138: 104982.

[84] Villa F, Bagstad K J, Voigt B, et al. A Methodology for Adaptable and Robust Ecosystem Services Assessment[J]. PLos One, 2014, 9(3): e91001.

[85] Boumans R, Costanza R, Farley J, et al. Modeling the dynamics of the integrated earth system and the value of global ecosystem services using the GUMBO model[J]. Ecological Economics, 2002, 41(3): 529-560.

[86] Pessacg N, Flaherty S, Brandizi L, et al. Getting water right: A case study in water yield modelling based on precipitation data[J]. Science of the Total Environment, 2015, 537: 225-234.

[87] Kiniry J R, Williams J R, King K W. Soil and Water Assessment Tool (SWAT) Theoretical Documentation: Version 2000[EB/OL]. (2005-05-05)[2021-03-06].

[88] Yang Q C, Almendinger J E, Zhang X S, et al. Enhancing SWAT simulation of forest ecosystems for water resource assessment: A case study in the St. Croix River basin[J]. Ecological Engineering, 2018, 120: 422-431.

[89] Osei M A, Amekudzi L K, Wemegah D D, et al. The impact of climate and land-use changes on the hydrological processes of Owabi catchment from SWAT analysis[J]. Journal of Hydrology-Regional Studies, 2019, 25: 100620.

[90] Cong W C, Sun X Y, Guo H, et al. Comparison of the SWAT and InVEST models to determine hydrological ecosystem service spatial patterns, priorities and trade-offs in a complex basin[J]. Ecological Indicators, 2020, 112: 106089.

[91] Troin M, Caya D. Evaluating the SWAT′s snow hydrology over a Northern Quebec watershed[J]. Hydrological Processes, 2014, 28(4): 1858-1873.

[92] Hoang L, Schneiderman E M, Moore K E B, et al. Predicting saturation-excess runoff distribution with a lumped hillslope model: SWAT-HS[J]. Hydrological Processes, 2017, 31(12): 2226-2243.

[93] Rathjens H, Oppelt N. SWATgrid: An interface for setting up SWAT in a grid-based discretization scheme[J]. Computers & Geosciences, 2012, 45: 161-167.

[94] Lin F, Chen X W, Yao W Y, et al. Multi-time scale analysis of water conservation in a discontinuous forest watershed based on SWAT model[J]. Acta Geographica Sinica, 2020, 75(5): 1065-1078.

[95] 丁程锋, 张绘芳, 李霞, 等. 天山中部云杉天然林水源涵养功能定量评估:以乌鲁木齐河流域为例[J]. 生态学报, 2017, 37(11): 3733-3743.

[96] Yang D, Liu W, Tang L Y, et al. Estimation of water provision service for monsoon catchments of South China: Applicability of the InVEST model[J]. Landscape and Urban Planning, 2019, 182: 133-143.

[97] Zeng L, Li J. A Bayesian belief network approach for mapping water conservation ecosystem service optimization region[J]. Journal of Geographical Sciences, 2019, 29(7): 1021-1038.

[98] Haas H, Reaver N G F, Karki R, et al. Improving the representation of forests in hydrological models [J]. Science of The Total Environment, 2022, 812: 151425.

[99] Liu X J, Tan T T, Bai Y, et al. Restoration performance of regional soil and water resources in China based on index of coupling and improved assessment tool [J]. Alexandria Engineering Journal, 2022, 61(7): 5677-5686.

[100] Rajib A, Kim I L, Ercan M B, et al. Cyber-enabled autocal-ibration of hydrologic models to support Open Science[J]. Environmental Modelling & Software, 2022, 158: 105561.

[101] Ndhlovu G Z, Woyessa Y E. Use of gridded climate data for hydrological modelling in the Zambezi

River Basin, Southern Africa[J]. Journal of Hydrology, 2021, 602: 126749.

[102] Moriasi D N, Arnold J G, Van Liew M W, et al. Model evaluation guidelines for systematic quantification of accuracy in watershed simulations[J]. Transactions of the Asabe, 2007, 50(3): 885-900.

[103] Li Z, Chao B F, Zhang Z Z, et al. Greenland interannual ice mass variations detected by grace time-variable gravity[J]. Geophysical Research Letters, 2022, 49(19).

[104] Wang B, Xiang B Q, Li J, et al. Rethinking Indian monsoon rainfall prediction in the context of recent global warming[J]. Nature Communications, 2015, 6: 7695.

[105] Zhang Q F, Wu Z F, Guo G H, et al. Explicit the urban waterlogging spatial variation and its driving factors: The stepwise cluster analysis model and hierarchical partitioning analysis approach[J]. Science of the Total Environment, 2021, 763: 143041.

[106] Mac Nally R. Regression and model-building in conservation biology, biogeography and ecology: The distinction between and reconciliation of predictive and explanatory models[J]. Biodiversity and Conservation, 2000, 9(5): 655-671.

[107] R Core Development Team. R: A Language and Environment for Statistical Computing[J]. Vienna Austria 2008.

[108] Allen R G. Crop Evapotranspiration-Guidelines for computing crop water requirements[J]. FAO Irrigation and Drainage Paper (FAO), 1998, 56.

[109] Bestakova Z, Strnad F, Godoy M R V, et al. Changes of the aridity index in Europe from 1950 to 2019 [J]. Theoretical and Applied Climatology, 2022.

[110] 郑景云, 尹云鹤, 李炳元. 中国气候区划新方案[J]. 地理学报, 2010, 65(1): 3-12.

[111] Mohamed M A, El Afandi G S, El-Mahdy M E. Impact of climate change on rainfall variability in the Blue Nile basin[J]. Alexandria Engineering Journal, 2022, 61(4): 3265-3275.

[112] Gou Q Q, Guo W T, Li Y D, et al. Dynamic changes in soil moisture in three typical landscapes of the Heihe River Basin[J]. Frontiers in Environmental Science, 2023, 10: 1049883.

[113] Li M Y, Liang D, Xia J, et al. Evaluation of water conservation function of Danjiang River Basin in Qinling Mountains, China based on InVEST model[J]. Journal of Environmental Management, 2021, 286: 112212.

[114] Gao J, Li F, Gao H, et al. The impact of land-use change on water-related ecosystem services: a study of the Guishui River Basin, Beijing, China[J]. Journal of Cleaner Production, 2017, 163: S148-S155.

[115] Gong S H, Xiao Y, Xiao Y, et al. Driving forces and their effects on water conservation services in forest ecosystems in China[J]. Chinese Geographical Science, 2017, 27(2): 216-228.

[116] Li M Y, Liang D, Xia J, et al. Evaluation of water conservation function of Danjiang River Basin in Qinling Mountains, China based on InVEST model[J]. Journal of Environmental Management, 2021, 286: 112212.

[117] Tang Y, Tang Q H, Wang Z G, et al. Different precipitation elasticity of runoff for precipitation increase and decrease at watershed scale[J]. Journal of Geophysical Research-Atmospheres, 2019, 124 (22): 11932-11943.

[118] Zhang F P, Li X J, Feng Q, et al. Spatial and temporal variation of water conservation in the upper reaches of Heihe River Basin based on InVEST model[J]. Journal of Desert Research, 2018, 38(6): 1321-1329.

[119] Liu L B, Wang Z, Wang Y, et al. Trade-off analyses of multiple mountain ecosystem services along elevation, vegetation cover and precipitation gradients: A case study in the Taihang Mountains[J]. Ecological Indicators, 2019, 103: 94-104.

[120] Xu X L, Zhang Q, Li Y L, et al. Evaluating the influence of water table depth on transpiration of two vegetation communities in a lake floodplain wetland[J]. Hydrology Research, 2016, 47: 293-312.